Circuitos eléctricos
Problemas

Xavier Alabern
Antoni Font

UPC Edicions UPC
UNIVERSITAT POLITÈCNICA DE CATALUNYA

Primera edición: abril de 2006
Segunda edición: septiembre de 2009

Diseño de la cubierta: Ernest Castelltort

©   los autores, 2006

©   Edicions UPC, 2006
       Edicions de la Universitat Politècnica de Catalunya, SL
       Jordi Girona Salgado 1-3, 08034 Barcelona
       Tel.: 934 137 540   Fax: 934 137 541
       Edicions Virtuals: www.edicionsupc.es
       E-mail: edicions-upc@upc.edu

Producción: LIGHTNING SOURCE

Depósito legal: B-24.351-2006
ISBN: 84-8301-859-4

Prólogo

El libro presentado es un compendio de problemas resueltos de circuitos eléctricos, fruto de la larga experiencia de los autores en la docencia de las diferentes asignaturas de esta área.

El libro se ha estructurado en dos grandes bloques correspondientes al comportamiento de circuitos eléctricos en régimen permanente y al estudio en régimen dinámico o transitorio.

La resolución de los circuitos eléctricos en régimen permanente se ha desarrollado a través de los diferentes problemas aplicando diversos métodos, lo que permite al lector el enriquecimiento personal de sus conocimientos. La aplicación de las leyes de Kirchhoff, de los teoremas de Thevenin, Norton, Millman, sustitución, máxima transferencia de potencia, etc. permite consolidar los conocimientos que se van adquiriendo a lo largo de su resolución.

La segunda parte del libro, que trata la resolución de los mismos en régimen transitorio, permite resolver circuitos de primer y segundo orden, siendo las fuentes de alimentación de origen diverso (constante, senoidal, etc.). En muchos de los problemas la resolución tiene lugar mediante la aplicación de ecuaciones diferenciales y mediante el método de las transformadas de Laplace. Sería muy conveniente que el lector resolviera todos los problemas presentados mediante los dos métodos.

Se debe destacar que varios de los problemas aquí presentados fueron ejercicios de examen en diferentes convocatorias.

Esperamos que la presente obra contribuya de manera significativa a la comprensión de la Ingeniería Eléctrica.

La participación de Mireia Aner Piqué y Carles Colls Castro ha facilitado enormemente en la consecución de los objetivos propuestos.

Xavier Alabern Morera
Profesor Titular de Universidad
Departament d'Enginyeria Elèctrica de la UPC

Índice

1 Circuitos eléctricos: régimen permanente

Problema 1

El circuito de la figura está alimentado por un generador $e(t) = E_{max}sen(100\pi t)$ siendo la lectura del voltímetro V=220 V.

Se pide:

a) La impedancia del circuito equivalente

b) Las lecturas de los voltímetros: V_1, V_2 y V_3

c) La lectura del amperímetro A_1

d) Las expresiones instantáneas en régimen permanente de i(t), $u_1(t)$, $u_2(t)$, $u_3(t)$ y $u_{AC}(t)$

e) La intensidad y las caídas de tensiones en el instante t_0=10,4722 ms

f) Comprobar que se cumple en el instante del apartado anterior $e(t)=u_1(t)+u_2(t)+u_3(t)$

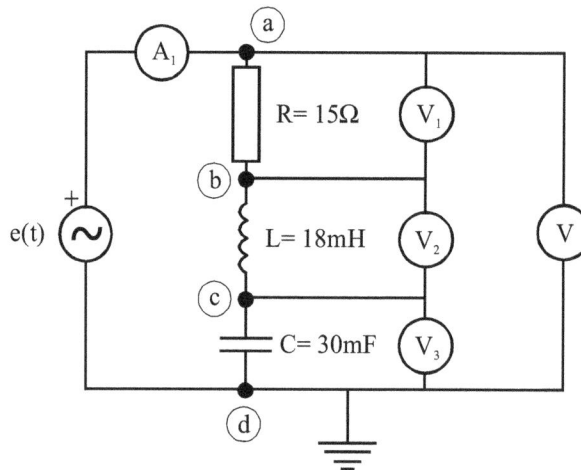

Figura 1.1

Resolución:

a) De la expresión temporal del generador de tensión $100\pi = \omega = 2\pi f$, se busca $\overline{Z} = \sum \overline{Z}_i$ (están en serie)

$$R = 15 \ \Omega \quad X_C = \frac{1}{C\omega} = \frac{1}{30\cdot10^{-6}\cdot100\pi} = 106,103 \ \Omega \quad X_L = L\omega = 18\cdot10^{-3}\cdot100\pi = 5,654 \ \Omega$$

$$\boxed{\overline{Z} = 15 + (5,654 - 106,103)j = 15 - 100,448j \ \Omega}$$

b)

$$\overline{I} = \frac{\overline{U}}{\overline{Z}} = \frac{220\angle 0°}{101,562\angle -81,50°} = 2,166\angle 81,50°$$

Diagramas vectoriales:

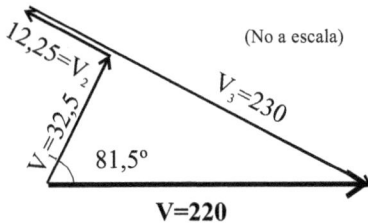

Diagrama de tensiones   Diagrama de impedancias

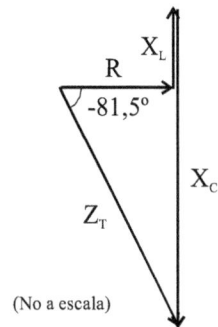

$$\boxed{\overline{U}_1 = \overline{I}\cdot\overline{R} = 2,166\angle 81,50°\cdot 15\angle 0° = 32,49\angle 81,50°}$$ (V$_1$) marcará 32,49 V

$$\boxed{\overline{U}_2 = \overline{I}\cdot\overline{X}_L = 2,166\angle 81,50°\cdot 5,655\angle 90° = 12,249\angle 171,507°}$$ (V$_2$) marcará 12,25 V

$$\boxed{\overline{U}_3 = \overline{I}\cdot\overline{X}_C = 2,166\angle 81,50°\cdot 106,103\angle -90° = 229,982\angle -8,493°}$$ (V$_3$) marcará 229,982 V

c)

$$\boxed{\overline{I} = 2,166\angle 81,50° \text{ A}}$$ El amperímetro (A) marcará 2,166 A

d)

$$\boxed{i(t) = \sqrt{2}\cdot 2,166\,\text{sen}(100\pi t + \frac{81,507°}{180°}\pi)\ \text{A}}$$

$$\boxed{u_1(t) = \sqrt{2}\cdot 32,49\,\text{sen}(100\pi t + \frac{81,507°}{180°}\pi)\ \text{V}}$$

$$\boxed{u_2(t) = \sqrt{2}\cdot 12,25\,\text{sen}(100\pi t + \frac{171,507°}{180°}\pi)\ \text{V}}$$

$$\boxed{u_3(t) = \sqrt{2}\cdot 229,98\,\text{sen}(100\pi t - \frac{8,493°}{180°}\pi)\ \text{V}}$$

$$\overline{U}_{AC} = \overline{I} \cdot (\overline{R} + \overline{X}_L) = 2{,}166 \angle 81{,}507° \cdot 16{,}031 \angle 20{,}656° = 34{,}722 \angle 102{,}163$$

$$\boxed{u_{AC}(t) = \sqrt{2} \cdot U_{AC} \operatorname{sen}(100\pi t + \frac{\varphi_{AC}}{180°}\pi) \ V}$$

$$\overline{U}_{AC} = \overline{I} \cdot (\overline{R} + \overline{X}_L) = 2{,}166 \angle 81{,}507° \cdot 16{,}031 \angle 20{,}656° = 34{,}722 \angle 102{,}163$$

e) Sustituyendo en las expresiones anteriores t $=10{,}4772 \cdot 10^{-3}$ s resulta:

$$\boxed{i(t_1) = -3{,}06321 \ \Omega} \quad \boxed{u_1(t_1) = -45{,}95 \ V} \quad \boxed{u_2(t_1) = 0 \ V} \quad \boxed{u_3(t_1) = 0 \ V}$$

f)

$$\boxed{e(t_1) = E_{max} \operatorname{sen}(100\pi 10{,}4772 \cdot 10^{-3}) = -45{,}95 \ V = \sum u_i = 0 + 0 - 45{,}95 \ V}$$

Problema 2

En el circuito de la figura 1, y con el interruptor D abierto, se observan las siguientes indicaciones de los aparatos de medida:

$$A_G = 25 \text{ A} \qquad V_1 = 400 \text{ V} \qquad V_2 = 0 \text{ V} \qquad \text{siendo la frecuencia de 50 Hz}$$

En las mismas condiciones, pero variando la frecuencia hasta 150 Hz, se observa $A_G = 25$ A, $V_1 = 0$ V, $V_2 = 80$ V. Se conoce también que $R_1 = 2{,}4 \ \Omega$.

Se pide:

a) Calcular V_G para ambos casos

b) Reactancias X_{L1}, X_{C2}, X_{L2}, X_{C3} a 50 Hz

c) Manteniendo la frecuencia y la tensión del generador en los valores correspondientes al segundo caso, se cierra el interruptor D. Calcular A_0.

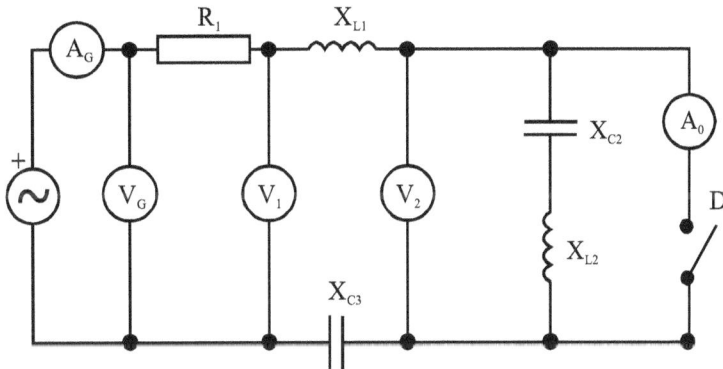

Figura 2.1

Resolución:

a) Con una frecuencia de 50 Hz, $U_2 = 0$V, cosa que indica que $\overline{U}_{L2} = -\overline{U}_{C2}$, y si se tiene en cuenta que los vectores coinciden en dirección, aunque no en sentido, $\left|\overline{U}_{L2}\right| = \left|\overline{U}_{C2}\right|$.

Tomando como origen de fases la corriente $\overline{I}_G$ del generador, el diagrama vectorial de estas tensiones se puede ver en la figura 4.2 (caso f=50 Hz)

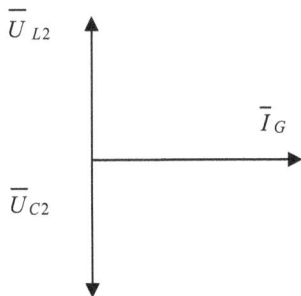

Figura 2.2

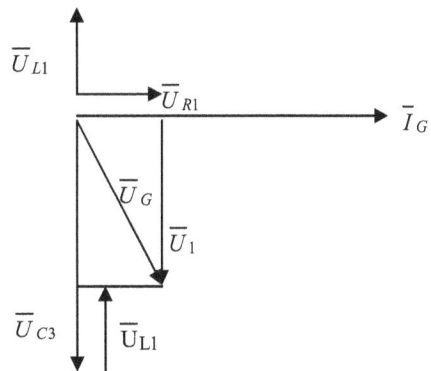

Figura 2.3

A continuación, y tomando también el mismo origen de fases, se pueden suponer vectores de caídas de tensión en R_1, en X_{L1} y X_{C3} con longitudes arbitrarias y direcciones conocidas, pero con la condición de que $\left|\overline{U}_{C3}\right| > \left|\overline{U}_{L1}\right|$ ya que al pasar la frecuencia de 50 a 150 Hz, los valores de las X_L aumentan y las X_C disminuyen, y no sería posible que la lectura de V_1 pasara de 400 V a 0 V. Por claridad de exposición, se han representado estas tensiones en la figura 2.3 y no sobre la misma figura 2.2.

Una vez dibujados los anteriores vectores, ya quedan definidos los vectores de las tensiones $\overline{U}_1$ y $\overline{U}_G$:

$$\overline{U}_1 = \overline{U}_{C3} + \overline{U}_{L1}$$

$$\overline{U}_G = \overline{U}_1 + \overline{U}_{R1}$$

A 50 Hz, las magnitudes de los vectores necesarios para calcular U_G son:

$$U_1 = 400V$$

$$U_{R1} = I_G \cdot R_1 = 25 \cdot 2,4 = 60 \ V$$

$$\boxed{U_G = \sqrt{U_1^2 + U_{R1}^2} = \sqrt{400^2 + 60^2} = 404,5 \ V}$$ siendo la lectura de $V_G = 404{,}5$ V.

A 150 Hz, las magnitudes de los vectores necesarios para calcular U'_G son:

$$U'_1 = 0V$$

$$U'_{R1} = I'_G \cdot R = 25 \cdot 2,4 = 60 \ V$$

$$\boxed{U'_G = \sqrt{U'^2_1 + U'^2_{R1}} = \sqrt{0^2 + 60^2} = 60 \ V}$$ siendo la lectura de $V_G' = 60$ V.

b) Para calcular las cuatro reactancias X_{L1}, X_{C2}, X_{L2}, X_{C3} a 50 Hz y las cuatro X'_{L1}, X'_{C2}, X'_{L2}, X'_{C3} a 150 Hz, se requieren ocho ecuaciones.

Como una frecuencia es tres veces la otra, ya podemos escribir cuatro:

$$X'_{L1} = 3 \cdot X_{L1} \qquad\qquad X'_{C2} = \frac{1}{3} \cdot X_{C2}$$

$$X'_{L2} = 3 \cdot X_{L2} \qquad\qquad X'_{C3} = \frac{1}{3} \cdot X_{C3}$$

Por otra parte, a 50 Hz se puede escribir:

$$X_{C2} = X_{L2} \qquad \text{ya que} \ \ U_2 = 0 \ V$$

$$X_{C3} - X_{L1} = \frac{400}{25} = 16\Omega \qquad\qquad \text{ya que} \ \ U_1 = 400 \text{ V, y la corriente total } I_G \text{ es de 25 A.}$$

y a 150 Hz se puede escribir:

$$X'_{L1} + X'_{L2} = X'_{C2} + X'_{C3} \qquad\qquad \text{ya que} \ \ U_1 = 0 \ V$$

$$X'_{L2} - X'_{C2} = \frac{80}{25} = 3,2 \ \Omega \qquad\qquad \text{ya que} \ \ U_2 = 80 \text{ V, y la corriente total } I_G \text{ es de 25 A.}$$

Con estas 8 ecuaciones se hallan las 8 incógnitas fácilmente:

$$X_{L2} = 1{,}2 \; \Omega$$

$$X_{C2} = 1{,}2 \; \Omega$$

$$X_{C3} = 16{,}8 \; \Omega$$

$$X_{L1} = 0{,}8 \; \Omega$$

$$X'_{L2} = 3{,}6 \; \Omega$$

$$X'_{C2} = 0{,}4 \; \Omega$$

$$X'_{C3} = 5{,}6 \; \Omega$$

$$X'_{L1} = 2{,}4 \; \Omega$$

c) Cerrando el interruptor D, el circuito queda reducido a la siguiente figura 2.4:

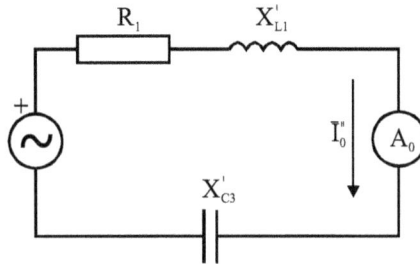

Figura 2.4

La impedancia total del circuito será (a 150 Hz):

$$Z'' = \sqrt{R_1^{\,2} + \left(X'_{C3} - X'_{L1}\right)^2} = \sqrt{2{,}4^2 + (5{,}6 - 2{,}4)^2} = 4 \; \Omega$$

La corriente que marca el amperímetro A_0 es:

$$I''_0 = \frac{U'_G}{Z''} = \frac{60}{4} = 15 \; A$$

Problema 3

El circuito representado en la figura trabaja en régimen permanente, alimentándose de un generador de corriente alterna de frecuencia 50 Hz. Se conocen las lecturas de los siguientes aparatos.

$V=225$ V $\qquad$ $A=33,75$ A $\qquad$ $A_2=12,728$ W $\qquad$ $A_3=18$ A

Se dispone de las siguientes cargas: $Z_1 = R_1 + j \cdot X_1$ inductiva y, además, $Z_2 = R_2 + j \cdot X_2$ (capacitiva), siendo $R_2 = X_2$. La impedancia Z_3 es resistiva pura.

Se sabe que el conjunto de la carga presenta un factor de potencia unidad.

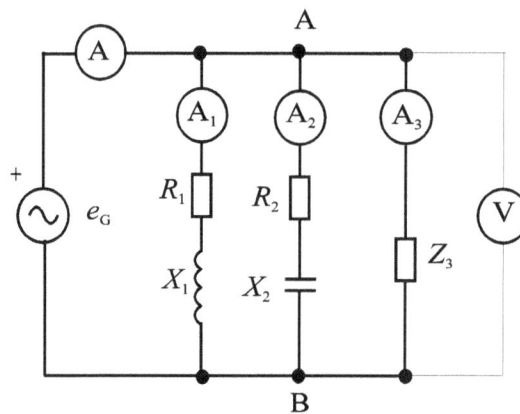

Figura 3.1

Se pide hallar:

a) La impedancia en formas binómica y polar de Z_1 y la capacidad del condensador C_2

b) La lectura del amperímetro A_1

Resolución:

a)

$$\overline{Z}_2 = \frac{|\overline{U}|}{|\overline{I}_2|} \cdot \angle \mathrm{arctg}\frac{X_2}{R_2} = 17,677\angle -45° = 12,5 - j \cdot 12,5 \ \Omega$$

$$\overline{Y}_2 = \frac{1}{\overline{Z}_2} = 0,0565\angle 45° = 0,04 + j \cdot 0,04 \ \Omega^{-1}$$

$$\overline{Z}_3 = \frac{|\overline{U}|}{|\overline{I}_3|} = 12,5\angle 0° \ \Omega \qquad \overline{Y}_3 = \frac{1}{\overline{Z}_3} = 0,08\angle 0° \ \Omega^{-1}$$

$$\overline{Y}_T = \frac{|\overline{I}|}{|\overline{U}|}\angle 0° = \frac{33,75}{225}\angle 0° = 0,15\angle 0° \ \Omega^{-1} \text{ el conjunto un factor de potencia unidad.}$$

$$\overline{Y}_1 = \frac{1}{\overline{Z}_1} = \overline{Y}_T - \overline{Y}_2 - \overline{Y}_3 = 0{,}05 \angle -53{,}13° \ \Omega^{-1}$$

$$\boxed{\overline{Z}_1 = 20 \angle 53{,}13° = \frac{1}{\overline{Y}_1} = 12 + j \cdot 16 \ \Omega}$$

b)

$$\left|\overline{I}_1\right| = \left|\overline{Y}_1\right| \cdot \left|\overline{U}\right| = 0{,}05 \cdot 225 \ A \qquad \boxed{\overline{I}_1 = 11{,}25 \angle -53{,}13° \ A}$$

$$L_1 = \frac{X_1}{\omega} = 50{,}9 \ mH \qquad \boxed{C_2 = \frac{1}{X_2 \cdot \omega} = 254{,}650 \ \mu F}$$

Problema 4

Aplicar al circuito de la figura el método de los tres amperímetros para determinar el factor de potencia de la carga Z.

Se conocen las lecturas de los 3 amperímetros:

$$A_1 = 1 \text{ A} \qquad A_2 = 3 \text{ A} \qquad A_G = \sqrt{13,6} \text{ A}$$

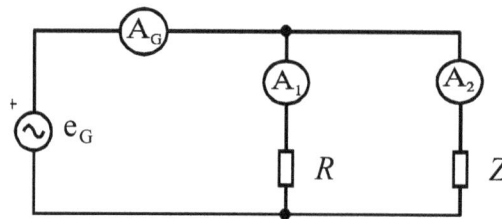

Figura 4.1

Resolución:

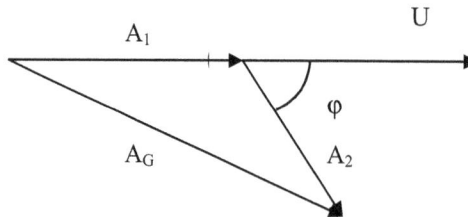

$$\cos \varphi = \frac{A_G^2 - A_1^2 - A_2^2}{2 \cdot A_1 \cdot A_2} = \frac{13,6 - 1 - 9}{2 \cdot 1 \cdot 3}$$

$\boxed{\cos \varphi = 0,6}$ factor de potencia.

Problema 5

Del circuito de la figura se conocen los siguientes valores: R=4 Ω, C=5/4·π mF, la lectura del voltímetro es de 100 V y e (t) =100·$\sqrt{2}$ sen(100·π·t) V.

Si se modifica la pulsación de la fuente a ω = 100·π/3 rad/s, ¿Qué ángulo de desfase se presenta entre la intensidad i(t) y la tensión e(t)?

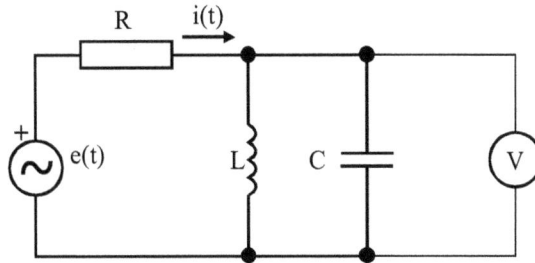

Figura 5.1

Resolución:

$$C = \frac{5}{4 \cdot \pi} \, mF$$

$$X_C = \frac{10^{-3}}{\dfrac{5}{4 \cdot \pi} \cdot 100 \cdot \pi} = \frac{40}{5} = 8\,\Omega = X_L = X_C \qquad \text{ya que V=E}$$

Para ω/3

$$\overline{Z}_p = \frac{\overline{X}_L \cdot \overline{X}_C}{\overline{X}_L - \overline{X}_C} = \frac{\dfrac{X}{3} \cdot 3X}{\left(\dfrac{X}{3} - 3 \cdot X\right)\angle -90°} = \frac{X^2}{\left(\dfrac{X - 9X}{3}\right)\angle 90°} = \frac{3X^2}{-8X\angle 90°} = 3 \cdot \frac{X}{8}\angle 90° \;\Rightarrow\; \overline{Z}_p = 3\angle 90°$$

$$\boxed{\overline{Z}_T = 4 + j \cdot 3 \quad \Rightarrow \quad 5\angle 36{,}87°}$$ por lo tanto i(t) retarda a e(t) en 36,87°.

Problema 6

El circuito de la figura trabaja en régimen permanente.

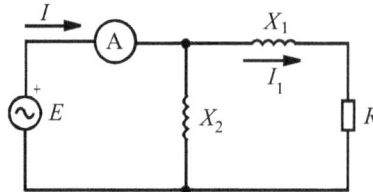

Figura 6.1

Se conocen los siguientes datos:

$$X_1 = 4,5 \ \Omega \qquad X_2 = 94,25 \ \Omega \qquad E = 240 \ \angle 0^\circ \ V \qquad A = 23,046 \ A$$

¿Cuál debe ser el valor de R para que la corriente I se retrase 30° respecto de la tensión E?

Resolución:

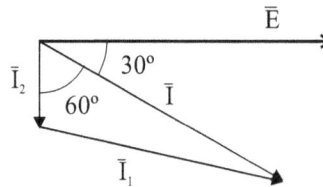

Figura 6.2

$$|I_1|^2 = 23,046^2 + \left(\frac{240}{94,25}\right)^2 - 2 \cdot 23,046 \cdot 25,464 \cos 60^\circ$$

$$I_1 = 21,884 \ A$$

$$|\overline{Z}_1| = \frac{240}{21,844} = 10,967 \ \Omega$$

$$\boxed{R_1 = \sqrt{10,967^2 - 4,5^2} = 10 \ \Omega}$$

Problema 7

El circuito de la figura está alimentado por un generador senoidal de frecuencia 50 Hz.

La potencia consumida por la carga Z_3 vale 3066,667 W. El voltímetro V_3 indica una lectura de 550 V. El amperímetro A indica una lectura de 10A.

La componente reactiva de la corriente que circula por Z_3 es de 2,5A (inductivo).

La corriente que circula por la rama DB está en fase con la tensión V_{DB}. La potencia disipada por R_4 vale 250W.

Se pide:

a) Valor de la inductancia L_4

b) Caída de tensión V_{DB}

c) Valor de la inductancia L_1

d) Tensión que proporciona el generador (lectura del voltímetro V)

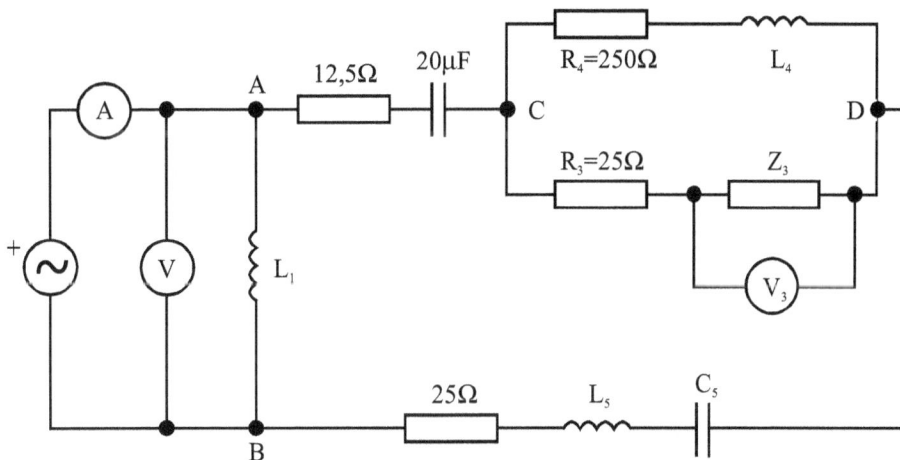

Figura 7.1

Resolución:

a) Corriente por Z_3

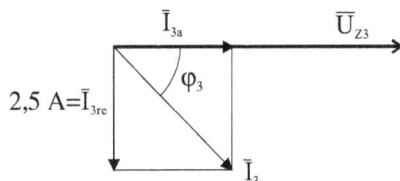

$$P_3 = \left|\overline{U}_3\right| \cdot \left|\overline{I}_3\right| \cdot \cos\varphi_3 = \left|\overline{U}_3\right| \cdot \left|I_{3a}\right|$$

$$\left| I_{3a} \right| = \frac{P_3}{\left| U_3 \right|} = \frac{3066,667}{550} = 5,58 \ \text{A}$$

$$I_3 = \sqrt{I_{3a}{}^2 + I_{3re}{}^2} = \sqrt{5,58^2 + 2,5^2} = 6,11 \ \text{A}$$

$$\text{tg}\varphi_3 = \frac{2,5}{5,58} = 0,448 \qquad\qquad \varphi_3 = 24,13°$$

Cogemos a partir de ahora como origen de fases $\overline{I_3} = 6,11\angle 0° \ A$

$$\overline{U}_{CD} = \overline{I}_3 \cdot \overline{R}_3 + \overline{U}_{Z_3} = 6,11\angle 0°\cdot 25\angle 0° + 550\angle 24,13° = 152,75\angle 0° + 550\angle 24,13° =$$
$$= 152,75 + 501,94 + j224,84 = 654,69 + j224,84 = 692,22\angle 18,95° \ \text{V}$$

En cuanto a la resistencia R_4, se sabe:

$$P_4 = I_4{}^2 \cdot R_4 = \frac{V_{R4}{}^2}{R_4} \qquad\qquad V_{R4} = \sqrt{250 \cdot 250} = 250 \ \text{V}$$

y también

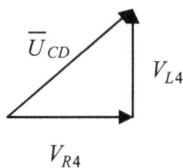

$$V_{L4} = \sqrt{V_{CD}{}^2 - V_{R4}{}^2} = \sqrt{692,22^2 - 250^2} = 646,5 \ \text{V}$$

$$X_{L4} = \frac{V_{L4}}{I_4} = \frac{V_{L4}}{\sqrt{\dfrac{P_4}{R_4}}} = \frac{646,5}{\sqrt{\dfrac{250}{250}}} = 646,5 \ \Omega$$

Por lo tanto:

$$\boxed{L_4 = \frac{X_{L4}}{w} = \frac{646,5}{2\pi \cdot 50} = 2,05 \ \text{H}}$$

b)

$$\overline{I}_4 = \frac{\overline{U}_{CD}}{R_4 + jX_{L4}} = \frac{692,22\angle 18,95°}{250 + j646,5} = \frac{692,22\angle 18,95°}{693,15\angle 68,86°} = 1\angle -49,91° \ \text{A}$$

$$\overline{I}_{3-4} = \overline{I}_3 + \overline{I}_4 = 6,11\angle 0° + 1\angle -49,91° = 6,79\angle -6,42° \ \text{A}$$

$$\overline{U}_{AC} = \overline{I}_{3-4} \cdot \overline{Z}_{AC}$$

$$\overline{Z}_{AC} = 12,5 - j\frac{1}{20 \cdot 10^{-6} \cdot 2\pi \cdot 50} = 12,5 - j159,15 = 159,64\angle -85,5° \ \Omega$$

$$\overline{U}_{AC} = \overline{I}_{3-4} \cdot \overline{Z}_{AC} = 6,79\angle -6,42°\cdot 159,64\angle -85,5° = 1083,96\angle -91,92° \ \text{V}$$

$$\boxed{\overline{U}_{DB} = \overline{I}_{3-4} \cdot R_5 = 6,79\angle -6,42°\cdot 25 = 169,75\angle -6,42° \ \text{V}}$$

$$\boxed{\begin{aligned}\overline{U}_G &= \overline{U}_{AC} + \overline{U}_{CD} + \overline{U}_{DB} = 1053,96\angle -91,92° + 692,22\angle 18,95° + 169,75\angle -6,42° = \\ &1175,76\angle -48,11° \ \text{V}\end{aligned}}$$

$$I_G = I_{34} + I_1$$

$$10\angle\varphi = 6,79\angle -6,42°+\overline{I}_1\angle -138,11°$$

de donde:

$$10\cos\varphi = 6,79\cos(-6,42°)+\overline{I}_1\cos(-138,11°)$$

$$10\operatorname{sen}\varphi = 6,79\sin(-6,42°)+\overline{I}_1\sin(-138,11°)$$

elevando al cuadrado y sumando resulta:

$$I_1^2 - 9I_1 - 53,86 = 0$$

$$\boxed{I_1 = 13,10}$$

I_1 = negativo   (no tiene sentido físico)

Si buscamos:

$$\varphi = \begin{cases} 76,33 \\ -107,63 \end{cases}$$

Teniendo presente que:

$$\overline{I}_G = \overline{I}_{3-4} + \overline{I}_1$$

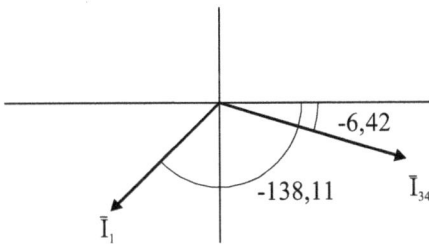

El valor del ángulo φ correcto es $\varphi = -107,63°$

Por lo tanto:

$$\overline{I}_G = 10\angle -107,63°\ \text{A}$$

$$X_{L1} = \frac{\overline{U}_{A-B}}{\overline{I}_1} = \frac{\overline{U}_G}{\overline{I}_1} = \frac{1175,76\angle -48,11°}{13,10\angle -138,11°} = 89,88\ \Omega$$

$$\boxed{L_1 = \frac{X_{L1}}{w} = \frac{89,98}{2\pi\cdot 50} = 0,28\ \text{H}}$$

Problema 8

Se quiere montar en el laboratorio un circuito eléctrico, cuyo esquema está representado en la figura, con la particularidad de que presente, entre sus bornes A y B, los siguientes valores de impedancias:

a) a la frecuencia de 50 Hz $\overline{Z}_{AB} = \infty\ \Omega$

b) a la frecuencia de 150 Hz $\overline{Z}'_{AB} = 0\ \Omega$

c) a la frecuencia de 250 Hz $\overline{Z}''_{AB} = 0\ \Omega$

Si únicamente se dispone de dos condensadores de capacidad C=1,08823 µF, determinar los valores de las inductancias L_1, L_2 y L_3.

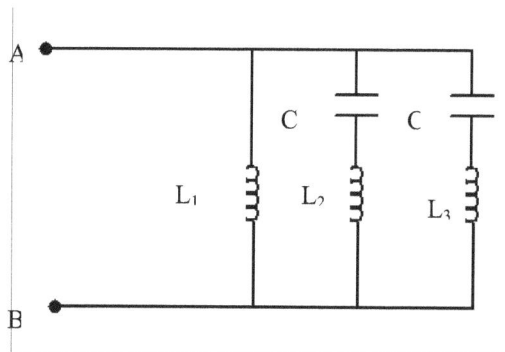

Figura 8.1

Resolución:

La reactancia de los condensadores a la frecuencia de 50 Hz vale:

$$X_{C50} = \frac{10^6}{2\pi \cdot 50 \cdot 1,08823} = 2925\ \Omega$$

por lo tanto, a las otras dos frecuencias, serán:

$$X'_{C150} = \frac{2925}{3} = 975\ \Omega \qquad\qquad X''_{C250} = \frac{2925}{5} = 585\ \Omega$$

Las impedancias de las tres ramas en paralelo a cada una de estas frecuencias serán de la siguiente forma:

a) A $\quad$ f = 50 Hz

$$\overline{Z}_1 = jX_{L1}\Omega = X_{L1}\angle 90°\ \Omega$$

$$\overline{Z}_2 = j[X_{L2} - X_{C2}]\ \Omega = j[X_{L2} - 2925]\ \Omega = [X_{L2} - 2925]\angle 90°\ \Omega$$

$$\overline{Z}_3 = j[X_{L3} - X_{C3}]\ \Omega = j[X_{L3} - 2925]\ \Omega = [X_{L3} - 2925]\angle 90°\ \Omega$$

b) A $\quad$ f' = 150 Hz = 3·f Hz

$$\overline{Z}_1' = jX_{L1}'\,\Omega = X_{L1}'\angle 90°\ \Omega$$

$$\overline{Z}_2' = j[X_{L2}' - X_{C2}']\ \Omega = j[X_{L2}' - 975]\ \Omega = [X_{L2}' - 975]\angle 90°\ \Omega$$

$$\overline{Z}_3' = j[X_{L3}' - X_{C3}']\ \Omega = j[X_{L3}' - 975]\ \Omega = [X_{L3}' - 975]\angle 90°\ \Omega$$

c) A $\quad$ f' $= 250$ Hz $= 5 \cdot$ f Hz

$$\overline{Z}_1'' = jX_{L1}''\,\Omega = X_{L1}''\angle 90°\ \Omega$$

$$\overline{Z}_2'' = j[X_{L2}'' - X_{C2}'']\ \Omega = j[X_{L2}'' - 585]\ \Omega = [X_{L2}'' - 585]\angle 90°\ \Omega$$

$$\overline{Z}_3'' = j[X_{L3}'' - X_{C3}'']\ \Omega = j[X_{L3}'' - 585]\ \Omega = [X_{L3}'' - 585]\angle 90°\ \Omega$$

Por otra parte, la impedancia vista desde A y B, impedancia de entrada del dipolo pasivo que constituye este circuito, valdrá en general:

$$\overline{Z}_{AB} = \overline{Z}_T = \frac{\overline{Z}_1 \cdot \overline{Z}_2 \cdot \overline{Z}_3}{\overline{Z}_1 \cdot \overline{Z}_2 + \overline{Z}_2 \cdot \overline{Z}_3 + \overline{Z}_1 \cdot \overline{Z}_3}$$

Para que $\overline{Z}_{AB}' = 0$ o $\overline{Z}_{AB}'' = 0$ bastará, para los dos últimos casos, que se cumpla:

1) A 150 Hz $\quad \overline{Z}_2' = 0\ \Omega \qquad X_{L2}' = 975\ \Omega$

2) A 250 Hz $\quad \overline{Z}_3'' = 0\ \Omega \qquad X_{L3}'' = 585\ \Omega$

Por lo tanto serán:

$$\boxed{L_2 = \frac{X_{L2}'}{\omega'} = \frac{X_{L2}'}{3\omega} = \frac{975}{3 \cdot 100 \cdot \pi} = 1{,}035\ \text{H}}$$

$$\boxed{L_3 = \frac{X_{L3}''}{\omega'} = \frac{X_{L3}''}{5\omega} = \frac{585}{5 \cdot 100 \cdot \pi} = 0{,}372\ \text{H}}$$

Con lo cual, a 50 Hz serán:

$$X_{L_2} = \frac{X_{L_2}'}{3} = \frac{975}{3} = 325\ \Omega$$

$$X_{L_3} = \frac{X_{L_3}'}{5} = \frac{585}{5} = 117\ \Omega$$

Las impedancias de las ramas a 50 Hz valdrán, pues:

$$\overline{Z}_1 = jX_{L1} = X_{L1}\angle 90°\ \Omega$$

$$\overline{Z}_2 = j[X_{L2} - X_{C2}]\ \Omega = j[325 - 2925]\ \Omega = -j2600\ \Omega$$

$$\overline{Z}_3 = j[X_{L3} - X_{C3}]\ \Omega = j[117 - 2925]\ \Omega = -j2808\ \Omega$$

Se debe cumplir ahora que $\overline{Z}_{AB} = \infty$, por lo que el denominador de la expresión que la define debe ser igual a cero, o sea que a 50 Hz se debe tener:

$$\overline{Z}_1 \cdot \overline{Z}_2 + \overline{Z}_2 \cdot \overline{Z}_3 + \overline{Z}_1 \cdot \overline{Z}_3 = 0$$

O lo que es lo mismo,

$$jX_{L1}[-j2600] + jX_{L1}[-j2808] + [-j2600][-j2808] = 0$$

$$2600X_{L1} + 2808X_{L1} - 7300800 = 0$$

$$5408X_{L1} = 7300800$$

$$X_{L1} = \frac{7300800}{5408} = 1350 \ \Omega$$

$$\boxed{L_1 = \frac{1350}{\omega} = \frac{1350}{100 \cdot \pi} = 4,297 \ H}$$

Problema 9

El circuito de la figura está alimentado por un generador $e(t) = 24\sqrt{2} \cdot \text{sen}(100\pi t)$ V, presentando un factor de potencia capacitivo de 0,966; las lecturas de los tres amperímetros A, A_1 y A_2 son respectivamente $3\sqrt{2}$ A, 3 A y 3 A.

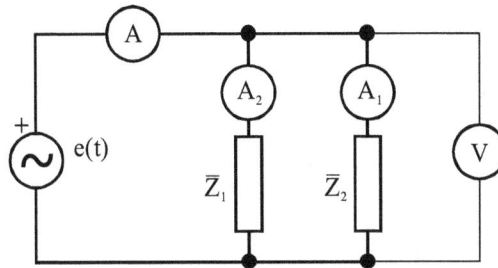

Figura 9.1

Determinar el valor de la impedancia capacitiva $\overline{Z}_1$.

Resolución:

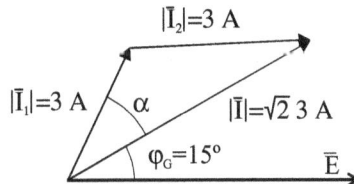

Figura 9.2

$\cos\varphi_G = 0,966 \quad \Rightarrow \quad \varphi_G = 15°$

$|I| = 3\sqrt{2}$ A

$|\overline{I_1}| = 3$ A

$|\overline{I_2}| = 3$ A

$$\cos\alpha = \frac{|\overline{I}|/2}{|\overline{I_1}|} = \frac{3\sqrt{2}}{2 \cdot 3} = \frac{\sqrt{2}}{2} \quad \Rightarrow \quad \alpha = 45°$$

$\overline{Z}_1 = \dfrac{24}{3}\angle -60°\ \Omega \qquad \boxed{\overline{Z}_1 = 8\angle -60°\ \Omega}$

Problema 10

El circuito de la figura 10.1 está formado por dos fuentes de tensión $\overline{E}_1 = 3\angle 0°$ V y $\overline{E}_2 = 5\angle 90°$ V, dos fuentes de corriente $\overline{I}_1 = 2\angle 90°$ A y $\overline{I}_2 = 1\angle 0°$ A, una resistencia óhmica pura de 1 Ω, una reactancia inductiva pura de 5 Ω y una capacitiva de 2 Ω.

Calcular:

a) Corriente y tensión en cada rama

b) Potencia activa y reactiva suministrada por cada una de las fuentes

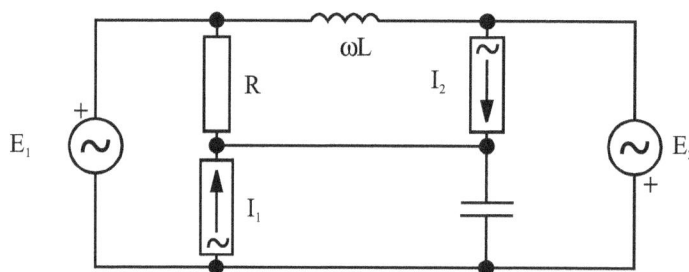

Figura 10.1

Resolución:

El circuito se transforma de la configuración de la figura 10.2 a la configuración de la figura 10.3 trasladando la fuente de corriente. Se pasa de la figura 10.3 a la figura 10.4 transformando las fuentes de corriente en fuentes de tensión. Esta configuración (10.4) puede resolverse por corrientes circulantes, consiguiendo con esto las corrientes I_A e I_B que pasan por las ramas del circuito original que contiene las fuentes de tensión E_1 y E_2 que no se han visto transformadas.

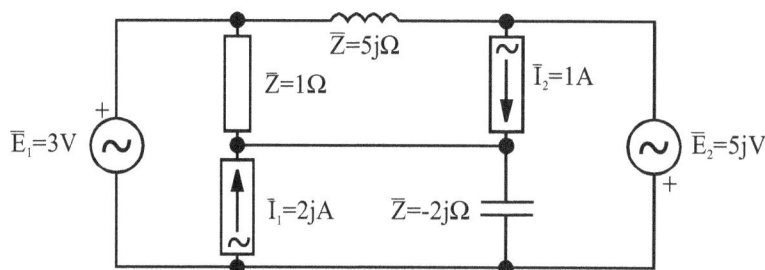

Figura 10.2

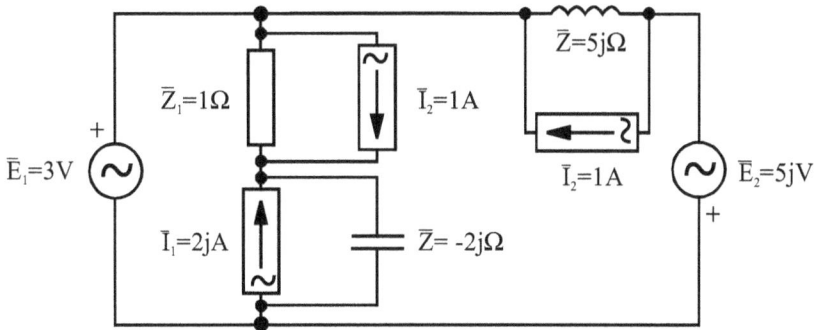

Figura 10.3

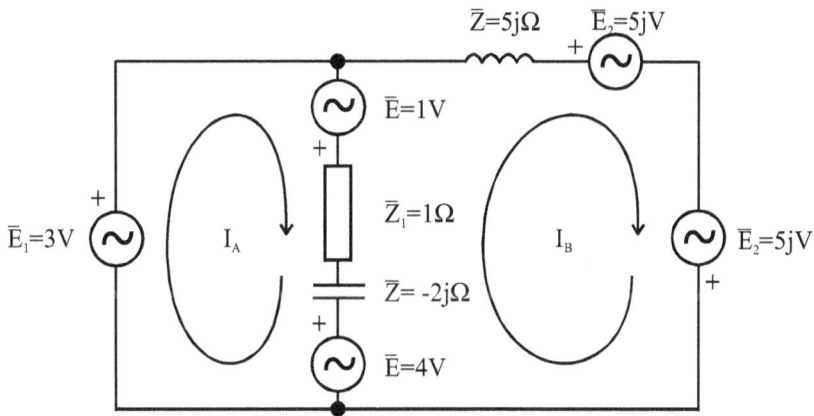

Figura 10.4

$$\bar{I}_A = \frac{\begin{vmatrix} 0 & -1+2j \\ 3 & 1+3j \end{vmatrix}}{\begin{vmatrix} 1-2j & -1+2j \\ -1+2j & 1+3j \end{vmatrix}} = -\frac{3}{5}j \text{ A} \qquad \bar{I}_B = \frac{\begin{vmatrix} 1-2j & 0 \\ -1+2j & 3 \end{vmatrix}}{\begin{vmatrix} 1-2j & -1+2j \\ -1+2j & 1+3j \end{vmatrix}} = -\frac{3}{5}j \text{ A}$$

Con sólo las corrientes $\bar{I}_A$ e $\bar{I}_B$ y las corrientes de las fuentes de corriente del enunciado, ya quedan definidas todas las corrientes de cada rama del circuito original:

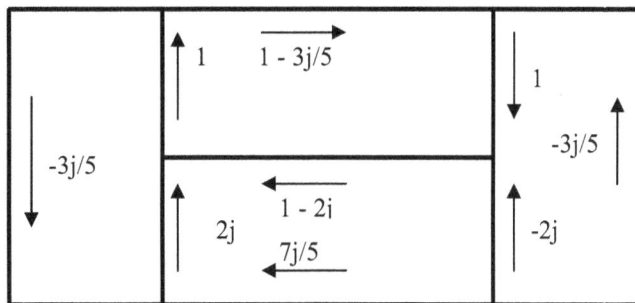

Figura 10.5

Los productos $\left(\overline{Z}\cdot\overline{I}\right)$ dan la caída de tensión en las ramas con impedancias y en el resto se consiguen por sumas o diferencias.

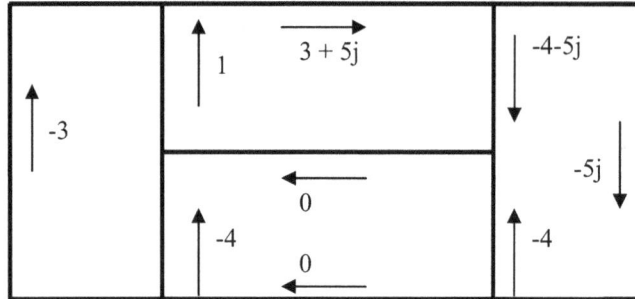

Figura 10.6 (Caídas de tensión en V)

Los productos $\left(\overline{E}\cdot\overline{I}*\right)$ dan las potencias generadas en las fuentes en forma compleja (P+Qj), y los productos $\left(\overline{U}\cdot\overline{I}*\right)$ de las tensiones en las cargas por los conjugados de las respectivas corrientes, dan las potencias consumidas en éstas.

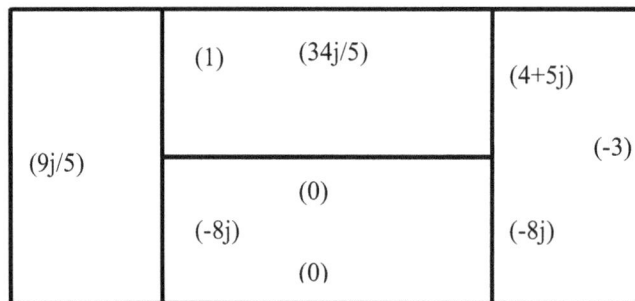

Figura 10.7 (Potencias generadas y consumidas en VA)

Problema 11

El circuito de la figura está formado por una fuente de corriente de $2\angle-90°$ A, una fuente de tensión de $6\angle0°$ V, dos resistencias óhmicas puras de 4 Ω, una reactancia inductiva de 3 Ω y una capacitiva de 3 Ω.

Calcular:

a) Corriente y tensión en cada rama

b) Potencia activa y reactiva suministrada por cada una de las fuentes

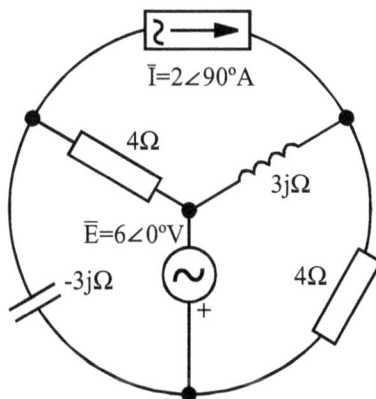

Figura 11.1

Resolución:

Se empieza haciendo unas transformaciones de la red, pasando en sucesivas etapas a otros equivalentes eléctricos (de la figura 11.2a a la figura 11.2b, y de la figura 11.2b a la figura 11.2c).

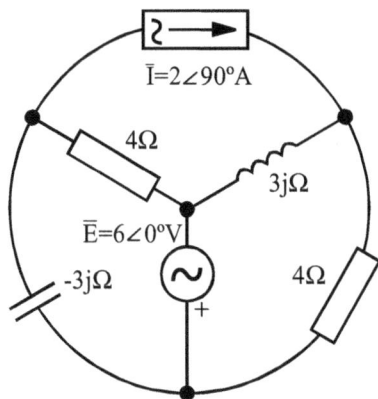

Figura 11.2a

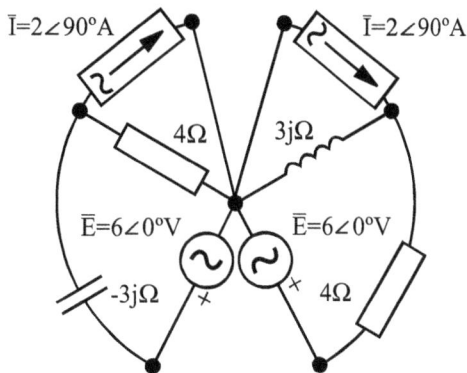

Figura 11.2b

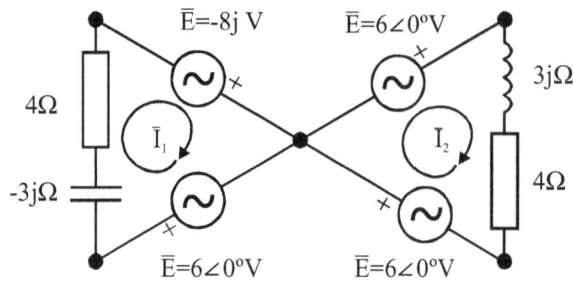

Figura 11.2c

De esta figura se deduce:

$$\overline{I}_1 = \frac{6-8j}{4-3j} = \frac{48-14j}{25} = 2\angle-16,26°\ \ A$$

$$\overline{I}_2 = 0\ \ A$$

Con las corrientes $\overline{I}$, $\overline{I}_1$ e $\overline{I}_2$, ya se tienen todas las corrientes de rama, que se representan en el gráfico siguiente de dos maneras, de forma compleja y en forma de módulo y argumento. Las tensiones se calculan utilizando la expresión $\overline{U}_K = \overline{I}_K \cdot \overline{Z}_K$ y se obtienen resultados reflejados en la figura 11.4. Finalmente, las potencias consumidas en cada una de las ramas se encuentran aplicando la fórmula $\overline{S}_K = \overline{U}_K \overline{I}_K{}^*$ (potencia aparente) y se obtienen los resultados de la figura 11.5.

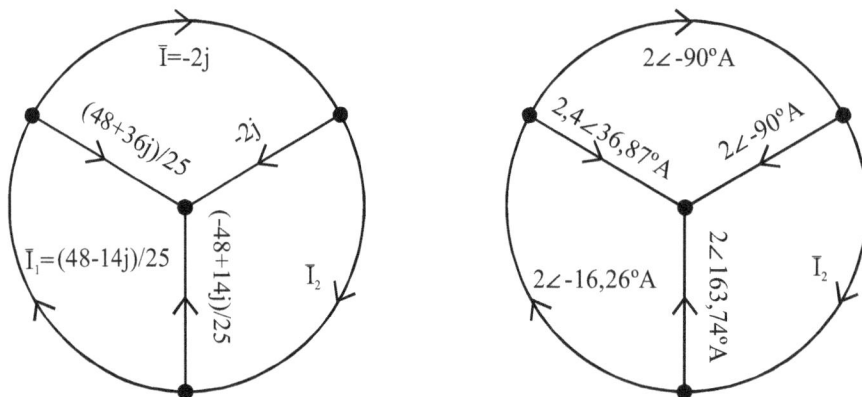

Figura 11.3

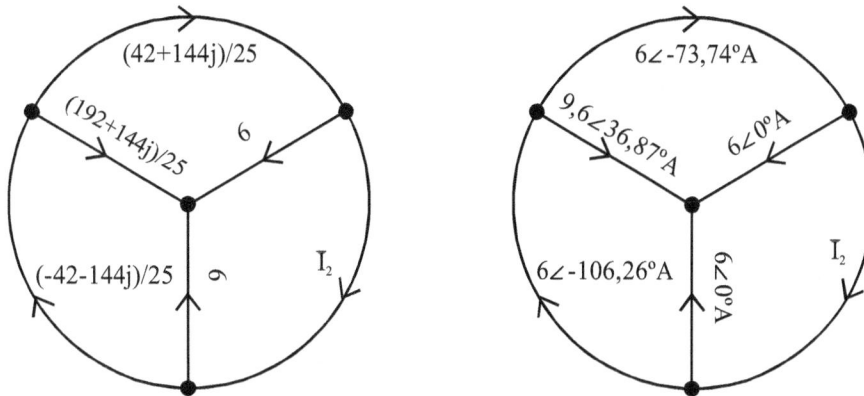

Figura 11.4

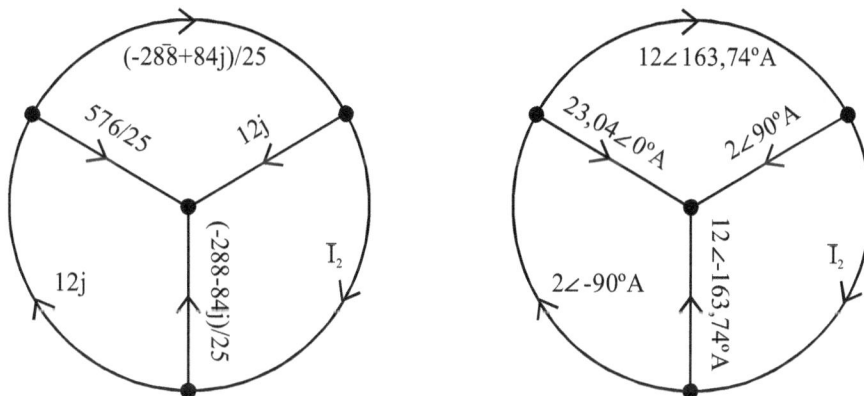

Figura 11.5

Observando los resultados, deducimos que:

- La fuente de corriente absorbe potencia reactiva y genera activa.

- La fuente de tensión genera potencias activa y reactiva.

- Sólo una de las resistencias consume potencia activa.

- La potencia reactiva se consume en la reactancia y se genera en el condensador.

Problema 12

Dado el circuito de la figura, sabemos que las lecturas de los amperímetros A_1, A_2 y A_3 valen, respectivamente, 5,77 A, 6,33 A y 6,93 A y las lecturas de los voltímetros V_{31} y V_{32} son, respectivamente, 55,44V y 83,13 V. El vatímetro indica una lectura de 749,87 W.

Calcular:

a) Valor de la tensión máxima proporcionada por el generador

b) Valores de les resistencias R_1 y R_2 y de la inductancia L_2

c) Expresión temporal de la corriente i(t)

Se quiere compensar el factor de potencia del conjunto hasta la unidad. Indicar la mejor manera para poderlo conseguir, calculando su valor.

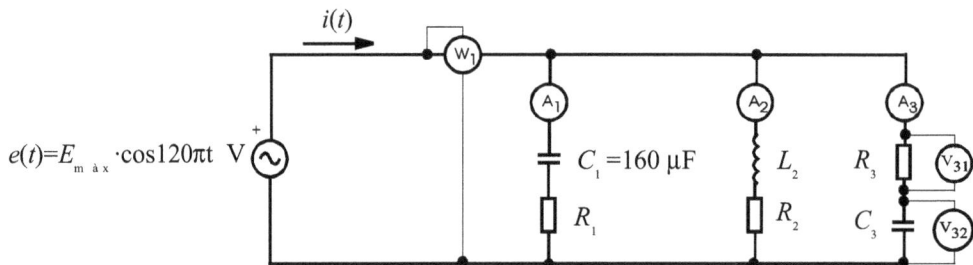

Figura 12.1

Resolución:

$$|U| = \sqrt{V_{31}^2 + V_{32}^2} = \sqrt{55,44^2 + 83,13^2} = 99,921 \text{ V}$$

$$\boxed{E_{màx} = \sqrt{2} \cdot 99,921 \quad V} \quad \Rightarrow \quad e(t) = 99,921 \cdot \sqrt{2} \cdot \cos(120 \cdot \pi \cdot t) \text{ V}$$

$$R_3 = \frac{V_{31}}{A_3} = 8 \, \Omega \qquad\qquad X_{C3} = \frac{V_{32}}{A_3} = 11,996 \, \Omega$$

$$C_3 = \frac{1}{\omega \cdot X_{C3}} = \frac{1}{120\pi \cdot 11.996} = 221,13 \, \mu\text{F}$$

$$X_{C1} = \frac{1}{\omega \cdot C_1} = \frac{10^6}{120 \cdot \pi \cdot 160} = 16,579 \, \Omega \qquad\qquad U_{C1} = A_1 \cdot X_{C1} = 5.77 \cdot 16.579 = 95,659 \text{ V}$$

$$U_{R1} = \sqrt{U^2 - U_{C1}^2} = \sqrt{99,921^2 - 95,659^2} = 28,872 \text{ V} \qquad\qquad R_1 = \frac{U_{R1}}{A_1} \qquad \boxed{R_1 = 5\,\Omega}$$

$$W_{13} = R_1 \cdot A_1^2 + R_3 \cdot A_3^2 = 5 \cdot 5,77^2 + 8 \cdot 6,93^2 = 550,791 \text{ W}$$

$$W_2 = W_1 - W_{13} = 749.87 - 550.791 = 199,079 \text{ W}$$

$$R_2 = \frac{W_2}{A_2^2} \qquad\qquad \boxed{R_2 = 4,968 \, \Omega} \qquad\qquad |Z_2| = \frac{V}{A_2} = 15,783 \, \Omega$$

$$X_{L2} = \sqrt{|Z_2|^2 - R_2^2} = \sqrt{15,785^2 - 4,968^2} = 14,983 \, \Omega$$

$$L_2 = \frac{X_{L2}}{\omega} = \frac{X_{L2}}{120\pi} = \frac{14,983}{120\pi} \quad \boxed{L_2 = 0,0397 \, H}$$

$$\overline{Z}_1 = R_1 - j \cdot X_{C1} = 5,00 - j \cdot 16,579 = 17,317 \angle -73,205° \, \Omega$$

$$\overline{Z}_2 = R_2 + j \cdot X_{L2} = 4,968 - j \cdot 14,983 = 15,785 \ \angle 71,654° \, \Omega$$

$$\overline{Z}_3 = R_3 - j \cdot X_{C3} = 8 - 11,996 \cdot j = 14,419 \angle -56,30° \, \Omega$$

$$\overline{Y}_1 = \frac{1}{\overline{Z}_1} = 0,01668 + j \cdot 0,05528 = 0,05774 \ \angle 73,205° \, \Omega^{-1}$$

$$\overline{Y}_2 = \frac{1}{\overline{Z}_2} = 0,01994 - j \cdot 0,06013 = 0,06335 \ \angle -71,654° \, \Omega^{-1}$$

$$\overline{Y}_3 = \frac{1}{\overline{Z}_3} = 0,03848 + j \cdot 0,05770 = 0,069355 \ \angle 56,3° \, \Omega^{-1}$$

$$\overline{Y}_T = \overline{Y}_1 + \overline{Y}_2 + \overline{Y}_3 = 0,075106 + j \cdot 0,05285 = 0,091838 \ \angle 35,134° \, \Omega$$

$$\overline{Z}_T = \frac{1}{\overline{Y}_T} = 8,9048 - j \cdot 6,2664 j = 10,8887 \ \angle -35,134° \, \Omega$$

$$\overline{I}_T = \frac{\overline{E}_T}{\overline{Z}_T} = \frac{99,921 \ \angle 0°}{10,8887 \angle -35,134°} = 7,5046 + j \cdot 5,2811 = 9,1765 \ \angle 35,134° \, A$$

$$A_T = \frac{V}{|Z_T|} = 9,1765 \, A \qquad \boxed{i(t) = 9,1765 \cdot \sqrt{2} \cdot \cos(120 \cdot \pi \cdot t + 35,134°) \, A}$$

$$\vec{S}_G = \vec{E} \cdot \vec{I}_T^* = 99,921 \ \angle 0° \cdot \ 9,1765 \angle -35,134° = 916,930 \angle -35,134° = 749,867 - j527,689 \, VA$$

Ponemos una bobina en paralelo con la fuente para obtener factor de potencia 1.

$$X_L = \frac{V^2}{Q} = \frac{99,921^2}{527,689} = 18,920 \, \Omega \qquad L = \frac{X_L}{\omega} = \frac{18,920}{120 \cdot \pi} = 0,050188 \, H \qquad \boxed{L = 50 \, mH}$$

Problema 13

El circuito de la figura trabaja en régimen permanente estando el interruptor K_1 cerrado y el interruptor K_2 abierto. Las lecturas de los aparatos de medida son las siguientes.

$$W_G = 1886,025W \qquad A_1 = 10\ A \qquad A_2 = 10\ A$$

$$A_G = 23,942\ A \qquad V_G = 100\ V \qquad f = 50\ Hz$$

a.1) Determinar la lectura del amperímetro A_3

a.2) Determinar los valores de la resistencia R_3 y del condensador C_3

a.3) Valores de la resistencia R_1 y del condensador C_2

b) A continuación se abre el interruptor K_1 siendo ahora las lecturas de los aparatos de medida las siguientes:

$$W_G = 1386,370\ W \qquad A_G = 16,5096\ A$$

siendo el factor de potencia capacitivo.

b.1) Determinar los valores de la resistencia R_4 y de la inductancia L_4

b.2) Indicaciones de los voltímetros V_3 y V_4

c) Finalmente se cierra el interruptor K_2 y se abre el interruptor K_1 y se pide el valor que ha de tener la inductancia de la bobina L_5 para poder conseguir que el circuito entre en resonancia.

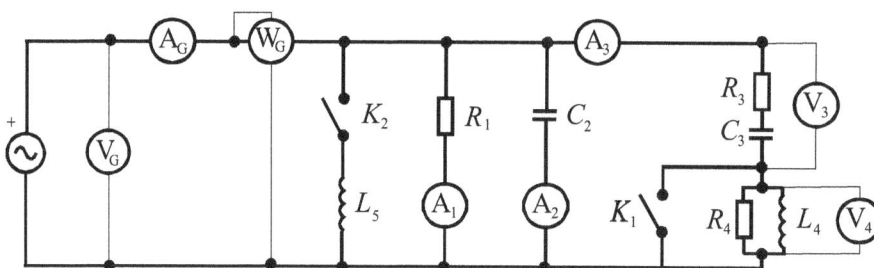

Figura 13.1

Resolución:

$$\omega = 100\ \pi\ rad/s$$

Tomamos:

$$V_G = 100\angle 0°\ V$$

$$R_1 = \frac{|V_G|}{|A_1|} \qquad \boxed{R_1 = 10\ \Omega} \qquad \Rightarrow \qquad \overline{Z}_1 = 10\angle 0° = 10 + j \cdot 0\ \Omega$$

$$X_{C2} = \frac{V_G}{A_2} = 10\ \Omega \qquad \Rightarrow \qquad \overline{Z}_2 = 10\angle -90° = 0 - j \cdot 10\ \Omega$$

$$\bar{I}_2 = \frac{\overline{U}_G}{\overline{Z}_2} = 10\angle 90° = 0 + j \cdot 10 \quad \Omega$$

$$\bar{I}_{12} = \bar{I}_1 + \bar{I}_2 = 10 + j \cdot 10 = 14,142\angle 45° \, A$$

$$\varphi_T = \arccos\frac{W_G}{U_G \cdot A_G} = \arccos\frac{1866,025}{100 \cdot 23,9417} \quad \Rightarrow \quad \varphi_T = 38,794°$$

$$\bar{I}_G = 23,9417\angle 38,794 = 18,660 + j \cdot 15 \, A \qquad \text{por ser capacitivo}$$

$$\bar{I}_3 = \bar{I}_G - \bar{I}_{12} = 8,660 + j \cdot 5 = 10\angle 30° \, A \qquad \boxed{A_3 = 10 \, A}$$

$$\overline{Z}_3 = \frac{\overline{V}_G}{\bar{I}_3} = 10\angle -30° = 8,660 - j \cdot 5 \quad \Omega$$

$$\boxed{R_3 = 8,660 \, \Omega}$$

$$C_3 = \frac{10^6}{100\pi \cdot 5} \qquad \boxed{C_3 = 636,62 \, \mu F}$$

$$C_2 = \frac{10^6}{100\pi \cdot X_{C2}} \qquad \boxed{C_2 = 318,31 \, \mu F}$$

b) $W_G = 1386,370 \, W \quad A_G = 16,5096 \, A$

$$\varphi_T = \arccos\frac{W_G}{|U_G| \cdot A_G} = \arccos\frac{1386,370}{100 \cdot 16,5096} = 32,888°$$

$$\bar{I}_G = 16,5096\angle 32,888° = 13,8637 + j \cdot 8,965 \, A$$

$$\bar{I}_{34} = \bar{I}_G - \bar{I}_{12} = 4\angle -15,001° = 3,8637 - j \cdot 1,0353 \, A$$

$$\overline{Z}_{34} = \frac{\overline{U}_G}{\bar{I}_{34}} = \frac{100\angle 0°}{4\angle -15.001} = 25\angle 15° = 24,148 + j \cdot 6,4710 \, \Omega$$

$$\overline{Z}_4 = \overline{Z}_{34} - \overline{Z}_3 = 15,4876 + j \cdot 11,4709 = 19,273\angle 36,5256° \quad \Omega$$

$$\overline{Y}_4 = \frac{1}{\overline{Z}_4} = 0,0519\angle -36,5256° = 0,0417 - j \cdot 0,03088 \, \Omega^{-1}$$

$$R_4 = \frac{1}{0,0417} \qquad \boxed{R_4 = 23,98 \, \Omega}$$

$$X_{L4} = \frac{1}{0,03088} = 32,3817\ \Omega \qquad L_4 = \frac{X_{L4}}{\omega} = \frac{10^{-3}}{100 \cdot \pi} \cdot 32,3817 \qquad \boxed{L_4 = 103,07\ \text{mH}}$$

$$\overline{S}_G = \overline{U}_G \cdot \overline{I}_G^* = 100\angle 0° \ \cdot \ 16,5096\angle -32,888° = 1650.96\angle -32,888° = 1386,37 - j \cdot 896,463j\ \text{VA}$$

$$\overline{U}_3 = \overline{I}_{34} \cdot \overline{Z}_3 = 4\angle -15,001° \cdot \ 10\angle -30° = 40\angle -45°\ \text{V}$$

$$\boxed{V_3 = 40\ \text{V}}$$

$$\overline{U}_4 = \overline{I}_{34} \cdot \overline{Z}_4 = 4 \cdot \angle -15,001° \cdot 19,273\angle 36,5256° = 77,0925\angle 21,524°\ \text{V}$$

$$\boxed{V_4 = 77,0925\ \text{V}}$$

c) Se tendría que calcular una bobina en paralelo con la fuente:

$$L_5 = \frac{V_G^2}{Q_G \cdot \omega} = 10^3 \cdot \frac{100^2}{896,463 \cdot 100 \cdot \pi} = 35,507\ \text{mH}$$

Problema 14

El circuito de la figura trabaja en régimen permanente. En estas condiciones las lecturas de los aparatos de medida son respectivamente:

$$V=161{,}747 \text{ V} \qquad W_1=3662{,}703 \text{ W} \qquad W_2=1046{,}486 \text{ W}$$

Así mismo, es conocido el factor de potencia que se presenta en bornes del generador, siendo 0,8754 inductivo. El valor de la resistencia R_0 es de 2 Ω y la relación entre X_{L2} / R_2 vale 2.

Calcular:

a) Valores de la resistencia R_2 y de la inductancia L_2

b) Valor de la inductancia L_0

c) Lecturas de los aparatos de medida A_G y V_G así como también valor de $E_{máx}$

d) Expresión temporal de la corriente $i_2(t)$ que circula por la resistencia R_2

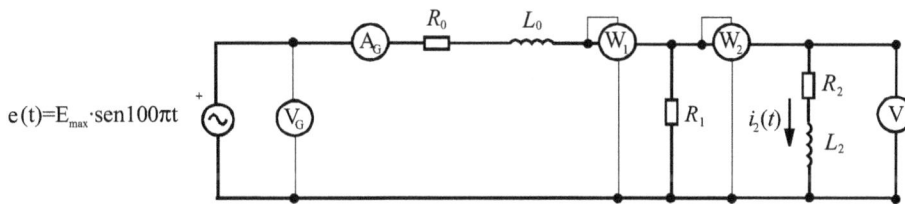

Figura 14.1

Resolución:

$$P_{R1} = W_1 - W_2 = 2616{,}217 \text{ W} \qquad R_1 = \frac{V^2}{P_{R1}} = 10 \ \Omega \qquad \overline{Z}_1 = 10\angle 0° \ \Omega$$

$$\text{tg}\varphi_2 = \frac{X_{L2}}{R_2} = 2 \ \Rightarrow \ \varphi_2 = 63{,}435° \quad |I_2| = \frac{W_2}{V \cdot \cos\varphi_2} = 14{,}467 \text{ A}$$

$$R_2 = \frac{W_2}{|I_2|^2} \qquad \boxed{R_2 = 5 \ \Omega}$$

$$\boxed{X_{L2} = 2 \cdot R_2 = 10 \ \Omega} \quad \overline{Z}_2 = 5 + j \cdot 10 = 11{,}180\angle 63{,}435° \ \Omega$$

$$\overline{Z}_{12} = \frac{\overline{Z}_1 \cdot \overline{Z}_2}{\overline{Z}_1 + \overline{Z}_2} = 5{,}385 + j3{,}077 \ \Omega$$

$$A_G = |I_T| = \frac{V}{|Z_{12}|} \qquad \boxed{A_G = 26{,}081 \text{ A}}$$

$$\overline{Z}_T = R_0 + j\overline{X}_{L0} + \overline{Z}_{12} = 7{,}384 + j(3{,}077 + X_{L0}) \ \Omega \qquad \cos\varphi_G = 0{,}8754 \quad \varphi_G = 28{,}907°$$

$$\text{tg}28{,}907 = \frac{3{,}077 + X_{L0}}{7{,}384} \quad \Rightarrow \quad X_{L0} = 1\ \Omega \qquad L_0 = \frac{X_{L0}}{\omega} \qquad \boxed{L_0 = 3{,}186\ \text{mH}}$$

$$L_2 = \frac{X_{L2}}{\omega} \qquad\qquad \boxed{L_2 = 31{,}86\ \text{mH}}$$

$$\left|U_G\right| = \left|Z_T\right| \cdot \left|I_T\right| = 220{,}011\ \text{V} \qquad \overline{U}_G = 220{,}011\angle 0°\ \text{V} \qquad \boxed{V_G = 220{,}011\ \ \text{V}}$$

$$\overline{Z}_T = 7{,}384 + \text{j}4{,}077 = 8{,}435\angle 28{,}907°\ \Omega$$

$$\boxed{E_{max} = \sqrt{2} \cdot 220{,}011\ \ \text{V}} \qquad\qquad e(t) = \sqrt{2} \cdot 220{,}011 \cdot \text{sen}(100 \cdot \pi \cdot t)\ \ \text{V}$$

$$I_2 = \frac{V_G}{\overline{Z}_T} \cdot \frac{\overline{Z}_{12}}{\overline{Z}_2} = 6{,}658 - \text{j} \cdot 12{,}844 = 14{,}467\angle -62{,}597°\ \ \text{A}$$

$$\boxed{i_2(t) = \sqrt{2} \cdot 14{,}467\, \text{sen}\left(100 \cdot \pi \cdot t - \frac{62{,}97}{180}\pi\right)\ \ \text{A}}$$

Problema 15

El circuito de la figura, alimentado por una fuente de corriente alterna de frecuencia 50 Hz y $R_G = 25$ Ω se halla en régimen permanente con los interruptores k_1 y k_2 abiertos. Se conocen las lecturas de los siguientes aparatos:

$$V_G = 51,45 \text{ V} \qquad A_1 = 10,29 \text{ A} \qquad W = 423,53 \text{ W}$$

Se pide:

- Valor de la corriente I_G

- Valores de R_1 y L_1

A continuación se cierra el interruptor k_1 y se mantiene k_2 abierto y conocemos las lecturas de los siguientes aparatos:

$$V_G = 29,9625 \text{ V} \qquad A_2 = 6,70 \text{ A}$$

Se piden:

- Lectura del amperímetro A_1

- Lectura del vatímetro W

- Valores de R_2 y C_2

A continuación se cierra el interruptor k_2 y se mantiene k_1 cerrado, se quiere que el conjunto $Z_1=R_1+j\cdot X_{L1}$ y $Z_2=R_2+ j\cdot X_{C2}$ compensen su factor de potencia hasta la unidad.

Se piden:

- Valor de la capacidad C

- Nueva lectura del voltímetro V_G

- Nueva lectura del voltímetro W

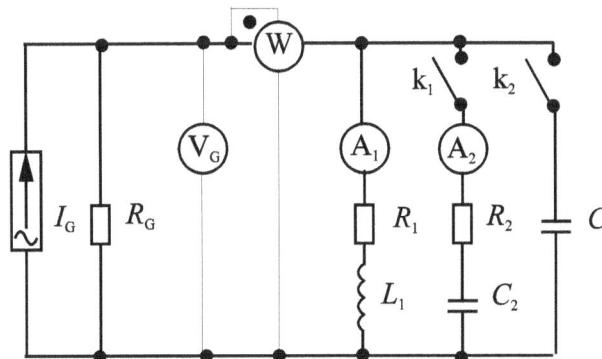

Figura 15.1

Resolución:

Con los interruptores k1, k2 abiertos:

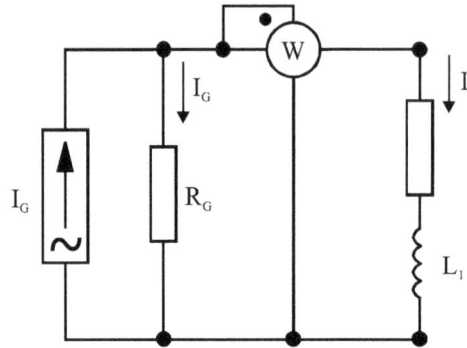

Figura 15.2

$$R_1 = \frac{W}{I_1^2} = 4\ \Omega$$

$$|\overline{Z}_1| = \frac{|\overline{U}_G|}{|\overline{I}_1|} = \frac{51,45}{10,29} = 5\Omega$$

$$\varphi_1 = \arccos\frac{R_1}{|Z_1|} = 36,87°$$

$$\overline{Z}_1 = 5\angle 36,87° = 4 + j\cdot 3\ \ \Omega$$

$$L_1 = \frac{X_{L1}}{2\pi\cdot f} = \frac{3}{100\cdot\pi} \qquad L_1 = 9,55\ \text{mH}$$

$$|\overline{I}_{RG}| = \frac{|\overline{U}_G|}{|R_G|} = 2,058\ \text{A}$$

$$\overline{I}_{RG} = 2,058\angle 0°\ \text{A}$$

Si $\overline{U}_G = 51,45\angle 0°\ \ V$

$$\overline{I}_1 = 10,29\angle -36,87° = 8,232 - j\cdot 6,174\ \text{A} \qquad \overline{I}_G = \overline{I}_{RG} + \overline{I}_1 = 10,29 - j\cdot 6,174\ \text{A}$$

$$\overline{I}_G = 12\angle -30,965°\ \text{A}$$

Con k_1 cerrado, k_2 abierto:

$$|\overline{I}_G| = 12\ \text{A} \qquad |\overline{I}_2| = 6,7\ \text{A} \qquad |\overline{I}_{RG}| = \frac{|\overline{U}_G|}{|R_G|} = \frac{29,9625}{25} = 1,1985\ \text{A}$$

$$|\overline{I}_1| = \frac{|\overline{U}_G|}{|\overline{Z}_1|} \qquad |\overline{I}_1| = 5,9925\ \text{A} \qquad \overline{I}_1 = 5,9925\angle -36,87°\ \text{A}$$

utilizando el teorema del coseno

$$|\overline{I}_2|^2 = |\overline{I}_{RG1}|^2 + |\overline{I}_G|^2 - 2\cdot|\overline{I}_{RG1}|\cdot|\overline{I}_G|\cdot\cos\alpha$$

$$\bar{I}_{RG1} = \bar{I}_1 + \bar{I}_{RG1} = 6{,}988 \angle -30{,}965° \text{ A} \quad \cos\alpha = \frac{6{,}988^2 + 12^2 - 6{,}7^2}{2 \cdot 6{,}988 \cdot 12} = 0{,}88211$$

$$\alpha = 28{,}102°$$

$$\varphi_G = \varphi_{1RG} + \alpha = -30{,}965° - (-28{,}102°) = -2{,}863° \qquad I_G = 12 \angle -2{,}863° \text{ A}$$

Si $\overline{U}_G = 29{,}9625 \angle 0° \text{ V}$

$$\bar{I}_2 = \bar{I}_G - \bar{I}_{RG1} = 6{,}7 \angle 26{,}564° = 5{,}992 + j \cdot 2{,}996 \text{ A}$$

$$\overline{Z}_2 = \frac{\overline{U}_G}{\bar{I}_2} = 4 - j \cdot 2 \ \Omega = 4{,}472 \angle -26{,}565° \quad C_2 = \frac{1}{X_2 \cdot 2\pi \cdot f} = \frac{1}{100 \cdot 2\pi} \qquad \boxed{C_2 = 1{,}591 \text{ mF}}$$

$$\boxed{R_2 = 4 \ \Omega}$$

$$W = R_1 A_1^2 + R_2 A_2^2 \qquad \boxed{W = 359{,}11 \text{ W}}$$

Con k1, k2 cerrados:

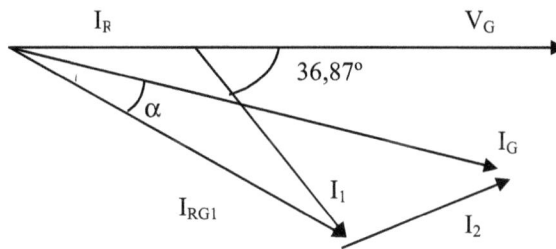

$$\overline{Z}_{12} = \frac{\overline{Z}_1 \cdot \overline{Z}_2}{\overline{Z}_1 + \overline{Z}_2} = 2{,}769 + j \cdot 0{,}1538 = 2{,}773 \angle 3{,}1801° \ \Omega$$

$$\overline{Y}_{12} = \frac{1}{\overline{Z}_{12}} 0{,}3606 \angle -3{,}180° = 0{,}36 - j \cdot 0{,}02 \ \Omega^{-1}$$

$$\overline{Y}_C = j \cdot 0{,}02 \Omega^{-1} \Rightarrow \overline{X}_C = \frac{1}{\overline{Y}_C} = -50 j\Omega = 50 \angle -90° \ \Omega$$

$$C = \frac{1}{X_C \cdot \omega} = \frac{1}{50 \cdot 100 \cdot \pi} \qquad \boxed{C = 63{,}668 \ \mu F}$$

$$\overline{Y}_{12C} = \overline{Y}_{12} + \overline{Y}_C = 0{,}36 \angle 0° \ \Omega^{-1} \qquad \overline{Z}_{12C} = \frac{1}{\overline{Y}_{12C}} = 2{,}77 \angle 0° \ \Omega$$

$$\overline{Z}_T = \frac{\overline{R}_G \cdot \overline{Z}_{12}}{\overline{R}_G + \overline{Z}_{12}} = 2{,}5 \angle 0° \ \Omega$$

$$|\overline{U}_G| = |\bar{I}_G| \cdot |\overline{Z}_T| \quad \boxed{|\overline{U}_G| = 30 \text{ V}} \qquad W = \frac{V_G^2}{Z_{12C}} \qquad \boxed{W = 324 \text{ W}}$$

Problema 16

El circuito representado en la figura se alimenta por un generador de corriente alterna $e(t) = 240 \cdot \sqrt{2} \cdot \cos(100 \cdot \pi \cdot t)$ V, presentando un factor de potencia capacitivo.

Se conocen las lecturas de los siguientes aparatos:

$$V = 248,128 \text{ V} \quad A = 11,697 \text{ A} \quad W_G = 2052,2565 \text{ W.}$$

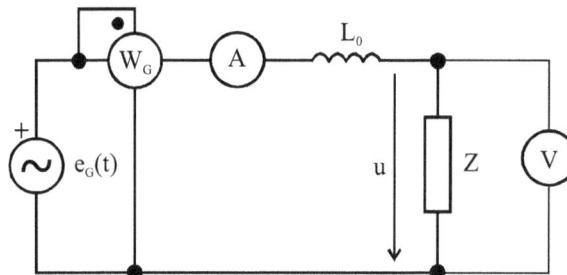

Figura 16.1

Determinar:

a) Valor de la inductancia L_0

b) La impedancia en formas binómica y polar de Z

c) Expresión temporal en régimen permanente de la tensión en bornes de Z

d) Potencia aparente en forma compleja absorbida por la carga Z

Resolución:

$$\overline{E} = 240\angle 0º \text{ V}$$

$$\overline{Z}_T = \frac{\overline{E}}{\left|\overline{I}_G\right|} \cdot \angle \arccos \frac{W}{\left|\overline{E}\right| \cdot \left|\overline{I}_G\right|} = 20,518\angle -43,025º = 15 - j \cdot 14 \, \Omega$$

$$R = R_e\left(\overline{Z}_T\right) = 15 \, \Omega$$

$$\overline{Z} = R + j \cdot X = \frac{\left|\overline{U}\right|}{\left|\overline{I}_G\right|} \angle \arccos \frac{R}{\left(\dfrac{\left|\overline{U}\right|}{\left|\overline{I}_G\right|}\right)}$$

$$\boxed{\overline{Z} = 21,213\angle -45º = 15 - j \cdot 15 \;\; \Omega}$$

$$\overline{I}_G = 11{,}967 \,\angle 43{,}025^\circ \ \text{A}$$

$$\overline{U} = \overline{Z} \cdot \overline{I}_G = 248{,}128\angle -1{,}975^\circ \ \text{V}$$

$$\boxed{u(t) = 248{,}128 \cdot \sqrt{2} \cdot \cos(100 \cdot \pi \cdot t - 1{,}975^\circ) \ \text{V}}$$

$$X_0 = \frac{\overline{E}_G - \overline{U}}{\overline{I}_G} = \overline{Z}_T - \overline{Z} = j = 1\angle 90^\circ \ \Omega$$

$$L_0 = \frac{X_0}{\omega} \qquad \boxed{L_0 = 3{,}1831 \ \text{mH}}$$

$$\boxed{\overline{S} = \overline{U_G} \cdot \overline{I_G}^* = 248{,}128\angle -1{,}975^\circ \cdot 11{,}967\angle -43{,}025^\circ = 2969{,}35\angle -45^\circ \ \text{VA}}$$

Problema 17

El circuito de la figura está alimentado por un generador que proporciona una tensión senoidal de 1345,5 V (valor eficaz) a 50 Hz, estando los interruptores K y K' abiertos. Las lecturas de los aparatos de medida son las siguientes:

        Amperímetro A: 69 A   Voltímetro V_R: 517,5 V   Voltímetro V_L: 690 V

Se conoce que con estas condiciones el generador proporciona una potencia reactiva de 74271,6 VAr. La carga $\overline{Z}_1$ es de características inductivas.

a) Calcular la lectura del voltímetro V y la característica de $\overline{Z}_1$.

A continuación se cierra el interruptor K regulándose la tensión del generador de forma que la corriente que continúa circulando es de 69 A, siendo la tensión eficaz en bornes del mismo es 1150 V. En estas condiciones la potencia activa consumida por la carga es de 63480 W. Determinar:

b) Valor de la impedancia $\overline{Z}_2$ y nueva lectura del voltímetro V.

Finalmente se cierra el interruptor K' (manteniendo K cerrado). Se pregunta:

c) Valor de la carga $\overline{Z}_3$ para poder conseguir que el conjunto $\overline{Z}_1 \| \overline{Z}_2 \| \overline{Z}_3$, presente un factor de potencia de 0,8 inductivo.

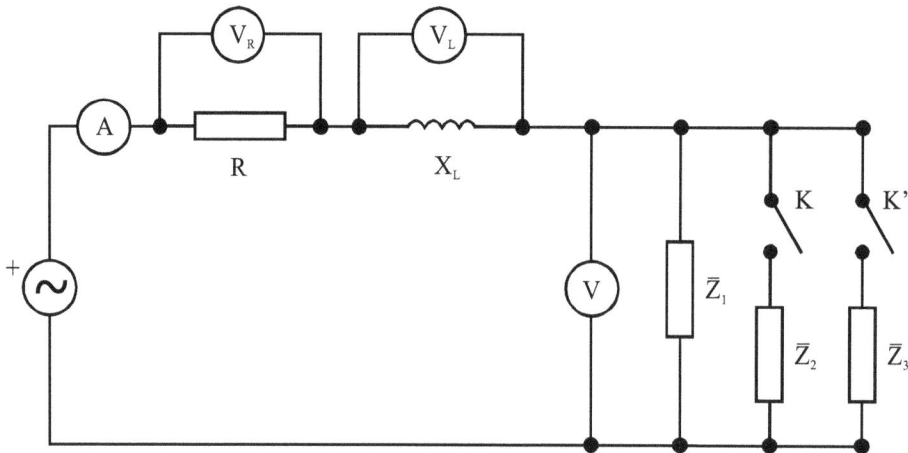

Figura 17.1

Resolución:

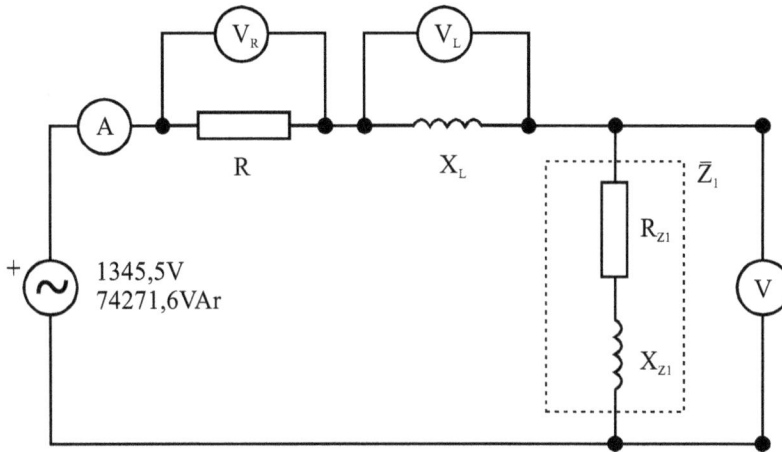

Figura 17.2

$$Q = U \cdot I \cdot \sin \varphi \qquad \sin \varphi = \frac{74271,6}{1345,5 \cdot 69} = 0,8 \qquad \varphi = 53,13° \quad \text{inductivo}$$

$$R = \frac{V_R}{I} = \frac{517,5}{69} = 7,5 \ \Omega \qquad\qquad X_L = \frac{V_L}{I} = \frac{690}{69} = 10 \ \Omega$$

$$\overline{Z}_T = (7,5 + R_{Z1}) + j(10 + X_{Z1})$$

$$\left| \overline{Z}_T \right| = \frac{1345,5}{69} = 19,5 \ \Omega$$

$$\overline{Z}_T = 19,5\angle 53,13° = 11,7 + j15,6 \ \Omega$$

por lo tanto,

$$\left. \begin{array}{l} R_{Z1} = 11,7 - 7,5 = 4,2 \\ X_{Z1} = 15,6 - 10 = 5,6 \end{array} \right\} \quad \boxed{\overline{Z}_1 = 4,2 + j5,6 \ \Omega}$$

$$\overline{Z}_1 = 4,2 + j5,6 = 7\angle 53,13° \ \Omega$$

$$\boxed{V = 7 \cdot 69 = 483 \ V}$$

b)

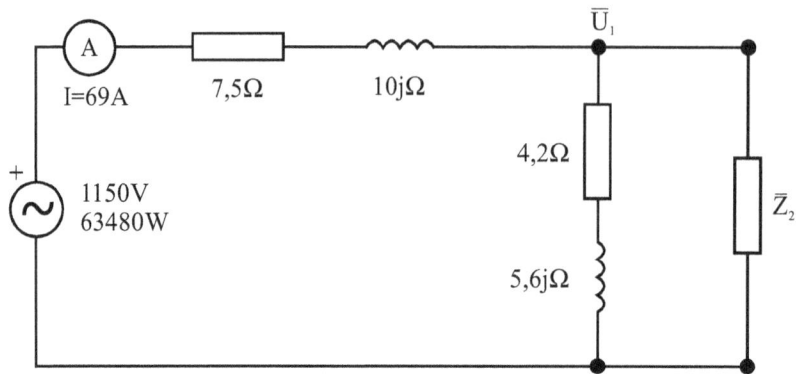

Figura 17.3

$$P = U \cdot I \cdot \cos \varphi \qquad \cos \varphi = \frac{63480}{1150 \cdot 69} = 0,8 \qquad \varphi = \pm 36,87°$$

Se coge como origen de ángulos: $\overline{I} = 69 \angle 0°$, por lo tanto:

$$\left.\begin{array}{l} \overline{U}_G = 1150 \angle + 36,87° \\ \overline{U}_G = 1150 \angle - 36,87° \end{array}\right\} \text{ No se sabe}$$

En bornes de R = 7,5 tenemos $\overline{U}_R = 517,5 \angle 0°$ V

En bornes de $X_L = 10$ tenemos $\overline{U}_{X_L} = 690 \angle 90°$ V

$$\left.\begin{array}{l} \overline{U}_G = 1150 \angle + 36,87° \text{ V } \overline{U}_1 = 1150 \angle + 36,87° - 517,5 \angle 0° - 690 \angle 90° = 403 \angle 0° \text{ V} \\ \overline{U}_G = 1150 \angle - 36,87° \text{ V } \overline{U}_1 = 1150 \angle - 36,87° - 517,5 \angle 0° - 690 \angle 90° = 1437,64 \angle - 73,72° \text{ V} \end{array}\right\} \begin{array}{l} \text{No se} \\ \text{sabe} \end{array}$$

$$\left.\begin{array}{ll} \overline{Z}_{eq_1} = \dfrac{403 \angle 0°}{69 \angle 0°} = 5,84 \angle 0° \text{ } \Omega & \overline{Y}_{eq_1} = 0,171 \angle 0° \text{ } \Omega^{-1} \\[3mm] \overline{Z}_{eq_2} = \dfrac{1437,64 \angle - 73,72°}{69 \angle 0°} = 20,83 \angle - 73,72° \text{ } \Omega & \overline{Y}_{eq_2} = 0,048 \angle 73,72° \text{ } \Omega^{-1} \end{array}\right\} \text{ No se sabe}$$

Del apartado anterior

$$\overline{Z}_1 = 4,2 + j5,6 \text{ } \Omega \qquad\qquad \overline{Y}_1 = 0,1428 \angle - 53,13° \text{ } \Omega^{-1}$$

por lo tanto:

$$\overline{Y}_2 = 0,171 \angle 0° - 0,1428 \angle - 53,13° = 0,1428 \angle 53,26° \text{ } \Omega^{-1} \qquad \overline{Z}_2 = 7,01 \angle - 53,26° \text{ } \Omega$$

y la segunda posibilidad:

$$\overline{Y}_2 = 0{,}048\angle 73{,}72° - 0{,}1428\angle -53{,}13° = 0{,}175\angle 114{,}25° \quad \Omega^{-1}$$

$$\overline{Z}_2 = 5{,}68\angle -114{,}25° = -2{,}33 - j5{,}18 \quad \Omega$$

en donde la impedancia $\overline{Z}_2$ estaría situada en el tercer cuadrante, cosa imposible (se desestima).

$$\boxed{\overline{U}_G = 1150\angle +36{,}87° \quad V}$$

$$\boxed{\overline{Z}_2 = 4{,}2 + j5{,}6 \quad \Omega}$$

c)

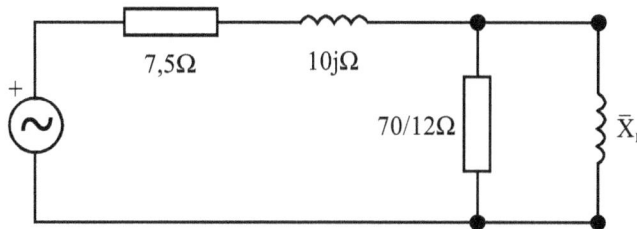

Figura 17.4

$$\overline{Z}_{12} = \frac{\overline{Z}_1 \cdot \overline{Z}_2}{\overline{Z}_1 + \overline{Z}_2} = \frac{70}{12}\angle 0° \quad \Omega$$

$$\overline{Z}_{eq} = \frac{\dfrac{70}{12}\cdot j\cdot X_L}{\dfrac{70}{12}+j\cdot X_L} = \frac{-\dfrac{70}{12}\cdot X_L}{j\cdot\dfrac{70}{12}-X_L} = \frac{\dfrac{70}{12}\cdot X_L}{X_L - \dfrac{70}{12}j} = \frac{X_L}{\dfrac{12}{70}X_L - j} = \frac{70\cdot X_L}{12\cdot X_L - j\cdot 70} =$$

$$= \frac{35\cdot X_L}{6\cdot X_L - j\cdot 35} = \frac{35\cdot X_L \cdot (6\cdot X_L - j\cdot 35)}{36\cdot X_L{}^2 + 1225} = \frac{210\cdot X_L{}^2 + j\cdot 1225\cdot X_L}{36\cdot X_L{}^2 + 1225}$$

$$\frac{1225\cdot X_L}{210\cdot X_L{}^2} = tg\varphi \quad \rightarrow \quad \frac{1225}{210\cdot X_L} = tg\varphi$$

Pero $\cos\varphi = 0{,}8 \;\rightarrow\; tg\varphi = 0{,}75$

$$1225 = 0{,}75\cdot X_L \cdot 210 \qquad X_L = \frac{1225}{0{,}75\cdot 210} = 7{,}\hat{7} = 7 + \frac{7}{9} = \frac{70}{9}$$

$$X_L = \frac{70}{9} \quad \Omega \;\rightarrow\; \overline{Z}_3 = \frac{70}{9}\angle 90° \quad \Omega$$

$$2\pi\cdot f\cdot 50 = \frac{70}{9}$$

$$\boxed{L = 0{,}02476 \quad H}$$

Finalmente el circuito completo queda:

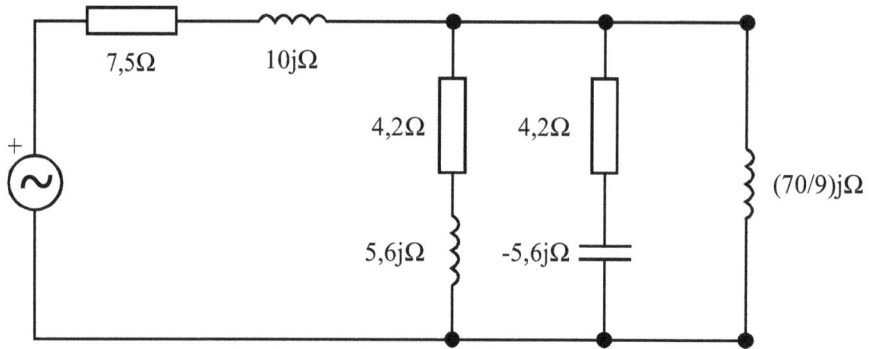

Figura 17.5

Problema 18

El circuito de la figura representa la alimentación de un receptor R puramente óhmico de consumo 1600 W nominales, previsto para una tensión nominal de 400 V, y alimentado por un generador de 320 V, 50 Hz.

Se pretende, por medio de la combinación de una reactancia inductiva y una capacitiva (conectadas según el esquema), elevar al tensión entre terminales del receptor R hasta su valor nominal y conseguir un factor de potencia de 1 en el conjunto del circuito.

Determinar:

a) Parámetros de la bobina y del condensador

b) Diagrama completo de tensiones e intensidades en el circuito

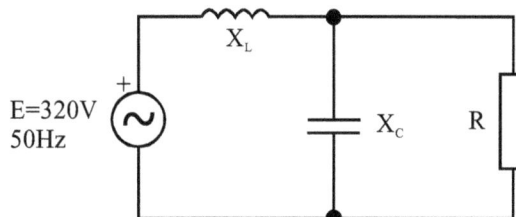

Figura 18.1

Resolución:

a) Se determina primeramente el valor de la resistencia R, sabiendo que conectada a 400 V absorbe una potencia de 1600 W. Por lo tanto:

$$R = \frac{U^2}{P} = \frac{400^2}{1600} = 100 \ \Omega \qquad\qquad \overline{R} = 100\angle 0° \ \Omega$$

Si suponemos que al introducir las dos reactancias ya hemos conseguido elevar la tensión de alimentación de R hasta su valor nominal, querrá decir que la corriente que circulará por ella valdrá:

$$\left|\overline{I}_R\right| = \frac{\left|\overline{U}_R\right|}{R} = \frac{400}{100} = 4 \ A$$

Si además, el factor de potencia del circuito tiene que ser 1, siendo las dos reactancias, inductiva pura una y capacitiva pura la otra, la única potencia consumida por el circuito será activa y precisamente la absorbida por la resistencia R, o sea: $P_T = 1600$ W.

La impedancia reducida equivalente a las tres componentes del circuito será, pues, una resistencia pura de valor R_T:

$$R_T = \frac{E^2}{P_T} = \frac{320^2}{1600} = 64 \ \Omega$$

$$Z_T = 64 + 0j \ \Omega$$

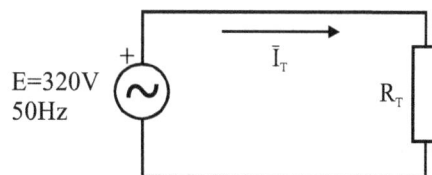

Figura 18.2

Obviamente $\left|\bar{I}_T\right| = \dfrac{E}{R_T} = \dfrac{320}{64} = 5$ A estando $\bar{I}_T$ en fase con $\overline{E}$.

Del esquema original conocemos ahora algunos valores:

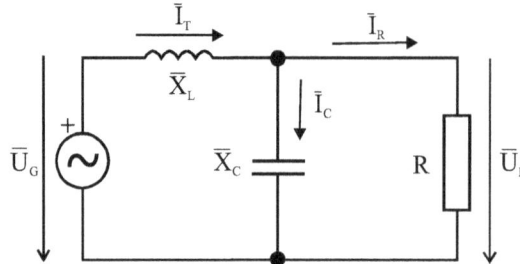

Figura 18.3

$$\left|\bar{I}_T\right| = 5A \qquad \left|\bar{I}_R\right| = 4A \qquad \left|\overline{U}_R\right| = 400V \qquad \left|\overline{U}_G\right| = 320V$$

Además:

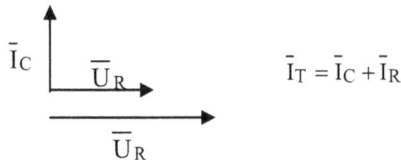

$$\bar{I}_T = \bar{I}_C + \bar{I}_R$$

Ya que dos elementos están conectados a la misma tensión e $\bar{I}_C$ tiene que adelantar 90° respecto $\overline{U}_R$, mientras que $\overline{U}_R$ está en fase con $\overline{U}_R$ en consecuencia $\bar{I}_C$ es perpendicular a $\overline{U}_R$ y por lo tanto:

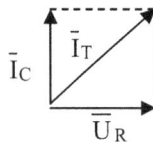

De donde se deduce que:

$$\left|\bar{I}_C\right| = \sqrt{\left|\bar{I}_T\right|^2 - \left|\bar{I}_R\right|^2} = \sqrt{5^2 - 4^2} = 3A$$

$$\left|\overline{X}_C\right| = \dfrac{\left|\overline{U}_R\right|}{\left|\bar{I}_C\right|} = \dfrac{400}{3} = 133,\hat{3}\,\Omega$$

$$\overline{X}_C = -133,\hat{3}\,j\Omega = 133,\hat{3}\angle -90°\,\Omega$$

Lo que nos permite hallar la capacidad del condensador ya que: $\left|\overline{X}_C\right| = \dfrac{1}{\omega C}$

$$C = \dfrac{1}{\omega\left|\overline{X}_C\right|} = \dfrac{1}{2\pi \cdot f\left|\overline{X}_C\right|} = \dfrac{1}{2\pi \cdot 50 \cdot 133,3}F = \dfrac{10^6}{2\pi \cdot 50 \cdot 133,3}\mu F = 23,873\mu F$$

Una vez conocido el valor de $\overline{X}_C$, podemos hallar la impedancia equivalente a las dos ramas en paralelo:

$$\overline{Z}_P = \frac{\overline{R} \cdot \overline{X}_C}{\overline{R} + \overline{X}_C} = \frac{100\angle 0° \cdot 133,\widehat{3}\angle -90°}{100 - 133,\widehat{3}j} = \frac{13333,\widehat{3}\angle -90°}{166,\widehat{6}\angle -53,13°} = 80\angle -36,87° \, \Omega$$

$$\overline{Z}_P = 64 - 48j\,\Omega$$

El circuito queda reducido a:

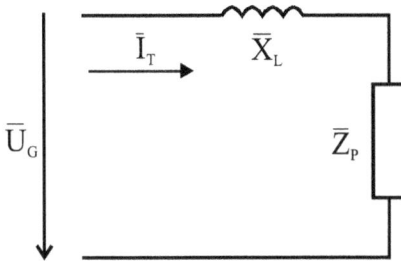

$$\overline{Z}_T = \overline{X}_L + \overline{Z}_P$$

$$\overline{X}_L = \overline{Z}_T - \overline{Z}_P$$

y substituyendo valores, ya que inicialmente se ha determinado $\overline{Z}_T = 64 + 0j\,\Omega$:

$$\overline{X}_L = 64 + 0j - 64 + 48j = 48j\,\Omega$$

y como: $\left|\overline{X}_L\right| = \omega L$

$$\boxed{L = \frac{\left|\overline{X}_L\right|}{2\pi \cdot f} = \frac{48}{100\pi} = 152,79\,\text{mH}}$$

También se hubiera podido determinar $\left|\overline{X}_L\right|$ teniendo en cuenta que, según el enunciado del problema, al ser un circuito total óhmico, la potencia reactiva absorbida por la inductancia tiene que ser la suministrada por el condensador y por lo tanto:

$$\left|\bar{I}_T\right|^2 \left|\overline{X}_L\right| = \left|\bar{I}_C\right|^2 \left|\overline{X}_C\right|$$

$$\left|\overline{X}_L\right| = \frac{\left|\bar{I}_C\right|^2 \left|\overline{X}_C\right|}{\left|\bar{I}_T\right|^2} = 133,\widehat{3}\,\frac{3^2}{5^2} = 48\,\Omega$$

Valor que coincide con el hallado anteriormente.

b) Para determinar el diagrama de tensiones e intensidades del circuito, trazamos primero el diagrama de tensiones, ya que es inmediato,

$$\boxed{\overline{U}_L = \overline{X}_L \cdot \bar{I}_T = 48\angle 90° \cdot 5\angle 0° = 240\angle 90° \, \text{V}}$$

habiendo cogido como origen de fase la tensión del generador. Al ser un circuito óhmico, la corriente $\bar{I}_T$ está en fase con $\overline{U}_G$.

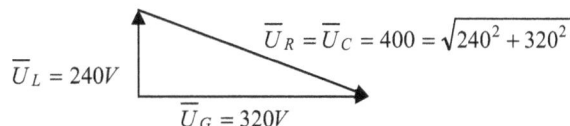

$$\overline{U}_L = 240V \qquad \overline{U}_R = \overline{U}_C = 400 = \sqrt{240^2 + 320^2}$$

$$\overline{U}_G = 320V$$

Las corrientes vienen determinadas sabiendo que: $\bar{I}_T = \bar{I}_L = \bar{I}_C + \bar{I}_R$ y que $\bar{I}_R$ tiene que estar en fase con $\overline{U}_R$ e $\bar{I}_C$ adelantada 90° respecto $\overline{U}_C = \overline{U}_R$.

Al ser:

$$\left|\bar{I}_T\right| = 5A \qquad \left|\bar{I}_R\right| = 4A \qquad \left|\bar{I}_C\right| = 3A$$

entonces, el diagrama completo será:

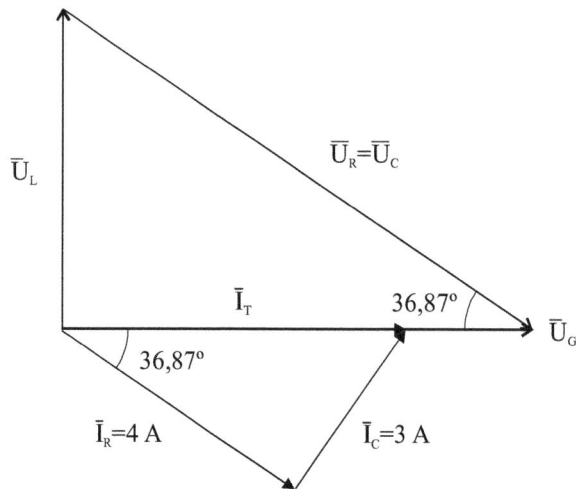

Problema 19

El circuito de la figura trabaja en régimen senoidal permanente en todos los casos, con todos los interruptores cerrados.

Al abrir el interruptor K_1 se observa que la lectura del voltímetro V es de 96,5 V, siendo la indicación del vatímetro W de 2234,94 W. A continuación se vuelve a cerrar el interruptor K_1 y se abre K_2, estando K_3 cerrado. En estas condiciones las lecturas del voltímetro y el vatímetro son respectivamente 80,96 V y 1041,85 W.

Finalmente, con todos los interruptores abiertos, las lecturas de los aparatos de medida son de 223,09 V y 3798,88 W respectivamente.

Se pide:

a) Valor de la resistencia R_1

b) Valor de la admitancia Y_2 de la carga 2

c) Valor de la admitancia Y_3 de la carga 3

Dato: $Z = 100\angle -\varphi_1 \ \Omega$

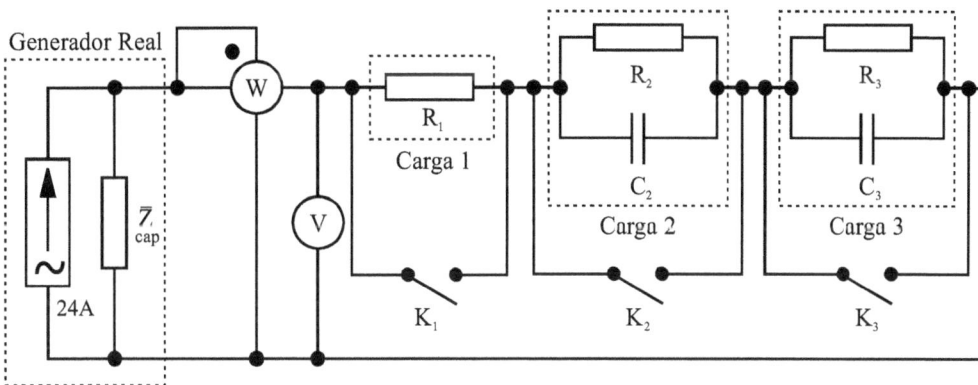

Figura 19.1

Resolución:

Primera prueba: Con K_1 abierto y K_2 y K_3 cerrados, el circuito queda como:

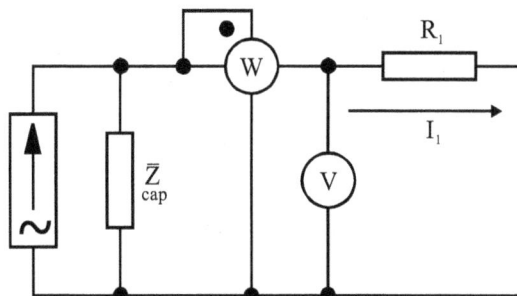

Figura 19.2

$$W = \frac{V^2}{R_1} \qquad \boxed{R_1 = \frac{V^2}{W} = \frac{96,5^2}{2234,94} = 4,166 \ \Omega} \qquad G_1 = \frac{1}{4,166} = 0.24\Omega^{-1}$$

Y también:

$$I_1 = \frac{V}{R_1} = \frac{96,5}{4,166} = 23,16 \ A$$

Cogiendo como origen de fases la tensión $V_{R1} = 96,5\angle 0°$ se tiene:

$$24\angle\varphi = \bar{I}_{Z1} + 23,16\angle 0°$$

$$24\angle\varphi = \frac{96,5\angle 0°}{100\angle - \varphi_1} + 23,16\angle 0°$$

$$\left.\begin{array}{l} 24\cos\varphi = 0,965\cos\varphi_1 + 23,16 \\ 24\mathrm{sen}\varphi = 0,965\mathrm{sen}\varphi_1 \end{array}\right\}$$

$$\left.\begin{array}{l} \left(24\cos\varphi\right)^2 = \left(0,965\cos\varphi_1 + 23,16\right)^2 \\[2em] \left(24\mathrm{sen}\varphi\right)^2 = \left(0,965\mathrm{sen}\varphi_1\right)^2 \end{array}\right\} \quad \text{sumando}$$

$$(24)^2 = (0,965)^2 + (23,16)^2 + 2\cdot 0,965 \cdot 23,16 \cdot \cos\varphi_1$$

$$\cos\varphi_1 = \frac{(24)^2 - (0,965)^2 - (23,16)^2}{2\cdot 0,965 \cdot 23,16} = 0,865$$

$$\varphi_1 = \pm 30° \ (\text{ capacitivo según el enunciado })$$

$$\bar{Z} = 100\angle - 30° \ \Omega$$

Segunda prueba: Con K_2 abierto y K_1 y K_3 cerrados.

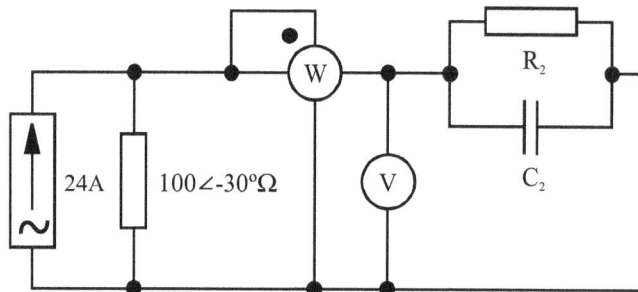

Figura 19.3

$$W = \frac{V^2}{R_2} \qquad R_2 = \frac{V^2}{W} = \frac{80,69^2}{1041,74} = 6,25\,\Omega \qquad G_2 = \frac{1}{6,25} = 0,16\ \text{S}$$

Si cogemos como origen de fase la tensión en bornes del paralelo, se tiene:

$$\overline{V} = 80,69\angle 0°\ \text{V}$$

y por lo tanto, la corriente:

$$\overline{I}_{R2} = \frac{\overline{V}}{R_2} = \frac{80,69\angle 0°}{6,25} = 12,91\angle 0°\ \text{A}$$

y la corriente que pasa por $\overline{Z} = 100\angle -30°$ vale:

$$\overline{I}_Z = \frac{80,69\angle 0°}{100\angle -30°} = 0,8069\angle 30°\ \text{A}$$

y por lo tanto:

$$24\angle\varphi' = 0,8069\angle 30° + 12,91\angle 0° + I_{C2}\angle 90°$$

$$24\cos\varphi' = 0,8069\cos 30° + 12,91$$

$$24\operatorname{sen}\varphi' = 0,8069\operatorname{sen}30° + I_{C2}$$

$$\cos\varphi' = \frac{12,9 + 0,8069\cos 30°}{24} = 0,566 \qquad\qquad \varphi' = 55,48°$$

$$I_{C2} = 24\operatorname{sen}55,48 - 0,8069\operatorname{sen}30° = 19,37\ \text{A}$$

$$X_{C2} = \frac{V_2}{I_{C2}} = \frac{80,69}{19,37} = 4,165\angle -90°\ \Omega$$

$$\left|\overline{Y_{C2}}\right| = 0,24\ \text{S}$$

$$\boxed{\overline{Y}_2 = \overline{G}_2 + \overline{Y}_{C2} = 0,16 + 0,24\text{j}\ \text{S}}$$

Tercera prueba: Con K_1, K_2 y K_3 abiertos.

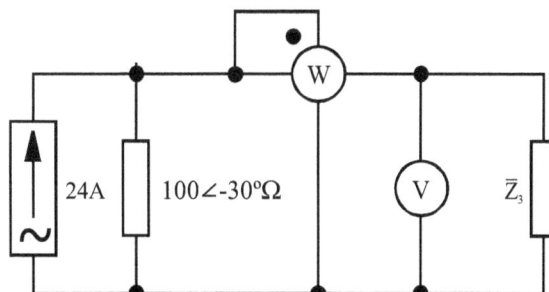

Figura 19.4

La $\overline{Z}_P$, es decir la $\overline{Y}_P$, está formada por:

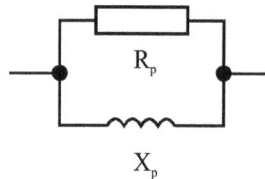

$$W = \frac{V^2}{R_p} = V^2 \cdot G_P \qquad G_P = \frac{W}{V^2} = \frac{3798,88}{223,09^2} = 0,07635 \text{ S} \qquad R_P = 1310 \ \Omega$$

Y cogiendo como origen de fases $V = 223,09\angle 0°$, se tiene:

$$24\angle\varphi'' = \frac{223,09\angle 0°}{100\angle -30°} + \frac{223,09\angle 0°}{13,1\angle 0°} + I_{XP}\angle 90°$$

$$24\cos\varphi'' = 2,2309\cos 30° + 17,029 \qquad 24\sin\varphi'' = 2,2309\sin 30° + I_{XP}$$

$$\cos\varphi'' = \frac{223,09\cos 30° + 17,029}{24} = 0,79 \quad \varphi'' = 37,81$$

$$I_{XP} = 24\text{sen}\varphi'' - 2,2309\text{sen}30° = 13,59 \text{ A} \qquad \overline{I}_{XP} = 13,59\angle 90° \text{ A}$$

$$\overline{I}_P = \overline{I}_{GP} + \overline{I}_{XP} = \frac{223,09\angle 0°}{13,10\angle 0°} + 13,59\angle 90° = 21,79\angle 38,609° \text{ A}$$

Pero,

$$\overline{Y}_{TOTAL} = \frac{\overline{I}_P}{\overline{V}} = \frac{21,79\angle 38,609°}{223,09\angle 0°} = 0,09767\angle 38,609° \text{ del conjunto total}$$

$$\overline{Z}_{TOTAL} = \frac{1}{\overline{Y}_{TOTAL}} = \frac{1}{0,09767\angle 38,609°} = 10,238\angle -38,609° \ \Omega$$

$$\overline{Z}_3 = \overline{Z}_{TOTAL} - \overline{Z}_1 - \overline{Z}_2 = 10,238\angle -38,609° - 4,166\angle 0° - \frac{1}{0,16 + 0,24\text{j}} = -39,9\angle 61,38° \ \Omega$$

$$\boxed{\overline{Y}_3 = \frac{1}{\overline{Z}_3} = 0,2506\angle 61,35° = (0,12 + 0,22\text{j}) \text{ S}}$$

Problema 20

Dado el circuito de la primera figura, alimentado a una tensión de 100 V y 60 Hz, calcular:

a) Lecturas de los aparatos de medida conectados al circuito

b) Características de la impedancia equivalente al circuito

c) Potencia reactiva total

d) Potencia aparente total

e) Capacidad de la batería de condensadores, de forma que mejore el factor de potencia de la instalación hasta al unidad

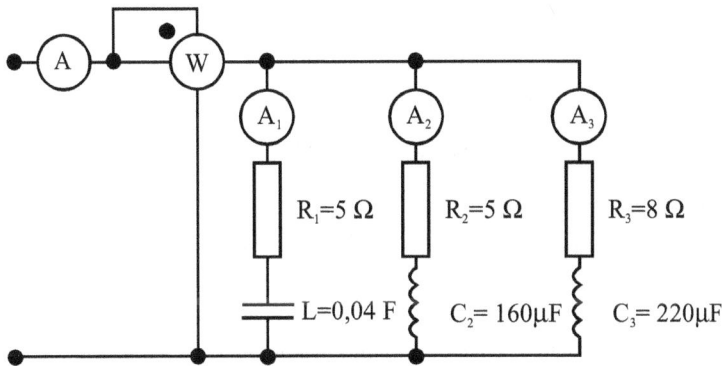

Figura 20.1

Resolución:

a) Se calcula, en primer lugar, la impedancia de cada rama:

$$\overline{Z}_1 = R_1 + L\omega j = 5 + 0,04 \cdot 2\pi \cdot 60j = [5 + 15j] = 15,81\angle 71,57° \ \Omega$$

$$\overline{Z}_2 = R_2 - \frac{1}{C_2\omega}j = [5 - 16,6j] = 17,34\angle -73,24° \ \Omega$$

$$\overline{Z}_3 = R_3 - \frac{1}{C_3\omega}j = [8 - 12j] = 14,42\angle -56,31° \ \Omega$$

Si se toma como origen de fases el vector $\overline{U} = 100\angle 0°$ V, se obtiene:

$$\overline{I}_1 = \frac{100\angle 0°}{15,81\angle 71,57°} = 6,33\angle -71,57° \ A$$

por lo tanto el amperímetro indica $\boxed{A_1 = 6,33 \ A}$

Igualmente se hará para las ramas 2 y 3:

$$\overline{I}_2 = \frac{100\angle 0°}{17,34\angle -73,24°} = 5,77\angle 73,24° \ A \qquad \boxed{A_2 = 5,77 \ A}$$

$$\overline{I}_3 = \frac{100\angle 0°}{14,42\angle -56,31°} = 6,93\angle 56,31° \ \ A \qquad\qquad \boxed{A_3 = 6,93 \ \ A}$$

La corriente total vale:

$$\overline{I}_T = \overline{I}_1 + \overline{I}_2 + \overline{I}_3 = 6,33\angle -71,57°+5,77\angle 73,24°+6,93\angle 56,31° \ \ A$$

$$\overline{I}_T = 9,17\angle 35,14° \ \ A$$

y el amperímetro indica $\boxed{A = 9,17 \ \ A}$

Para calcular la indicación del vatímetro W, se determinará previamente la impedancia equivalente del circuito:

$$\overline{Z}_T = \frac{\overline{U}}{\overline{I}_T} = \frac{100\angle 0°}{9,17\angle 35,14°} = 10,91\angle -35,14° = [8,92 - j6,28] \ \ \Omega$$

Las características de la impedancia equivalente son:

Resistencia de $8,92 \ \Omega$ en serie con una reactancia capacitiva de valor $6,28 \ \Omega$.

El vatímetro indicará:

$$\boxed{W = U \cdot I_T \cdot \cos\varphi = 100 \cdot 9,17 \cdot \cos(-35,14°) = 749,87 \ \ W}$$

b) La impedancia equivalente ya ha sido determinada y vale:

$$\overline{Z}_T = [8,92 - j6,28] \ \ \Omega \ \ \text{donde} \ \ \boxed{\left|\overline{Z}_T\right| = \sqrt{8,92^2 + 6,28^2} = 10,9 \ \ \Omega}$$

c) Potencia reactiva total:

$$\boxed{Q_T = U \cdot I_T \cdot \operatorname{sen}\varphi = 100 \cdot 9,17 \cdot \operatorname{sen}(-35,14°) = -527,80 \ \ \text{var}}$$

es decir, capacitiva.

d) La potencia aparente vale:

$$\overline{S}_T = P_T + jQ_T = 749,87 - 527,80j$$

$$\boxed{S_T = \sqrt{P_T{}^2 + Q_T{}^2} = 917 \ \ VA}$$

e) Como el circuito ya es capacitivo, no se puede mejorar el factor de potencia colocando un condensador; en todo caso, se tendría que poner una bobina o un grupo de bobinas en paralelo.

Problema 21

En el esquema de la figura y con los datos indicados, determinar el valor que tendría que tener $\overline{Z}_3$ para conseguir que la potencia que suministra el generador sea totalmente activa, calculando también el valor de la corriente total I_G.

Datos:

$$X_L = 100 \ \Omega \qquad X_C = 28 \ \Omega$$

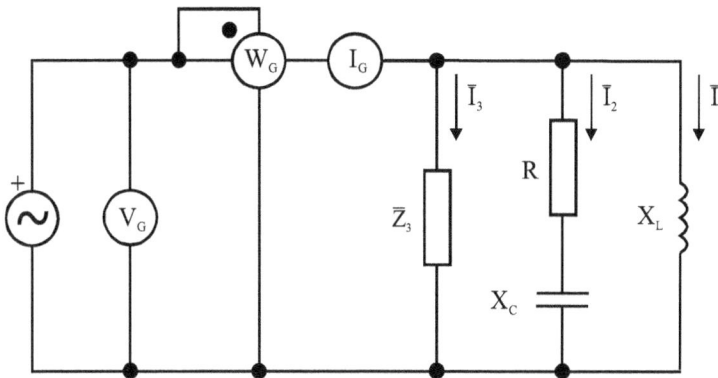

Figura 21.1

Resolución:

Para conseguir que la potencia suministrada por el generador sea totalmente activa, se tiene que cumplir que $\sum_{i=1}^{n} Q_i = 0$ siendo Q_i la potencia reactiva de cada carga.

En consecuencia, $Q_1 + Q_2 + Q_3 = 0$.

Se toma como origen de fases $\overline{U}_G$:

$$\overline{U}_G = 2100\angle 0° \ V$$

La corriente por X_L vale:

$$\overline{I}_1 = \frac{2100\angle 0°}{100\angle 90°} = 21\angle 90° \ A$$

El valor de φ_1 es: $\qquad \varphi_1 = +90°$

La potencia reactiva absorbida es:

$$Q_1 = U_G \cdot I_1 \cdot \operatorname{sen}\varphi_1 = 2100 \cdot 21 = 44100 \ var$$

La corriente por el conjunto R - X_C vale:

$$\bar{I}_2 = \frac{\overline{U}_G}{\overline{Z}_2} = \frac{2100\angle 0°}{21 - 28j} = 60\angle 53° \quad A$$

El ángulo $\varphi_2 = -53°$ y la potencia reactiva absorbida es:

$$Q_2 = 2100 \cdot 60 \cdot \text{sen}(-53°) = -100800 \quad \text{var (es decir, es una generada de 100800 var)}$$

Para obtener que: $Q_1 + Q_2 + Q_3 = 0$

$$Q_3 = Q_1 - Q_2 = 56700 \quad \text{var}$$

es decir,

$$U_G \cdot I_3 \cdot \sin\varphi_3 = 56700 \quad [1]$$

ya que es positiva, esta rama es inductiva, y el ángulo φ_3 positivo.

Por otro lado,

$$P = P_1 + P_2 + P_3 = 134400 \quad W$$

y siendo

$$P_1 = 0 \quad W$$

$$P_2 = U_G \cdot I_2 \cdot \cos\varphi_2 = 2100 \cdot 60 \cdot 0,6 = 75600 \quad W$$

se deduce que:

$$P_3 = 134400 - 75600 = 58800 \quad W$$

es decir,

$$U_G \cdot I_3 \cdot \cos\varphi_3 = 58800 \quad W \quad [2]$$

y de las ecuaciones [1] y [2] se pueden hallar los valores de φ_3 e I_3, que resultan ser:

$$I_3 = 39 \quad A$$

$$\varphi_3 = +44°$$

$$\boxed{\bar{Z}_3 = \frac{\overline{U}_G}{\bar{I}_3} = \frac{2100\angle 0°}{39\angle -44°} = 54\angle 44° = [39 + j37] \quad \Omega}$$

y, finalmente, la indicación de I_G será:

$$\bar{I}_G = \bar{I}_1 + \bar{I}_2 + \bar{I}_3 = 21\angle -90° + 60\angle 53° + 39\angle -44° \quad A$$

operando resulta,

$$\bar{I}_G = 64 + 0j \quad A = 64\angle 0° \quad A$$

La indicación, por lo tanto, del amperímetro será de:

$$\boxed{I_G = 64 \quad A}$$

Problema 22

En el circuito de la figura, la carga 1 absorbe una potencia de 30 kW con factor de potencia igual a 1, la carga 2 absorbe 30 kW con un factor de potencia 0,45 inductivo.

Calcular:

a) Tensión en los terminales del generador

b) Factor de potencia en los terminales a'b'

c) Factor de potencia en los terminales ab

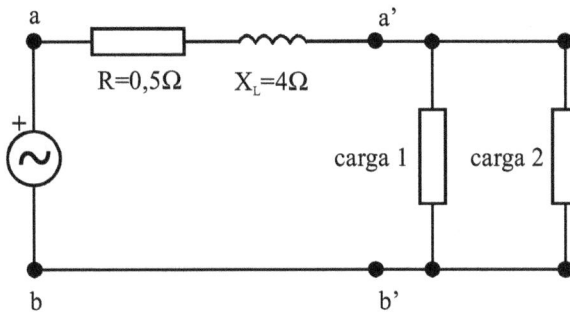

Figura 22.1

Dato: la tensión entre a'b' es de 1000 V.

Resolución:

a) Se calculan, en primer lugar, las potencias aparentes correspondientes a cada carga:

$$\overline{S}_1 = P_1 + jQ_1 = [30000 + j0]VA = 30000\angle 0° \, VA$$

$$\overline{S}_2 = P_2 + jQ_2 = [30000 + j59535]VA = 66666,455\angle 63256° \, VA$$

$$\overline{S}_T = \overline{S}_1 + \overline{S}_2 = [60000 + j59535] = 84525\angle 45° \, VA$$

Tomando como origen de fases:

$$\overline{U}a'b' = 1000\angle 0° \quad V$$

$$\overline{I}^* = \frac{\overline{S}_T}{\overline{V}} = \frac{60000 + j59535}{1000\angle 0°} = [60 + j59,535] \, A$$

$$\overline{I} = [60 - j59,535] \, A \quad |\overline{I}| = 84,6 \, A$$

La tensión en los terminales a y b del generador vale:

$$\overline{U}_G = \overline{U}_{a'b'} + \overline{I} \cdot R + \overline{I} \cdot \overline{X}_L$$

$$\overline{U}_G = 1000\angle 0° + 0,5 \cdot (60 - j59,535) + j4 \cdot (60 - j59,535) \, V$$

$$\overline{U}_G = [1268,3 + j210,21] \, V = 1285\angle 9,5° \quad V$$

En consecuencia, la tensión entre los terminales ab será:

$$\left| \overline{U}_{ab} \right| = 1285 \ \ V$$

b) El factor de potencia entre a' y b' será:

$$tg\varphi_{a'b'} = \frac{Q_T}{P_T} = \frac{59535}{60000} \cong 1$$

$$\varphi_{a'b'} = \varphi_T = 45°$$

$$\cos\varphi_T = \frac{\sqrt{2}}{2} = 0,707 \quad \text{inductivo}$$

$$\boxed{\cos\varphi_{a'b'} = \frac{\sqrt{2}}{2} = 0,707} \ \text{inductivo}$$

c) Para calcular la f. de p. entre a y b, hallaremos primero las potencias activa y reactiva de la línea:

$$P_R = I^2 \cdot R = 84,6^2 \cdot 0,5 = 3578,6 \ \ W$$

$$Q_{X_L} = I^2 \cdot X_L = 84,6^2 \cdot 4 = 28628,6 \ \ \text{var}(+)$$

y las potencias totales:

$$P_{ab} = P_R + P_1 + P_2 = 3578,6 + 30000 + 30000 = 63578,6 \ \ W$$

$$Q_{ab} = Q_{X_L} + Q_1 + Q_2 = 88163,6 \ \ \text{var}(+)$$

$$tg\varphi_{ab} = \frac{88163,6}{63578,6} = 1,387 \qquad \boxed{\varphi_{ab} = 54,2°}$$

$$\boxed{\cos\varphi_{ab} = 0,585}$$

Problema 23

En el circuito que se representa en la figura, determinar:

a) Valor de la reactancia inductiva X_L que está conectada de tal forma que la desviación de la aguja del vatímetro al paso de corriente sea cero.

b) Valor de esta reactancia que provoca la lectura de 1 W.

c) Qué valor de la reactancia inductiva producirá inicialmente una lectura negativa, e invirtiendo la conexión de la bobina de tensión, dará una lectura de 0,2 W en sentido positivo.

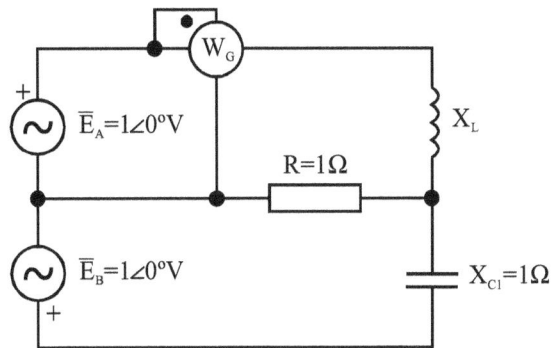

Figura 23.1

Resolución:

Se resuelve en primer lugar, la red, aplicando corrientes de malla:

$$\begin{vmatrix} \overline{Z}_{11} & \overline{Z}_{12} \\ \overline{Z}_{21} & \overline{Z}_{22} \end{vmatrix} \cdot \begin{vmatrix} \overline{I}_1 \\ \overline{I}_2 \end{vmatrix} = \begin{vmatrix} \overline{E}_1 \\ \overline{E}_2 \end{vmatrix}$$

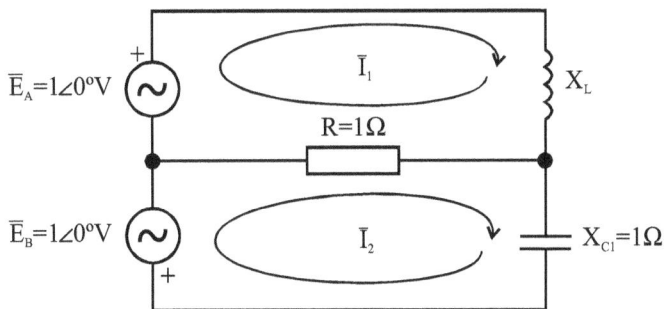

Figura 23.2

Siendo:

$$\overline{Z}_{11} = R + jX_L = \left[1 + jX_L\right] \ \Omega$$

$$\overline{Z}_{12} = -R = -1 \ \Omega$$

$$\overline{Z}_{21} = -R = -1 \ \Omega$$

$$\overline{Z}_{22} = [R - jX_C] = [1 - j] \ \Omega$$

$$\overline{E}_1 = \overline{E}_A = [1 + j0] \ V$$

$$\overline{E}_2 = -\overline{E}_B = [-1 + j0] \ V$$

Sustituyendo valores:

$$\overline{I}_1 = \frac{\begin{vmatrix} 1 & -1 \\ -1 & 1-j \end{vmatrix}}{\begin{vmatrix} 1+jX_L & -1 \\ -1 & 1-j \end{vmatrix}} = \frac{-j}{X_L + j(X_L - 1)} = \frac{-j(X_L - j(X_L - 1))}{X_L^2 + (X_L - 1)^2} =$$

$$= \frac{(1 - X_L)}{2 \cdot X_L^2 - 2 \cdot X_L + 1} - j\frac{X_L}{2 \cdot X_L^2 - 2 \cdot X_L + 1} = I_1 \cdot \cos\varphi - jI_1 \mathrm{sen}\varphi$$

O sea que:

$$I_1 \cdot \cos\varphi = \frac{(1 - X_L)}{2 \cdot X_L^2 - 2 \cdot X_L + 1}$$

a) El vatímetro calcula la potencia multiplicando la tensión por el componente activo de la corriente, es decir:

$$P = E_A \cdot I_1 \cdot \cos\varphi$$

Y este valor tiene que ser cero, así pues, sustituyendo los valores:

$$1 \cdot \frac{1 - X_L}{2 \cdot X_L^2 - 2 \cdot X_L + 1} = 0$$

de donde se deduce que:

$$\boxed{X_L = 1 \ \Omega}$$

b) Si tiene que indicar 1W:

$$1 \cdot \frac{1 - X_L}{2 \cdot X_L^2 - 2 \cdot X_L + 1} = 1$$

de donde se deduce:

$$\boxed{X_L = \begin{array}{c} 0{,}5 \ \Omega \\ 0 \ \Omega \end{array}} \quad \text{(Las dos soluciones son válidas)}$$

c) Si tiene que indicar -0,2W:

$$1 \cdot \frac{1 - X_L}{2 \cdot X_L^2 - 2 \cdot X_L + 1} = -0{,}2$$

de donde se deduce: $\boxed{X_L = \begin{array}{c} 2 \ \Omega \\ 1{,}5 \ \Omega \end{array}}$ (Las dos soluciones son válidas)

Problema 24

El circuito representado se alimenta mediante una fuente de tensión de fuerza electromotriz:

$$e(t) = 410\sqrt{2}\cos(100\pi \cdot t + \delta^\circ) \ \text{V}$$

Las lecturas de los dos vatímetros que hay conectados son, respectivamente, $W_1 = 1,75$ kW y $W_2 = 0$ kW. Además, se sabe que el factor de potencia del conjunto resultando de la asociación en paralelo de $\overline{Z}_1$ y $\overline{Z}_2$ es la unidad.

La impedancia $\overline{Z}_1$ está formada por una resistencia óhmica ideal en serie con una bobina igualmente ideal y de coeficiente de autoinducción $L_1 = \dfrac{0,28}{\pi}$ H, siendo $\left|\overline{Z}_0 = 10 + j18\right|$ Ω

Se pide:

a) Lecturas de V_G, A_G, V_O, V_1

b) Expresiones en forma binómica y polar de cada una de las impedancias desconocidas $\overline{Z}_1$ y $\overline{Z}_2$.

c) Lecturas de los otros aparatos de medida W_G, A_1 y A_2

d) Balance de potencias en el circuito

Todos los aparatos de medida se consideran ideales

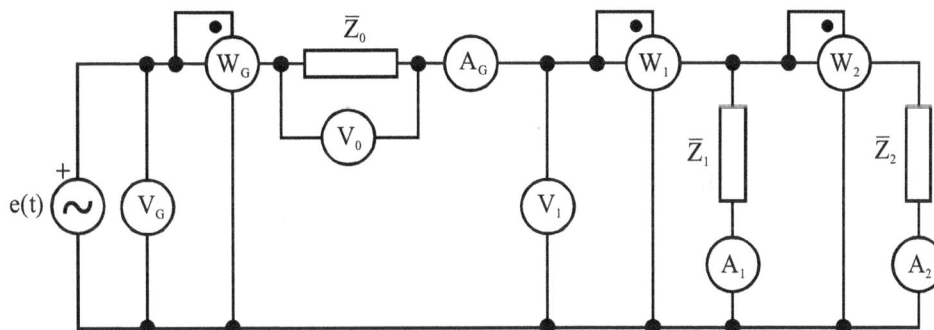

Figura 24.1

Resolución:

a) La lectura de V_G es inmediata:

$$\boxed{U_G = \frac{E_0}{\sqrt{2}} = \frac{410\sqrt{2}}{\sqrt{2}} = 410 \ \text{V}}$$

Para determinar V_1 plantearemos la siguiente ecuación vectorial:

$$\overline{U}_G = \overline{U}_1 + \overline{Z}_0 \cdot \overline{I}_G$$

$$\overline{U}_G = 410 \angle \delta^\circ \ \text{V}$$

$$\overline{Z}_O = R_O + jX_{L_O} = [10 + j18] = 20{,}59\angle 60{,}94° \ \Omega$$

Por otro lado, de la lectura del vatímetro W_1 se deduce que:

$$W_1 = U_1 \cdot I_G \cdot \cos\varphi_{1-2}$$

$$\cos\varphi_{1-2} = 1$$

$$W_1 = U_1 \cdot I_G$$

$$I_G = \frac{W_1}{U_1} = \frac{1750}{U_1}$$

Si se toma U_1 como origen de fases, será $\overline{U}_1 = U_1\angle 0°$ y resulta:

$$\overline{U}_G = \overline{U}_1 + 20{,}59\angle 60{,}94° \cdot \frac{1750}{U_1}$$

o bien:

$$410\angle\delta° = U_1 + \frac{36034{,}7}{U_1}\angle 60{,}94°$$

que, desdoblando en parte real y parte imaginaria, resulta:

$$\left.\begin{array}{l} 410\cdot U_1\cdot\cos\delta = U_1{}^2 + 36034{,}7\cdot\cos 60{,}94° \\[2mm] 410\cdot U_1\cdot\operatorname{sen}\delta = 36034{,}7\cdot\operatorname{sen}60{,}94° \end{array}\right\}$$

y que resolviendo resulta:

$$U_1 = 103 \ \ V$$

$$U_1 = 350 \ \ V$$

Después de no considerar las soluciones negativas, porque no tienen sentido físico, y de que la solución $U_1 = 103$ V se haya desestimado, porque no sería lógico que la línea diese tanta o más caída que la carga, escogemos:

$$\boxed{\overline{U}_1 = 350\angle 0° \ \ V}$$

Para determinar I_G, se hará de la siguiente forma:

$$I_G = \frac{W_1}{U_1\cdot\cos\varphi_{1-2}} = \frac{1750}{350\cdot 1} = 5 \ \ A \qquad\qquad \text{en fase con } U_1$$

El amperímetro A_G indica 5ª:

$$\boxed{\overline{I}_G = 5\angle 0° \ \ A}$$

La caída de tensión en la impedancia $\overline{Z}_O$ vale:

$$\overline{U}_O = \overline{Z}_O\cdot\overline{I}_G = 20{,}59\angle 60{,}94°\cdot 5\angle 0° = 102{,}96\angle 60{,}94° \ \ V$$

Por lo tanto, la indicación de V_O:

$$\boxed{V_O = 102{,}96 \ \ V}$$

b) La impedancia reducida del conjunto en paralelo $\overline{Z}_1 - \overline{Z}_2$ se puede determinar, conociendo que:

$$U_1 = 350\angle 0° \ \ V \qquad\qquad\qquad \overline{I}_G = 5\angle 0° \ \ A$$

$$\overline{Z}_P = \frac{\overline{U}_1}{\overline{I}_G} = \frac{350\angle 0°}{5\angle 0°} = 70\angle 0° \ \ \Omega$$

Se trata de una resistencia pura, porque $\cos\varphi_{1-2} = 1$.

Por otro lado:

$$X_{L1} = L_1 \cdot \omega = L_1 \cdot 100\pi = \frac{0,28}{\pi} \cdot 100\pi = 28 \ \ \Omega$$

$$\overline{X}_{L1} = j28 = 28\angle 90° \ \ \Omega$$

y resulta:

$$\overline{Z}_1 = [R_1 + j28] \ \ \Omega$$

Para conseguir un factor de potencia del conjunto en paralelo igual a la unidad, $\overline{Z}_2$ tiene que ser de la forma:

$$\overline{Z}_2 = 0 - jX_{C2} = X_{C2}\angle -90°$$

Si se tiene además en cuenta que $W_2 = 0$ kW, condición que se expresa por:

$$W_2 = U_2 \cdot I_2 \cdot \cos\varphi_2$$

$$\cos\varphi_2 = 0$$

$$\varphi_2 = \overline{U}_2 \cdot \overline{I}_2 = 90°$$

La admitancia del conjunto $\overline{Z}_1 - \overline{Z}_2$ es:

$$\overline{Y}_P = \frac{1}{\overline{Z}_1} + \frac{1}{\overline{Z}_2} = \frac{1}{R_1 + j28} + \frac{1}{-jX_{C2}} \quad (1)$$

que tiene que resultar igual a :

$$\overline{Y}_P = \frac{1}{70\angle 0°} \ \ S \qquad\qquad\qquad\qquad (2)$$

Igualando las partes reales e imaginarias de las ecuaciones (1) y (2), resulta:

$$R_1 = \frac{56 \ \ \Omega}{14 \ \ \Omega}$$

$$X'_{C2} = 140 \ \ \Omega$$

$$X''_{C2} = 35 \ \ \Omega$$

Hay dos posibles valores de $\overline{Z}_1$ y $\overline{Z}_2$, que son:

$$\boxed{\overline{Z}'_1 = [56 + j28] \ \ \Omega = 62,6\angle 26,56° \ \ \Omega}$$

$$\overline{Z}''_1 = [14 + j28]\ \Omega = 31,3\angle 63,4°\ \Omega$$

$$\overline{Z}'_2 = -j140\ \Omega = 140\angle -90°\ \Omega$$

$$\overline{Z}''_2 = -j35\ \Omega = 35\angle -90°\ \Omega$$

c) Para el caso de $\overline{Z}'_1$ y $\overline{Z}'_2$, la corriente en A_1 y A_2 vale:

$$\overline{I}'_1 = \frac{350\angle 0°}{62,5\angle 26,56°} = 5,59\angle -26,56° = [5 - j2,5]\ A$$

$$\overline{I}'_2 = \frac{350\angle 0°}{140\angle -90°} = 2,5\angle 90° = [0 + j2,5]\ A$$

$\overline{I}_G = \overline{I}'_1 + \overline{I}'_2 = 5\angle 0°$, que cumple las condiciones iniciales:

$$\boxed{A_1 = 5,59\ A} \quad \boxed{A_2 = 2,5\ A}$$

Cuando se cogen los valores de $\overline{Z}''_1$ y $\overline{Z}''_2$, resulta:

$$\overline{I}''_1 = \frac{350\angle 0°}{31,3\angle 63,43°} = 11,18\angle -63,43° = [5 - j10]\ A$$

$$\overline{I}''_2 = \frac{350\angle 0°}{35\angle -90°} = 10\angle 90° = [0 + j10]\ A$$

$\overline{I}_G = \overline{I}'_1 + \overline{I}'_2 = 5\angle 0°$, que también cumple:

$$\boxed{A_1 = 11,18\ A} \quad \boxed{A_2 = 10\ A}$$

En referencia al vatímetro, se tiene:

$$\boxed{W_G = W_1 + R_O \cdot I_G{}^2 = 1750 + 10 \cdot 5^2 = 2000\ W}$$

d) Balance de potencias:

En $\overline{Z}'_1 = [56 + j28]\ \Omega$

$$\left. \begin{array}{l} P'_1 = 56 \cdot 5,59^2 = 1750\ W \\[2em] Q'_1 = 28 \cdot 5,59^2 = 875\ var \end{array} \right\} \overline{S'_1} = [1750 + j875]\ VA$$

En $\overline{Z}''_1 = [14 + j28]\ \Omega$

$$\left. \begin{array}{l} P''_1 = 14 \cdot 11,18^2 = 1750\ W \\[2em] Q'_1 = 28 \cdot 11,18^2 = 3500\ var \end{array} \right\} \overline{S''_1} = [1750 + j3500]\ VA$$

En $\overline{Z}'_2 = -j140\ \Omega$

$$\left.\begin{aligned} P'_2 &= 0\ \text{W} \\ Q'_2 &= 140 \cdot 2{,}5^2 = 875\ \text{var}(-) \end{aligned}\right\} \overline{S'_2} = -j875\ \text{VA}$$

En $\overline{Z}''_2 = -j35\ \Omega$

$$\left.\begin{aligned} P''_2 &= 0\ \text{W} \\ Q''_2 &= 35 \cdot 10^2 = 3500\ \text{var}(-) \end{aligned}\right\} \overline{S''_2} = -j3500\ \text{VA}$$

En $\overline{Z}_O = [10 + j18]\ \Omega$

$$\left.\begin{aligned} P_O &= 10 \cdot 5^2 = 250\ \text{W} \\ Q_O &= 18 \cdot 5^2 = 450\ \text{var} \end{aligned}\right\} \overline{S_O} = [250 + j450]\ \text{VA}$$

En el generador se tiene:

$$P_G = \Sigma P_C \qquad Q_G = \Sigma Q_C$$

y da para cada caso el mismo resultado:

$$\boxed{\overline{S}'_G = \overline{S}''_G = 2000 + j450 = 2050\angle 12{,}68^\circ\ \text{VA}}$$

También se podría haber llegado al mismo resultado aplicando:

$$\boxed{\overline{S}_G = \overline{U}_G \cdot \overline{I}_G{}^* = 410\angle 12{,}68^\circ \cdot 5\angle 0^\circ = 2050\angle 12{,}68^\circ\ \text{VA}}$$

Problema 25

En el circuito eléctrico representado en el esquema, y con los interruptores K_1 cerrado (es decir, conectado) y K_2 abierto, se tienen las siguientes lecturas de los aparatos de medida:

$$V_G = 220,5 \text{ V} \qquad A_G = 60 \text{ A} \qquad W_G = 7,938 \text{ kW}$$

A continuación se abre el interruptor K_1, continuando K_2 abierto. Las lecturas de los aparatos de medida son ahora:

$$V'_G = 1008 \text{ V} \qquad W'_G = 64,512 \text{ kW} \qquad A'_G = 80 \text{ A} \qquad A'_2 = 28 \text{ A}$$

$$V'_4 = 656,25 \text{ V} \qquad W'_1 = 28,224 \text{ kW} \qquad W'_2 = 0 \text{ kW} \qquad W'_3 = 17,199 \text{ kW}$$

Se sabe que con estas condiciones la carga total del generador es inductiva y que las impedancias $\overline{Z}_0$ y $\overline{Z}_4$ son capacitivas y la $\overline{Z}_3$ inductiva.

Determinar:

a) Formas binómicas y polares de todas las impedancias conectadas al circuito

b) Lecturas del resto de los aparatos de medida

c) Diagrama vectorial de todas las tensiones y corrientes

A continuación, con el interruptor K_1 abierto, se cierra K_2 que conecta una batería de condensadores a fin de mejorar el factor de potencia de la carga situada a la derecha de los terminales M y N hasta la unidad, siendo $V''_5 = 1050$ V.

Determinar:

d) Características de la batería de condensadores

e) Nuevas lecturas de I''_G, V''_0, V''_G y W''_G

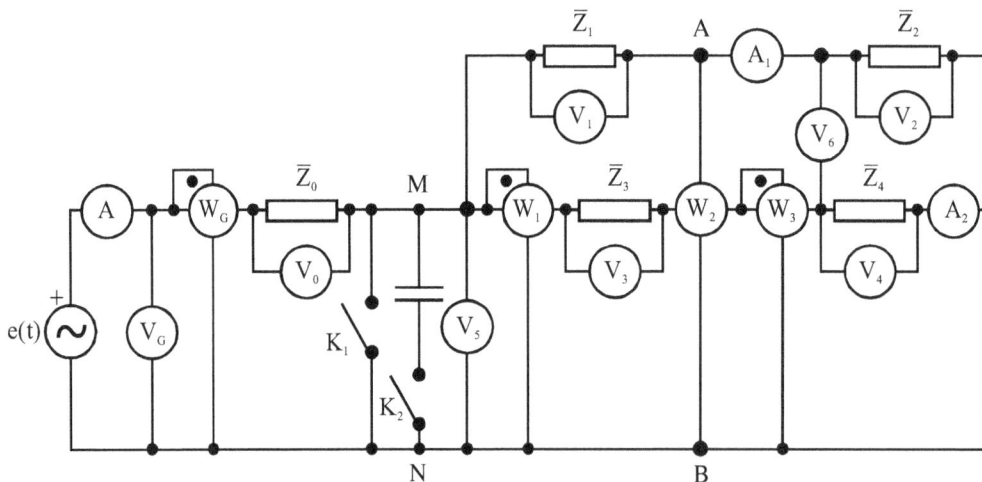

Figura 25.1

Resolución:

a) Con el interruptor K_1 cerrado, el circuito que se tiene es el siguiente, que permite determinar $\overline{Z}_0$:

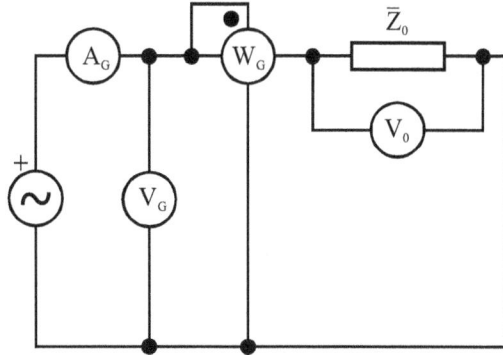

Figura 25.2

$$W_G = U_G \cdot I_G \cdot \cos\varphi_G$$

$$\cos\varphi_G = \frac{W_G}{U_G \cdot I_G} = \frac{7938}{220,5 \cdot 60} = 0,6 \qquad \varphi_G = \pm 53,13°$$

Si $\overline{Z}_0$ es capacitiva: $\qquad \varphi_G = -53,13°$

Tomando $\overline{U}_G$ como origen de fases se tiene:

$$\overline{U}_G = 220,5\angle 0° \text{ V} \qquad\qquad \overline{I}_G = 60\angle 53,13° \text{ A}$$

$$\overline{Z}_0 = \frac{\overline{U}_G}{\overline{I}_G} = \frac{220,5\angle 0°}{60\angle 53,13°}$$

$$\boxed{\overline{Z}_0 = [2,205 - j2,94] \ \Omega}$$

Abriendo el interruptor K_1 y continuando K_2 en la misma posición, abierto, el circuito que se tiene que resolver es:

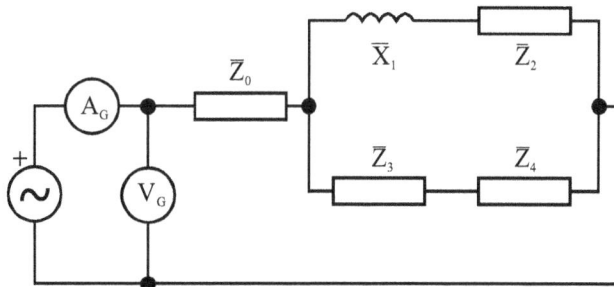

Figura 25.3

Se sabe que, además, el circuito es inductivo, por lo tanto:

$$\cos\varphi'_G = \frac{W'_G}{U'_G \cdot I'_G} = \frac{64512}{1008 \cdot 80} = 0,8$$

$$\varphi'_G = 36,87° \quad \operatorname{sen}\varphi'_G = 0,6$$

Si, como en el caso anterior, se toma $\overline{U}'_G = 1008\angle 0°$ V, $\overline{I}'_G = 80\angle -36,87° = [64 - j48]$ A, retardada respecto a $\overline{U}'_G$, la caída de tensión que se produce ahora, en la impedancia $\overline{Z}_0$, vale:

$$\overline{U}'_0 = \overline{Z}_0 \cdot \overline{I}'_G = 3,675\angle -53,13° \cdot 80\angle -36,87° = 294\angle -90° \ \text{V}$$

$$\overline{U}'_0 = 294\angle -90° = -j294 \ \text{V} \quad \left|\overline{U}'_0\right| = 294 \ \text{V}$$

y la tensión en los terminales de todo el conjunto en paralelo, que viene indicada por el voltímetro V_5, vale:

$$\overline{U}'_5 = \overline{U}'_G - \overline{U}'_0 = 1008\angle 0° - 294\angle -90° = [1008 + j294] \ \text{V}$$

$$\overline{U}'_5 = 1050\angle 16,26° \ \text{V}$$

$$\overline{U}'_5 = 1050 \ \text{V}$$

Por lo tanto, la impedancia total del circuito resulta:

$$\overline{Z}'_T = \frac{\overline{U}'_G}{\overline{I}'_G} = \frac{1008\angle 0°}{80\angle -36,87°} = 12,6\angle 36,87° = [10,08 + j7,56] \ \Omega$$

También la impedancia reducida de las dos ramas en paralelo vale:

$$\overline{Z}'_P = \frac{\overline{U}'_5}{\overline{I}'_G} = \frac{1050\angle 16,26°}{80\angle -36,87°} = 13,125\angle 53,13° = [7,875 + j10,5] \ \Omega$$

Como comprobación, se tiene que verificar que:

$$\overline{Z}_0 = \overline{Z}'_T - \overline{Z}'_P = [10,08 + j7,56] - [7,975 - j10,5] \ \Omega$$

$$\overline{Z}_0 = [2,205 - j2,94] = 3,675\angle -53,13° \ \Omega$$

y, efectivamente, coincide con el valor hallado al principio.

Por otro lado, la impedancia reducida del conjunto $\overline{Z}_3 + \overline{Z}_4$ en serie $\overline{Z}_{3-4}$ vale en módulo:

$$\left|\overline{Z}_3 + \overline{Z}_4\right| = \left|\overline{Z}_{3-4}\right| = \frac{\left|\overline{U}'_5\right|}{\left|\overline{I}'_2\right|} = \frac{1050}{28} = 37,5 \ \Omega$$

habiendo un desfase entre $\overline{U}_5$ e $\overline{I}_2$ tal que el coseno vale:

$$\cos\varphi_{3-4} = \frac{W'_1}{U'_5 \cdot I'_2} = \frac{28224}{1050 \cdot 28} = 0,96$$

$$\varphi_{3-4} = \pm 16,26°$$

$$\overline{Z}_{3-4} = \overline{Z}_3 + \overline{Z}_4 = 37,5\angle \pm 16,26° = [36 \pm j10,5] \ \Omega$$

Por otro lado, el módulo de $\overline{Z}_4$ se puede obtener de:

$$|\overline{Z}_4| = \frac{|\overline{U}'_4|}{|\overline{I}'_2|} = \frac{656,25}{28} = 23,4375 \ \Omega$$

Para conocer el desfase que ocasiona ésta impedancia, sabemos:

$$W'_3 = 17199 \ W \qquad\qquad U'_4 = 656,25 \ V \qquad\qquad I'_2 = 28 \ A$$

por lo tanto,

$$\cos\varphi_4 = \frac{W'_3}{U'_4 \cdot I'_2} = 0,936 \qquad\qquad \varphi_4 = 20,61°$$

y siendo $\overline{Z}_4$ capacitiva, será de la forma:

$$\boxed{\overline{Z}_4 = 23,4375\angle - 20,61° = [21,9375 - j8,25] \ \Omega}$$

y ya que $\overline{Z}_3 + \overline{Z}_4 = [36 \pm j10,5] = [R_3 + jX_3] + [21,9375 - j8,25] \ \Omega$

$$R_3 = 36 - 21,9375 = 14,0625 \ \Omega$$

$$X_3 = 10,5 + 8,25 = 18,75 \ \Omega \qquad ó \qquad X_3 = -10,5 + 8,25 = -2,25 \ \Omega$$

La segunda solución de X_3 no es válida ya que, según indica el enunciado, $\overline{Z}_3$ es una impedancia inductiva.

En consecuencia:

$$\boxed{\overline{Z}_3 = [14,0625 + j18,75] \ \Omega = 23,4375\angle 53,13° \ \Omega}$$

$$\boxed{\overline{Z}_4 = [21,9375 - j8,25] \ \Omega = 23,5375\angle - 20,61° \ \Omega}$$

Para hallar el vector $\overline{I}'_2$, se tendrá, ahora:

$$\overline{I}'_2 = \frac{\overline{U}_5}{\overline{Z}_3 + \overline{Z}_4} = \frac{1050\angle 16,26°}{37,5\angle 16,26°} = 28\angle 0° = [28 + j0] \ A$$

que nos permitirá hallar inmediatamente el vector $\overline{I}'_1$ porque:

$$\overline{I}'_G = \overline{I}'_1 + \overline{I}'_2 \qquad \overline{I}'_1 = \overline{I}'_G - \overline{I}'_2$$

$$\overline{I}'_1 = 80\angle - 36,87° - 28\angle 0° = [36 - j48] = 60\angle - 53,13° \ A$$

y a continuación se podrá determinar $\overline{X}_1 + \overline{Z}_2$:

$$\overline{X}_1 + \overline{Z}_2 = \frac{\overline{U}'_5}{\overline{I}'_1} = \frac{1050\angle 16,26°}{60\angle - 53,13°} = 17,5\angle 69,39° \ \Omega$$

$$\overline{X}_1 + \overline{Z}_2 = 17,5\angle 69,39° = [6,16 + j16,38] \ \Omega = [R_2 + j[X_1 + X_2]]$$

$$R_2 = 6,16 \ \Omega \qquad\qquad X_1 + X_2 = 16,38 \ \Omega$$

Para poder conocer los valores de X_1 y X_2, se estudia la tensión que hay entre los terminales del vatímetro W'_2:

$$\overline{U}_{AB} = \overline{U}'_5 - \overline{U}'_1 = 1050\angle 16{,}26° - \overline{U}'_1$$

$$\overline{U}'_1 = \overline{I}'_1 \cdot X_1 \angle 90° = 60\angle -53{,}13° \cdot X_1 \angle 90° = 60 \cdot X_1 \angle 69{,}87°$$

$$\overline{U}_{AB} = 1050\angle 16{,}26° - 60 \cdot X_1 \angle 36{,}87°$$

La potencia aparente en forma compleja en este tramo de circuito es:

$$\overline{S}_{AB} = \overline{U}_{AB} \cdot \overline{I}^*_2 = \left[1008 - 48\cdot X_1 + j(294 - 36X_1)\right]\cdot 28\angle 0° =$$
$$= (1008 - 48\cdot X_1)\cdot 28 + j(294 - 36\cdot X_1) \;\; VA$$

ya que la lectura del vatímetro W'_2 es cero, quiere decir que la parte real $\overline{S}_{AB}$ es nula. O sea:

$$(1008 - 48X_1)\cdot 28 = 0 \quad X_1 = 21 \;\; \Omega$$

y, en consecuencia, $\quad\quad X_1 + X_2 = 16{,}38 \;\; \Omega \quad\quad X_2 = 16{,}38 - 21 = -4{,}62 \;\; \Omega$

por lo tanto, $\quad\quad \boxed{\overline{Z}_2 = \left[R_2 - jX_2\right] = \left[6{,}16 - j4{,}62\right] \;\; \Omega = 7{,}7\angle -36{,}87° \;\; \Omega}$

$$\boxed{\overline{X}_1 = j21 \;\; \Omega = 21\angle 90° \;\; \Omega}$$

b) Las indicaciones de los aparatos de medida se obtienen de:

$$\overline{I}_1 = 60\angle -53{,}13° \;\; A$$

$$\overline{I}_2 = 28\angle 0° \;\; A$$

$$\overline{I}'_G = 80\angle -36{,}87° \;\; A$$

$$\overline{U}'_1 = \overline{Z}_1 \cdot \overline{I}_1 = 21\angle 90° \cdot 60\angle 53{,}13° = 1260\angle 36{,}87° \;\; V$$

$$\overline{U}'_2 = \overline{Z}_2 \cdot \overline{I}_1 = 7{,}7\angle -36{,}87° \cdot 60\angle -53{,}13° = 462\angle -90° \;\; V$$

$$\overline{U}'_5 = \overline{U}'_1 + \overline{U}'_2 = 1050\angle 16{,}26° \;\; V$$

$$\overline{U}'_3 = \overline{Z}_3 \cdot \overline{I}_2 = 23{,}4375\angle 53{,}13° \cdot 28\angle 0° = 656{,}25°\angle 53{,}13° \;\; V$$

$$\overline{U}'_4 = \overline{Z}_4 \cdot \overline{I}'_2 = 23{,}4375\angle -20{,}61° \cdot 28\angle 0° = 656{,}25°\angle -20{,}61° \;\; V$$

$$\overline{U}'_5 = \overline{U}'_3 + \overline{U}'_4 = 1050\angle 16{,}26° \;\; V$$

$$\overline{U}'_6 = \overline{U}'_1 - \overline{U}'_3 = 656{,}25\angle 20{,}61° \;\; V$$

$$\overline{U}'_{AB} = \overline{U}'_5 - \overline{U}'_1 = \overline{U}'_2 = 462\angle -90° \;\; V$$

En consecuencia, las indicaciones serán:

$$\boxed{A'_1 = 60 \ A} \quad \boxed{A'_G = 80 \ A} \quad \boxed{A'_2 = 28 \ A}$$

$$\boxed{V'_1 = 1260 \ V} \quad \boxed{V'_2 = 462 \ V} \quad \boxed{V'_3 = 656,25 \ V}$$

$$\boxed{V'_5 = 1050 \ V} \quad \boxed{V'_4 = 656,25 \ V}$$

$$\boxed{V'_6 = 656,25 \ V} \qquad \boxed{V'_{AB} = 462 \ V}$$

c) Diagrama vectorial de tensiones y corrientes:

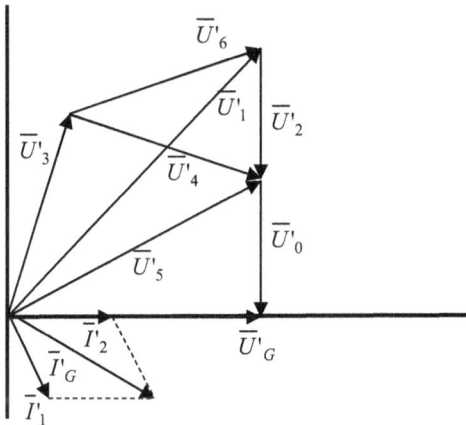

Figura 25.4

$$\overline{U}'_3 + \overline{U}'_4 = \overline{U}'_2 + \overline{U}'_1 = \overline{U}'_5 \qquad \overline{U}'_2 = \overline{U}'_{AB}$$

$$\overline{U}'_5 + \overline{U}'_0 = \overline{U}'_G \qquad \qquad \overline{U}'_6 = \overline{U}'^*_4$$

$$\overline{I}'_G = \overline{I}'_1 + \overline{I}'_2$$

d) Cuando se conecta la batería de condensadores, se mejorará el factor de potencia hasta valor 1.

La potencia aparente en forma compleja, absorbida por la carga antes de conectar el interruptor, es:

$$\overline{S}'_C = \overline{U}'_5 \cdot \overline{I}'^*_G = 1050\angle 16,26° \cdot 80\angle 36,87° = [50400 + j67200] \ VA$$

Como consecuencia, los condensadores han de aportar 67200 var (-), y por lo tanto:

$$Qcond = 67200 = U'_C \cdot \frac{U'_C}{X_C} = U'^2_C \cdot \omega \cdot C$$

$$\boxed{C_{\mu F} = \frac{10^6 \cdot 67200}{100\pi \cdot 1050^2} = 194,107 \ \mu F}$$

y la reactancia valdrá:

$$X_C = \frac{U'^2_C}{Q_{cond}} = \frac{1050^2}{67200} = 16,406 \ \Omega$$

e) Antes de conectar los condensadores, la corriente valía:

$$\bar{I}'_G = 80\angle -36,87° = 64 - j48 \ A$$

Los condensadores aportan una corriente que vale:

$$\bar{I}''_C = \frac{\overline{U}'_5}{\overline{X}'_C} = \frac{1050\angle 16,26°}{16,406\angle -90°} = 64\angle 106,26° \ A$$

$$\bar{I}''_C = 64\angle 106,26° = [-17,92 + j61,44] \ A$$

por lo tanto, la nueva corriente valdrá:

$$\overline{I}''_G = \overline{I}'_G + \overline{I}''_C = [46,08 + j13,44] \ A = 48\angle 16,26° \ A$$

y ahora serán:

$$\overline{U}''_0 = \overline{Z}_0 \cdot \overline{I}''_G = 3,675\angle -53,13°\cdot 48\angle 16,26° = 176,4\angle -26,87° \ V$$

$$\overline{U}''_G = \overline{U}'_C + \overline{U}''_0 = 1050\angle 16,26° + 176,4\angle -36,87° = 1164,423\angle 9,30° \ V$$

La potencia aparente suministrada por el generador vale:

$$\overline{S}''_G = \overline{U}''_G \cdot \overline{I}''^*_G = 1164,423\angle 9,30°\cdot 48\angle -16,26° = [55480,4 - j6772,8] \ VA$$

Por lo tanto, las lecturas de los aparatos de medida son:

$$A''_G = 48 \ A \qquad V''_G = 1164,423 \ V$$

$$V''_0 = 176,4 \ V \qquad W''_G = 55480,4 \ W$$

Problema 26

 El circuito de la figura trabaja en régimen permanente con el interruptor K cerrado. En estas condiciones las lecturas de los aparatos de medida son:

$$W = 432 \text{ W} \quad V = 24 \text{ V} \quad \cos\varphi_G = 0,99778(\text{ind}) \quad (\text{factor de potencia del generador})$$

A continuación se abre el interruptor K, obteniéndose en régimen permanente las siguientes lecturas

$$A_2 = 15,1789 \text{ A} \qquad A_3 = 18 \text{ A} \qquad \text{siendo } A_1 < 10 \text{ A}$$

También se conoce que las ramas formadas por las impedancias Z_2 y Z_3 están en resonancia.

Se pide:

a) Valor L_1 y la lectura del amperímetro A_1

b) Valores de las impedancias Z_2 y Z_3 en forma binómica

c) Expresión temporal en régimen permanente del corriente i(t)

Datos:

$$e(t) = E_{max} \cos(100\pi t) \quad R_1 = 1\,\Omega \quad C = \frac{5}{2\pi}\text{mF} \quad R_4 = 3\,\Omega$$

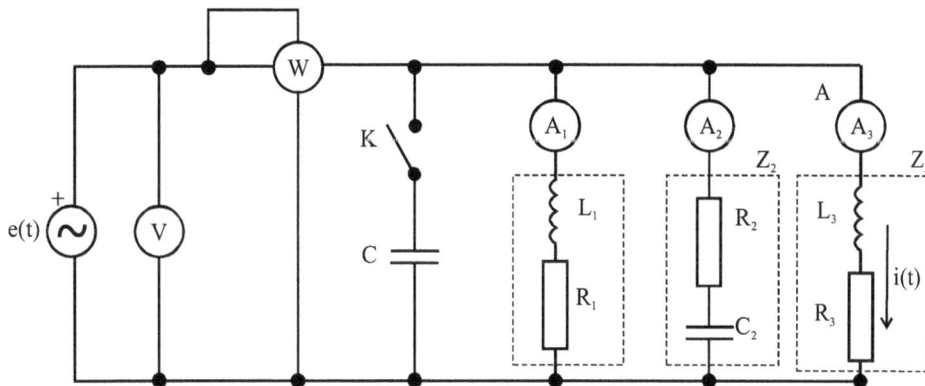

Figura 26.1

Resolución:

$$X_C = \frac{1}{C\omega} = \frac{10^3}{\frac{5}{2\pi}100\pi} = 4\,\Omega$$

$$Q_C = \frac{U_G^2}{X_C} = \frac{24^2}{4} = 144\text{VAr} \qquad\qquad \varphi' = 3,818°$$

$$Q_G' = W\text{tg}\varphi' = 432\text{tg}3,818° = 28,8336\text{ VAr}$$

a) Situación: K abierto, K_1 en A, $A_3 = 18$ A, $A_2 = 15{,}1789$ A, Z_2 y Z_3 resonancia, $R_1 = 1\,\Omega$

$$Q_G = Q_G' + Q_C = 28{,}8336 + 144 = 172{,}8336 \text{ VAr}$$

$$Q_G = \frac{U_G^2 \cdot X_{L1}}{R_1^2 + X_{L1}^2} \;\rightarrow\; 172{,}8336 = \frac{24 \cdot X_{L1}}{1 + X_{L1}^2} \;\rightarrow\; X_{L1}' = 0{,}3334\,\Omega\,;\, X_{L1}'' = 3\,\Omega$$

$$X_{L1}'' = 3\,\Omega \;\rightarrow\; \overline{Z}_1 = R_1 + X_{L1}j = 1 + 3j = 3{,}163\angle 71{,}565°$$

$$\overline{U}_G = 24\angle 0°\,;\; \overline{I}_1 = \frac{\overline{U}_{G1}}{\overline{Z}_1}\,[1] = 7{,}589\angle -71{,}565° \text{ A}$$

$$\boxed{A_1 = 7{,}589\text{A} < 10 \text{ A}} \qquad \boxed{L_1 = \frac{X_{L1}}{\omega} = 9{,}549 \text{ mH}}$$

b) La misma situación del apartado a)

$$\overline{S}_G = W + Q_G j = 432 + 172{,}8336j = 465{,}2907\angle -21{,}805° \text{ VA}$$

$$\overline{I}_T = \left[\frac{\overline{S}_G}{\overline{U}_G}\right]^* = 18 - 7{,}201j = 19{,}387\angle -21{,}805° \text{ A}$$

$$\overline{I}_{23} = \overline{I}_T - \overline{I}_1 = 15{,}6 + 0j = 15{,}6\angle 0° \text{ A}$$

Por el teorema del coseno:

$$\varphi_3 = \arccos\left(\frac{I_2^2 - I_3^2 - I_{23}^2}{-2 \cdot I_{23} \cdot I_3}\right) = \pm 53{,}13°$$

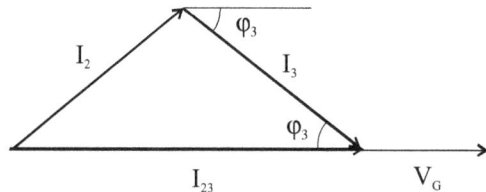

$$\boxed{\overline{Z}_3 = \frac{\overline{U}_G}{\overline{I}_3} = \frac{24\angle 0°}{18\angle -53{,}13°} = 1{,}333\angle 53{,}13° = 0{,}8 + 1{,}06j\,\Omega}$$

$$\overline{Y}_3 = \frac{1}{\overline{Z}_3} = 0{,}750\angle -53{,}13°\,\Omega^{-1}\,;\quad \overline{Y}_{23} = \frac{\overline{I}_{23}}{\overline{V}_G} = 0{,}6\angle 0°\,\Omega^{-1}$$

$$\overline{Y}_2 = \overline{Y}_{23} - \overline{Y}_3 = 0{,}632\angle 71{,}565°\,\Omega^{-1}\,;\quad \boxed{\overline{Z}_2 = \frac{1}{\overline{Y}_2} = 1{,}5811\angle -71{,}565° = 0{,}5 - 1{,}5j\,\Omega}$$

c) La misma situación que en los apartados a) y b)

$$\overline{I}_3 = 18\angle -53{,}13°\,\Omega^{-1}\,;\quad \boxed{i_3(t) = \sqrt{2}\cdot 18\cos\left(100\pi t - \frac{53{,}13°}{180}\pi\right) \text{ A}}$$

Problema 27

El circuito de la figura se halla en régimen permanente, estando alimentado por un generador de corriente $i(t) = 14,14\cos(100\pi t)$, presentando un factor de potencia igual a la unidad.

Se conocen las siguientes lecturas de los aparatos de medida: $A_1=10$ A, $A_2=10$ A, $V=60$ V.

Se pide:

a) Valores de L_0, R_2 , C_1 y L_2

b) Lecturas de W y de V_g. Potencia aparente que suministra el generador en forma vectorial

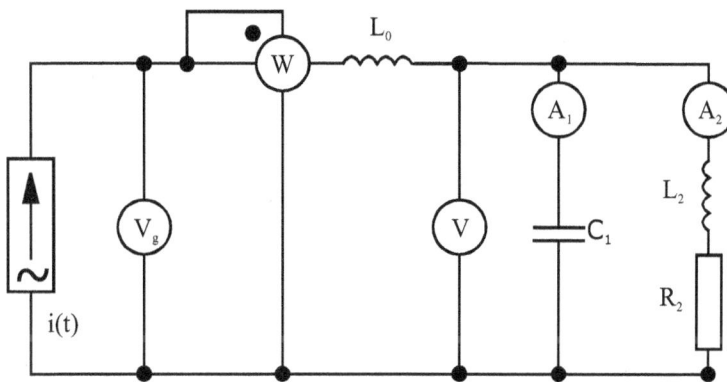

Figura 27.1

Resolución:

Para la primera parte del problema se consideran los datos: $A_1=A_2=10$ A y $I_g=10$ A (valor eficaz $14,14/\sqrt{2}$) y que el factor de potencia es 1 → las dos ramas y la bobina L_1 están en resonancia:

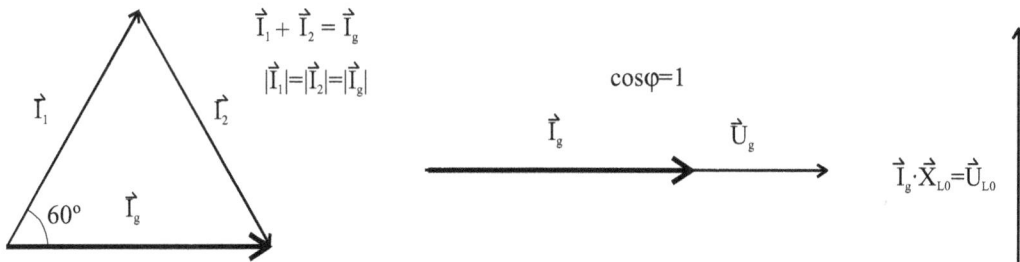

Se desconoce U_g y X_{L0} (pero sí el ángulo, ya que es una bobina), teniendo en cuenta que $\overline{U}_g = \overline{U}_{LO} + \overline{U}$ donde el último término representa la caída de tensión entre A-B de la que conocemos el modulo.

El diagrama de fasores del circuito queda:

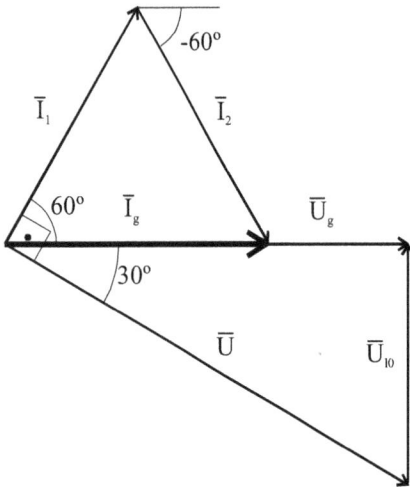

El ángulo entre la I_g y U se puede determinar gracias al condensador. Sabiendo que adelanta 90° la intensidad y conocido el ángulo de ésta, solo tiene que atrasar U respecto I_1 (intensidad del condensador). 60-90=-30°, que es el ángulo de la tensión U.

$$X_{C1} = \frac{V}{A_1} = \frac{60}{10} = 6\Omega \rightarrow \overline{Z}_1 = 6\angle -90° \, \Omega$$

$$\overline{Z}_2 = \frac{V}{A_2} \angle \varphi_2 = \frac{60\angle -30°}{10\angle -60°} = 6\angle 30° \, \Omega$$

$$\overline{Z}_{12} = \frac{\overline{Z}_1 \cdot \overline{Z}_2}{\overline{Z}_1 + \overline{Z}_2} = \frac{6\angle -90° \cdot 6\angle 30°}{6\angle -90° + 6\angle 30°} = 6\angle -30°$$

$$\overline{Z}_{12} = 5,2 - j3 \, \Omega$$

Tengo que hallar $\omega, f \rightarrow 100\pi = \omega = 2\pi f$

a)

$$X_{C1} = \frac{1}{C\omega} \quad \text{donde} \quad X_{C1} = 6\Omega \text{ (parte imaginaria de } \overline{Z}_1\text{)}, \; \omega \text{ conocida} \rightarrow \boxed{C_1 = 530,5 \, \mu F}$$

$$X_2 = L_2\omega \quad \text{donde} \quad X_2 = 6 \cdot \sin 30 \text{ (parte imaginaria de } \overline{Z}_2\text{)}, \; \omega \text{ conocida} \rightarrow \boxed{L_2 = 9,55 \, mH}$$

$$R_2 = 6 \cdot \cos 30 \text{ (parte real de } \overline{Z}_2\text{)} \rightarrow \boxed{R_2 = 5,2 \, \Omega}$$

$X_{L0} = L_{L0}\omega$ [1] el único camino para hallar X_{L0} es a partir de U_{L0}.

$\{ \; X_{L0} \cdot I_G = V_{L0}, \quad I_G = 10 \, A \; \text{y} \; V_{L0} = V\cos 30 \leftarrow V = 60 \; \}$

hallamos $\overline{X}_{L0} = j3 \, \Omega \rightarrow$ [1] $\rightarrow \boxed{L_0 = 9,55 \, mH}$

b)

$$\overline{U}_g = \overline{I}_g \cdot \overline{Z}_T \quad \text{necesitamos} \quad \overline{Z}_T = \overline{Z}_{12} + \overline{Z}_{L0} \rightarrow \overline{Z}_T = (5,2 - j3) + j3 = 5,2 \, \Omega$$

Como están en fase, podemos hallar con los módulos directamente:

$$\boxed{U_g = I_g \cdot Z_T = 10 \cdot 5,2 = 52V \text{ que es el que indicará el voltímetro.}}$$

$$\boxed{P_g = W = I_g U_g = 10 \cdot 52 = 520W \; \text{(el que indicará el watímetro)}}$$

Q=0 (carga resistiva) $|\overline{S}| = P = 520 \; VA$

Problema 28

El circuito de la figura trabaja en régimen permanente.

Se pide :

a) Circuito equivalente de Thevenin en bornes de A-B (E_{Th} y Z_{Th})

b) Generador equivalente de Norton en bornes de A-B (I_N)

c) Impedancia a colocar en bornes de A-B para transferir la máxima potencia y valor de ésta

Datos: $\bar{I}_G = 5\angle 0°\,A$ $\bar{R}_G = 2\angle 0°\,\Omega$ $\bar{Z} = 3 + 4j\,\Omega$ $\bar{X}_C = -2j\,\Omega$ $k = 0,01\,\Omega^{-1}$

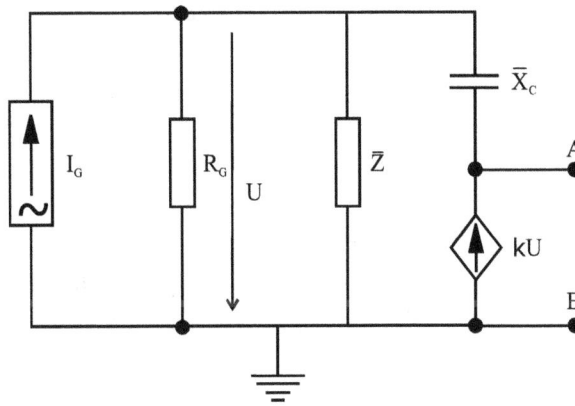

Figura 28.1

Resolución:

a) Cálculo de la Z_{Th} :

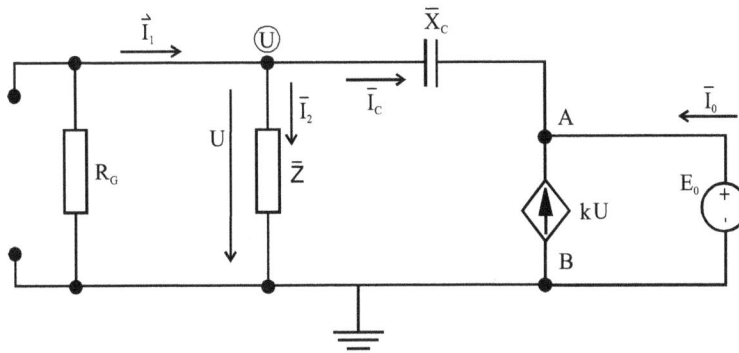

Figura 28.2

Nudo U : $\bar{I}_1 = \bar{I}_2 + \bar{I}_C$ → $\dfrac{0 - \overline{U}}{\overline{R}_G} = \dfrac{\overline{U}}{\overline{Z}} + \dfrac{\overline{U} - \overline{E}_0}{\overline{X}_C}$ [1]

Nudo A: $\bar{I}_C = 0{,}01\overline{U} + \bar{I}_0 = 0$ con las tensiones anteriores: $\dfrac{\overline{U} - \overline{E}_0}{\overline{X}_C} + 0{,}01\overline{U} + \bar{I}_0 = 0$ [2]

con [1] y [2] tenemos 2 ecuaciones con 2 incógnitas (en complejos 4 ec, 4 incógnitas), de donde se puede determinar $\overline{E}_0$ en función de $\bar{I}_0$:

$$\left. \begin{array}{l} \dfrac{-\overline{U}}{2\angle 0^\circ} = \dfrac{\overline{U}}{5\angle 53{,}13^\circ} + \dfrac{\overline{U} - \overline{E}_0}{2\angle - 90^\circ} \\[3mm] \dfrac{\overline{U} - \overline{E}_0}{2\angle - 90^\circ} + 0{,}01\overline{U} + \bar{I}_0 = 0 \end{array} \right\} \;\to\; \dfrac{\overline{E}_0}{2\angle - 90^\circ} = \overline{U}\left(\dfrac{1}{2\angle 0^\circ} + \dfrac{1}{5\angle 53{,}13^\circ} + \dfrac{1}{2\angle - 90^\circ} \right)$$

Con esta expresión se puede hallar la relación entre $\overline{U}$ y $\overline{E}_0$ de

$$\overline{U} = \dfrac{\overline{E}_0}{(2\angle - 90^\circ)\left(\dfrac{1}{2\angle 0^\circ} + \dfrac{1}{5\angle 53{,}13^\circ} + \dfrac{1}{2\angle - 90^\circ} \right)} \; [3]$$

de la ecuación [2]:

$$\dfrac{\overline{U}}{2\angle - 90^\circ} + 0{,}1\overline{U} - \dfrac{\overline{E}_0}{2\angle - 90^\circ} = -\bar{I}_0 \;\to\; \overline{U}\left(\dfrac{1}{2\angle - 90^\circ} + \dfrac{1}{10} \right) - \dfrac{\overline{E}_0}{2\angle - 90^\circ} = -\bar{I}_0 \; [2']$$

finalmente introducimos [3] a [2']:

$$\dfrac{\overline{E}_0}{(2\angle - 90^\circ)\left(\dfrac{1}{2\angle 0^\circ} + \dfrac{1}{5\angle 53{,}13^\circ} + \dfrac{1}{2\angle - 90^\circ} \right)} \cdot \left(\dfrac{1}{2\angle - 90^\circ} + \dfrac{1}{10} \right) - \dfrac{\overline{E}_0}{2\angle - 90^\circ} = -\bar{I}_0$$

$$\left[\dfrac{\left(\dfrac{1}{2\angle - 90^\circ} + \dfrac{1}{10} \right)}{(2\angle - 90^\circ)\left(\dfrac{1}{2\angle 0^\circ} + \dfrac{1}{5\angle 53{,}13^\circ} + \dfrac{1}{2\angle - 90^\circ} \right)} - \dfrac{1}{2\angle - 90^\circ} \right] = \dfrac{-\bar{I}_0}{\overline{E}_0} \; [4]$$

Si nos fijamos en la ecuación [4], nos da $-\bar{I}_0 / \overline{E}_0$ lo que permite determinar $\overline{Z}_{th} = \overline{E}_0 / \bar{I}_0$:

$$\boxed{\overline{Z}_{th} = 1{,}541 - 1{,}628\,j = 2{,}242\angle - 46{,}563^\circ\,\text{V}}$$

Cálculo E_{Th} :

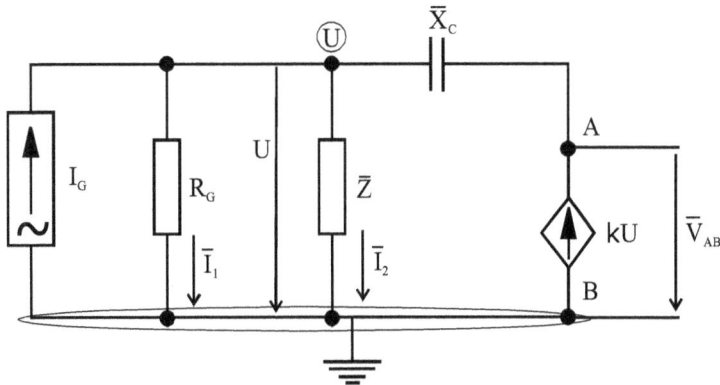

Figura 28.3

$$\bar{I}_G + k\bar{U} = \bar{I}_1 + \bar{I}_2$$

Sustituimos los valores conocidos y hallamos U:

$$5\angle 0° + 0,01\bar{U} = \frac{\bar{U}}{2\angle 0°} + \frac{\bar{U}}{5\angle 36,87°} \rightarrow \bar{U} = 7,669 + 2,012j = 7,9285\angle 14,698° \, V$$

La tensión $\bar{E}_{th}$ será:

$$\bar{U}_{AB} = \bar{X}_C \cdot k\bar{U} + \bar{Z} \cdot \bar{I}_2 = \bar{X}_C \cdot k\bar{U} + \bar{U} = 2\angle -90° \cdot 0,01 \cdot 7,9285\angle 14,698° + 7,9285\angle 14,698° =$$

$$\boxed{= 7,709 + 1,858j = 7,930\angle 13,55° \, V = \bar{E}_{th}}$$

Cálculo I_N:

b) Conocidas $\bar{E}_{th}$ y $\bar{Z}_{th}$:

$$\bar{I}_N = \frac{\bar{E}_{th}}{\bar{Z}_{th}} = 1,762 + 3,066j = 3,536\angle 60,114° \, A$$

c) La impedancia a colocar será:

$$\bar{Z} = \bar{Z}_{th}* = 1,541 + j1,628 = 2,242\angle 46,563° \; \Omega$$

La potencia máxima será:

$$\boxed{P_{max} = \frac{E_{th}^2}{4R_{th}} = 10,196 \, W}$$

Problema 29

El circuito de la figura trabaja en régimen permanente estando alimentado por un generador de tensión y un generador de corriente. Se conocen los siguientes datos:

$$E_G=20\angle 0° \text{ V} \quad I_G=5\angle 9° \text{ V} \quad E_G=20\angle 0° \text{ V} \quad R_1=25 \ \Omega \quad\quad R_2=40 \ \Omega$$

$$X_L=20 \ \Omega \quad\quad X_C=5 \ \Omega$$

a) Equivalente de Thevenin en bornes de A-B

b) Calcular la Z a colocar para transferir en bornes de A-B la máxima potencia y valor de ésta

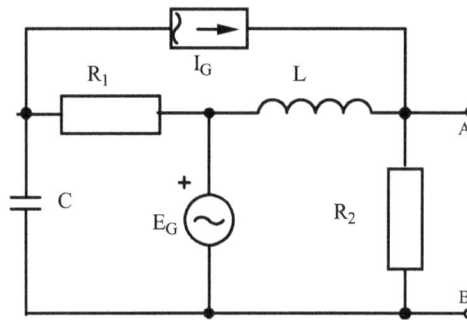

Figura 29.1

Resolución:

Equivalente de Thevenin
Por traslación de fuentes.

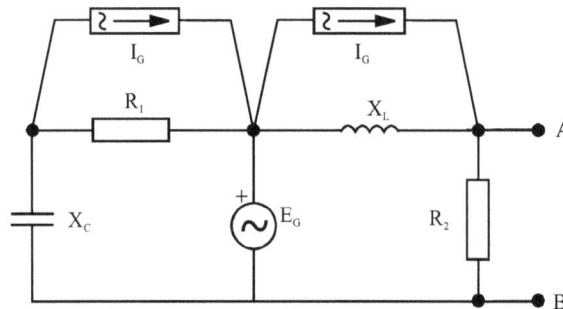

Figura 29.2

Por transformación de fuentes.

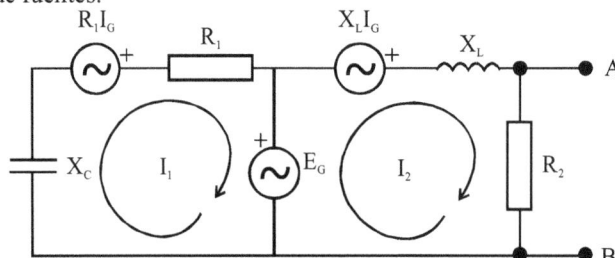

Figura 29.3

Cálculo del E_{Th}:

De la figura anterior se determina $\overline{E}_{th}$ por mallas.

$$\begin{pmatrix} \overline{R}_1\overline{I}_G - \overline{E}_G \\ \overline{E}_G + \overline{X}_L\overline{I}_G \end{pmatrix} = \begin{pmatrix} \overline{R}_1 + \overline{X}_C & 0 \\ 0 & \overline{X}_L + \overline{R}_2 \end{pmatrix}\begin{pmatrix} \overline{I}_1 \\ \overline{I}_2 \end{pmatrix}$$

$$\overline{I}_2 = \dfrac{\begin{vmatrix} \overline{R}_1 + \overline{X}_C & \overline{R}_1\overline{I}_G - \overline{E}_G \\ 0 & \overline{E}_G + \overline{X}_L\overline{I}_G \end{vmatrix}}{(\overline{R}_1 + \overline{X}_C)(\overline{X}_L + \overline{R}_2)} = \dfrac{(\overline{R}_1 + \overline{X}_C)(\overline{E}_G + \overline{X}_L\overline{I}_G)}{(\overline{R}_1 + \overline{X}_C)(\overline{X}_L + \overline{R}_2)}$$

$$\overline{I}_2 = \dfrac{\overline{E}_G + \overline{X}_L\overline{I}_G}{\overline{X}_L + \overline{R}_2} = -\dfrac{8}{5} + \dfrac{4}{5}j = 1{,}7888\angle153{,}435°\,A$$

$$\overline{E}_{th} = \overline{U}_{AB}\big|_{c.abierto} = \overline{I}_2\cdot\overline{R}_2 = \dfrac{\overline{R}_2}{\overline{X}_L + \overline{R}_2}(\overline{E}_G + \overline{X}_L\overline{I}_G)\boxed{= 64 + 32j = 71{,}554\angle153{,}435°\,V}$$

Podemos calcular la $\overline{I}_N$ mediante la $\overline{Z}_{th}$, que se calcula pasivando el circuito. O encontrando $\overline{I}_N$ y después $\overline{Z}_{th}$ con la $\overline{E}_{th}$.

$$\overline{I}_N = \dfrac{\overline{E}_G + \overline{X}_L\overline{I}_G}{\overline{X}_L} = 4j = 4\angle90°\,A \quad \rightarrow \quad \overline{Z}_{th} = \dfrac{\overline{E}_{th}}{\overline{I}_N} = \dfrac{71{,}554\angle153{,}435°}{4\angle90°}\boxed{= 17{,}888\angle63{,}435°\,\Omega}$$

Pasivando el circuito:

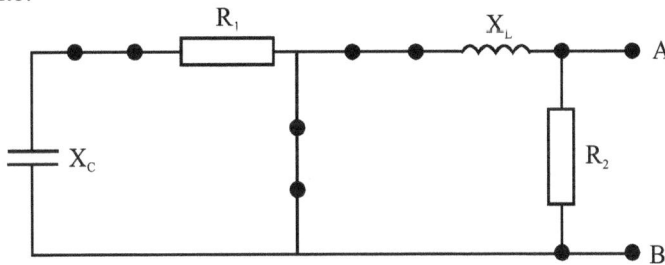

Figura 29.4

$$\overline{Z}_{th} = \dfrac{\overline{R}_2\overline{X}_L}{\overline{R}_2 + \overline{X}_L} = \dfrac{20\angle90°\cdot40\angle0°}{20j + 40} = \dfrac{40\angle90°}{j + 2} = 8 + j16 = 17{,}888\angle63{,}435°\,\Omega$$

$$\overline{I}_N = \dfrac{\overline{E}_{th}}{\overline{Z}_{th}} = \dfrac{71{,}554\angle153{,}435°}{17{,}888\angle63{,}435°} = 4\angle90°\,A$$

Z para transferir la máxima potencia consumida.

$$\boxed{\overline{Z} = \overline{Z}_{th}^* = 8 - 16j = 17{,}888\angle-63{,}435°\,\Omega} \qquad \boxed{P_{max} = \dfrac{E_{th}^2}{4R_{th}} = 160\;W}$$

Problema 30

El circuito alimentado por un generador de corriente alterna de frecuencia de 50 Hz trabaja en régimen permanente. Se conocen las lecturas de los siguientes aparatos:

W= 1687,85 W $A_1 = 6,167$ A $A_2 = 6,866$ A $V_2 = 153,53$ V

Las impedancias de línea cumplen:

$$\frac{X_{L1}}{R_{L1}} = 0,839 \quad y \quad \overline{Z}_{L2} = R_{L2} + jX_{L2} = 3\angle 30° \; \Omega$$

Las cargas:

carga 1 inductiva consume 574,24 W

carga 2 capacitiva consume 942,869 W

Se pide:

a) Lecturas A y V

b) Impedancias de las cargas Z_{L1}, Z_1 y Z_2 en forma binómica

c) Potencia aparente del generador y factor de potencia

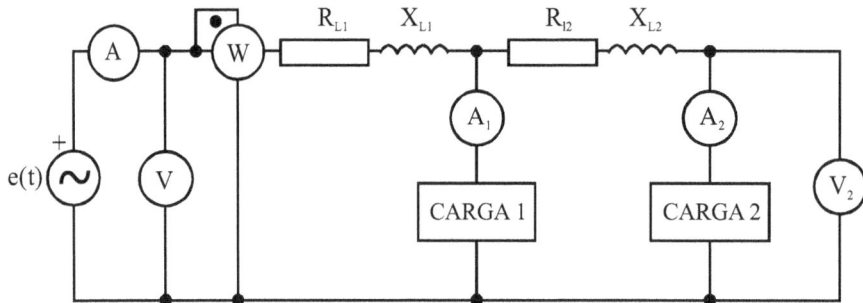

Figura 30.1

Resolución:

a) De la carga 2:

$$P_2 = V_2 A_2 \cos\varphi_2 \; \rightarrow \; \varphi_2 = 26,562°$$

podemos determinar la potencia aparente:

$$\overline{S}_2 = \frac{P_2}{\cos\varphi_2} \angle\varphi_2 = 942,869 - 471,38j \; VA$$

como tenemos la impedancia de línea 2:

$$\overline{S}_{L2} = A_2^2 \overline{Z}_{L2} = 122,478 + 70,713j \, VA = 141,425\angle 30° \, VA$$

la potencia aparente de la carga 2 y la parte de línea 2 queda:

$$\overline{S}_A = \overline{S}_{L2} + \overline{S}_2 = 1065,34 - 400,671j = 1138,20\angle -20,610 \, VA$$

Por lo tanto, podremos determinar la caída de tensión, que será la misma que la de la carga 1:

$$\left|\overline{U}_1\right| = \frac{\left|\overline{S}_A\right|}{A_2} = 165,773V \quad y \quad P_1 = U_1 A_1 \cos\varphi_1 \rightarrow \quad \varphi_1 = 55,826°$$

$$\overline{S}_1 = \frac{P_1}{\cos\varphi_1} \angle\varphi_1 \rightarrow 574,24 + 845,812j = 1022,325\angle 55,82° \, VA$$

$$\overline{S}_{1A} = \overline{S}_1 + \overline{S}_A = 1639,58 + 445,14j = 1698,94\angle 15,189° \, VA$$

con la potencia aparente y la caída de tensión $\boxed{\left|\overline{I}_G\right| = \dfrac{\left|\overline{S}_{1A}\right|}{\left|\overline{U}_1\right|} = 10,428 \, A}$ la lectura del amperímetro A.

Para determinar la caída de tensión del generador, se determinará la potencia de todo el circuito.

b) Impedancias de las cargas y de línea 1

$$W = R_{L1}A^2 + Re(\overline{S}_{1A}) \rightarrow R_{L1} = 0,459 \, \Omega$$

$$\frac{X_{L1}}{R_{L1}} = tg\varphi_{L1} \rightarrow \varphi_{L1} = 40° \rightarrow X_{L1} = tg\varphi_{L1}R_{L1} = 0,385\Omega \rightarrow \overline{Z}_{L1} = 0,459 + 0,385j = 0,599\angle 40° \, \Omega$$

$$\boxed{\overline{Z}_1 = \frac{\overline{S}_1}{A_1^2} = 15,098 + 22,239j \, \Omega} \qquad \boxed{\overline{Z}_2 = \frac{\overline{S}_2}{A_2^2} = 20 - 10j \, \Omega}$$

c) Potencia aparente del generador y el factor de potencia

$$\boxed{\overline{S}_T = \overline{Z}_{L1}A^2 + \overline{S}_{1A} = 1687,85 + 485,633j = 1756,32\angle 16,051° \, VA}$$

$$\boxed{\cos\varphi_G = \cos(16,051) = 0,961} \text{ (inductivo)}$$

a*) Podemos determinar la tensión de generador (voltímetro V):

$$\left|\overline{S}_T\right| = \left|\overline{U}_G\right|A \rightarrow \left|U_G\right| = 171,372 \, V \text{ (que es lo que marca el voltímetro V)}$$

Problema 31

El circuito de la figura trabaja en régimen permanente. Conocemos:

$Z_L = 0,1 + j \cdot 0,9$ Ω

$\cos \varphi_1 = 0,7071$ inductivo

Conjunto de Z_1 y Z_2 tiene un $\cos\varphi_{12} = 0,5912$ inductivo

Se han observado los siguientes resultados:

Interruptor K	$\cos\varphi_G$	Voltímetro V
Abierto	0,6535 inductivo	217,395 V
Cerrado	0,490 inductivo	

Se pide:

a) Impedancias Z_1 y Z_2 en forma binómica

Con el interruptor k cerrado:

b) Lecturas del siguientes aparatos: W_G , A_G y V

c) Potencia aparente del generador en forma binómica y polar

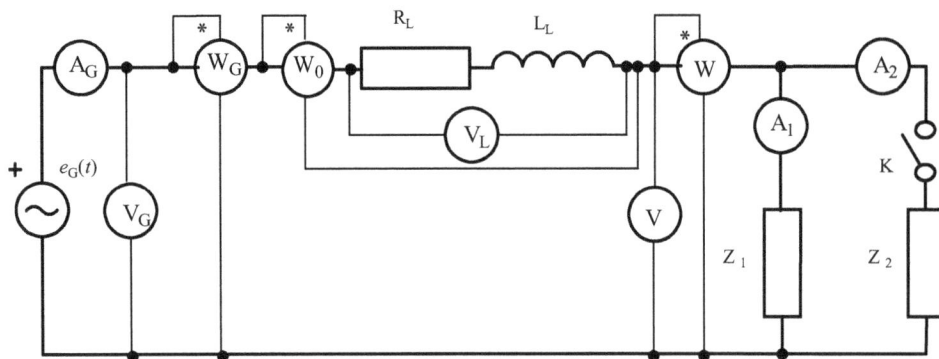

Figura 31.1

Resolución:

a) Con K abierto tomamos $\bar{I}_G = I_G \angle 0° $ A

El diagrama vectorial:

$\overline{U} = 217,395 \angle 45°$

$\overline{U}_G = \overline{U}_L + \overline{U}$

$\overline{Z}_L = 0,9055 \angle 83,66° \, \Omega$

$\overline{U}_L = V_L \angle 83,66° $ V

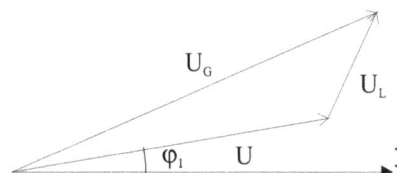

$$\cos \varphi_G = 0,6335 \;\rightarrow\; \varphi_G = 49,194° \qquad \overline{U}_G = \left|\overline{U}_G\right| < 49,194°$$

$$\cos \varphi_1 = 0,7071 \;\rightarrow\; \varphi_1 = 45°$$

$$\left.\begin{array}{l} U_G \cos 49,194° = U_L \cos 83,66° + 217,395 \cos 45° \\ U_G \operatorname{sen} 49,194° = U_L \operatorname{sen} 83,66° + 217,395 \operatorname{sen} 45° \end{array}\right\} \qquad \begin{array}{l} U_G = 239,97 \text{ V} \\ U_L = 28,090 \text{ V} \end{array}$$

Tenemos las tensiones en módulo y ángulo:

$$\overline{I}_G = \frac{\overline{U}_L}{\overline{Z}_L} \;\rightarrow\; \overline{I}_G = 31,020 \angle 0° \text{ A}$$

$$\boxed{\vec{Z}_1 = \frac{\vec{U}}{\overline{I}_G} = 7,008 \angle 45° = 4,955 + 4,955\,j \; \Omega}$$

b) Con K cerrado tomamos $\overline{I}_G = I_G \angle 0° \text{ A}$

Diagrama vectorial:

$$\overline{U}_G = \overline{U}_L + \overline{U}$$
$$\cos \varphi_{12} \rightarrow \varphi_{12} = 53,76°$$
$$\cos \varphi_G \rightarrow \varphi_G = 60,60°$$
$$\overline{U} = U \angle 53,76° \text{ V}$$
$$\overline{U}_L = U_L \angle 83,66° \text{ V}$$
$$\overline{U}_G = 239,97 \angle 60,60° \text{ V}$$

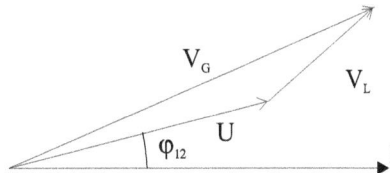

$$\left.\begin{array}{l} 239,97 \cos 60,60 = U_L \cos 83,66 + U \cos 53,76 \\ 239,97 \operatorname{sen} 60,60 = U_L \operatorname{sen} 83,66 + U \operatorname{sen} 53,76 \end{array}\right\} \qquad \begin{array}{l} U = 188,09 \text{ V} \\ U_L = 57,844 \text{ V} \end{array}$$

En forma vectorial:

$$\overline{U}_L = 57,844 \angle 83,66° \text{ V} \quad \boxed{\overline{U} = 188,09 \angle 53,76° \text{ V}}$$

$$\overline{I}_G = \frac{\overline{U}_L}{\overline{Z}_L} \;\rightarrow\; \boxed{\overline{I}_G = 63,878 \angle 0° \text{ A}}$$

Con las impedancias en paralelo encontramos $\vec{Z}_2$:

$$\overline{Z}_P = \overline{Z}_{12} = \frac{\overline{U}}{\overline{I}_G} = 1,741 + 2,375\,j = 2,944 \angle 53,758° \; \Omega$$

$$\overline{Y}_P = \frac{1}{\overline{Z}_P} = 0,20078 - 0,2739\,j = 0,3396 \angle -53,757° \; \Omega^{-1}$$

$$\overline{Y}_1 = \frac{1}{\overline{Z}_1} = 0,100898 - 0,100500\,j = 0,14269\angle -45°\,\Omega^{-1}$$

$$\overline{Y}_2 = \overline{Y}_P - \overline{Y}_1 = 0,09988 - 0,17300\,j = 0,1997699\angle -60°\,\Omega^{-1}$$

$$\boxed{\overline{Z}_2 = \frac{1}{\overline{Y}_2} = 2,5028 + 4,335\,j = 5,005\angle 60°\,\Omega}$$

La potencia aparente será:

$$\boxed{\overline{S}_G = \overline{U}_G \cdot \overline{I}_G^* = 7511,202 + 13362,62\,j = 15328,98\angle 60,60°\,\text{VA}}$$

$$\boxed{W_G = 7511,202\ \text{W}}$$

Problema 32

En el circuito de la figura se han realizado las siguientes lecturas correspondientes a diferentes pruebas:

Medida	Interruptores cerrado(s)	Lectura vatímetro	Lectura amperímetro
1	K_1	2234,94 W	9,650 A
2	K_2	1041,74 W	8,069 A
3	K_1, K_2 y K_3	3798,88 W	22,309 A

Se pide:

a) Valor de las impedancias de cada rama y la de línea

Con los tres interruptores cerrados. Calcular:

b) Corrientes que circulan por cada elemento en forma vectorial

c) Potencias activas consumidas por cada una de las cargas y en la línea

d) Potencia aparente en forma vectorial, proporcionada por el generador

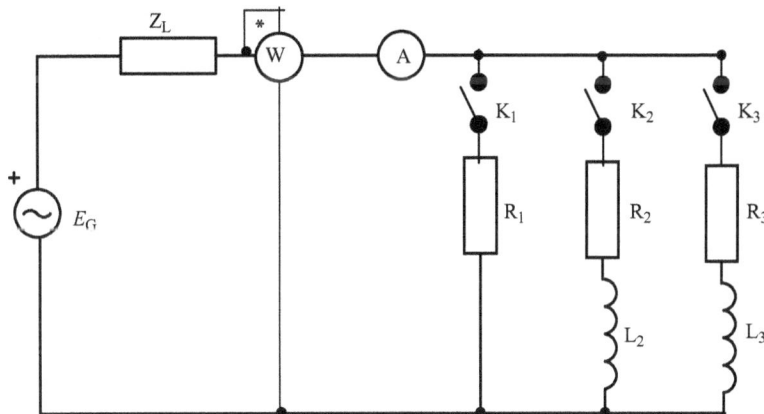

Figura 32.1

Nota : E_G= 240 V (valor eficaz) y $Z_L = 1 \angle \varphi \ \Omega$ inductivo

Resolución:

Con K_1 cerrado tenemos:

$$\boxed{R_1 = \frac{W}{A^2} = \frac{2234,94}{9,650^2} = 24 \ \Omega}$$

$$\overline{Z}_1 = 24 \angle 0° \ \Omega$$

$$\overline{I} = 9,650 \angle 0° \ A$$

$$\overline{S}_1 = 2234,94+j\cdot 0 = 2234,94\angle 0° \ \text{VA}$$

$$\overline{Z}_L = 1\angle\varphi_L = 1\cdot\cos\varphi + j\cdot 1\cdot\text{sen}\,\varphi \ \Omega$$

$$\overline{U}_G = 240\angle\varphi_G \ \text{V}$$

$$\overline{S}_G = \overline{U}_G\cdot\overline{I}^* = \left|\overline{U}_G\right|\cdot\left|\overline{I}\right|\angle\varphi_G = \left|\overline{S}_G\right|\angle\varphi_G = 240\cdot 9,650\angle\varphi_G = 2316,000\angle\varphi_G \ \text{VA}$$

$$\overline{S}_L = \left|\overline{I}\right|^2\times\overline{Z}_L = \left|\overline{I}\right|^2\cdot\left|\overline{Z}_L\right|\cos\varphi + j\cdot\left|\overline{I}\right|^2\cdot\left|\overline{Z}_L\right|\cdot\text{sen}\,\varphi = 9,650\cdot\cos\varphi + j\,9,650\cdot\text{sen}\,\varphi \ \text{VA}$$

$$\left|\overline{S}_G\right|^2 = \left(P_1 + \left|\overline{S}_L\right|\cdot\cos\varphi\right)^2 + \left(\left|\overline{S}_L\right|\cdot\text{sen}\,\varphi\right)^2 = 2316^2 = (2234,94+9,650\cdot\cos\varphi)^2 + (9,650\cdot\text{sen}\,\varphi)^2$$

$$\varphi = 30,07° \Rightarrow \overline{Z}_L = 1\angle 30,07° \ \Omega$$

Con K_2 cerrado tenemos :

$$R_2 = \frac{W}{A^2} = \frac{1041,74}{8,069^2} = 16 \ \Omega$$

$$\overline{I} = 8,069\angle 0° \ \text{A}$$

$$\overline{S}_G = \overline{U}_G\cdot\overline{I}^* = \left|\overline{U}_G\right|\cdot\left|\overline{I}\right|\angle\varphi_G = \left|\overline{S}_G\right|\angle\varphi_G = 240\cdot 8,069\angle\varphi_G = 1936,560\angle\varphi_G \ \text{VA}$$

$$\overline{S}_L = \left|\overline{I}\right|^2\cdot\overline{Z}_L = \left|\overline{I}\right|^2\cdot\left|\overline{Z}_L\right|\cos\varphi + j\cdot\left|\overline{I}\right|^2\cdot\left|\overline{Z}_L\right|\cdot\text{sen}\,\varphi = 56.346 + j\,32.623 \ \text{VA}$$

$$\overline{S}_2 = \left|\overline{I}\right|^2\cdot\overline{Z}_2 = \left|\overline{I}\right|^2\cdot R_2 + j\cdot\left|\overline{I}\right|^2\cdot X_2 = 1041,74 + j\,8,069^2\cdot X_2 \ \text{VA}$$

$$\left|\overline{S}_G\right|^2 = \left(P_L+P_2\right)^2 + \left(Q_L+Q_2\right)^2 = 1936,56^2 = (1041,74+56,346)^2 + (32,623+8,069^2\cdot X_2)^2$$

$$\boxed{X_2 = 24 \ \Omega \Rightarrow \overline{Z}_2 = 16 + j\,24 = 28,853\angle 56,30° \ \Omega}$$

Con K_1, K_2 y K_3 cerrado tenemos :

$$R_p = \frac{W}{A^2} = \frac{3798,88}{22,309^2} = 7,633 \ \Omega$$

$$\overline{I} = 22,309\angle 0° \ \text{A}$$

$$\overline{S}_G = \overline{U}_G\cdot\overline{I}^* = \left|\overline{U}_G\right|\cdot\left|\overline{I}\right|\angle\varphi_G = \left|\overline{S}_G\right|\angle\varphi_G = 240\cdot 22,309\angle\varphi_G = 5354,16\angle\varphi_G \ \text{VA}$$

$$\overline{S}_L = \left|\overline{I}\right|^2 \cdot \overline{Z}_L = \left|\overline{I}\right| \cdot \left|\overline{Z}_L\right| \cos\varphi + j \cdot \left|\overline{I}\right| \cdot \left|\overline{Z}_L\right| \cdot \mathrm{sen}\,\varphi = 430,711 + j \cdot 349,368 \ \ VA$$

$$\overline{S}_p = \left|\overline{I}\right|^2 * \overline{Z}_p = \left|\overline{I}\right|^2 \cdot R_p + j \cdot \left|\overline{I}\right|^2 \cdot X_p = 3798,88 + j \cdot 22,309^2 \cdot X_p \ \ VA$$

$$\left|\overline{S}_G\right|^2 = \left(P_L + P_p\right)^2 + \left(Q_L + Q_p\right)^2 = 5354,16^2 = (3798,88 + 430,711)^2 + (349,368 + 22,309^2 \cdot X_p)^2$$

$$X_p = 6,095 \ \Omega \Rightarrow \overline{Z}_p = 7,633 + j \cdot 6,095 = 9,768 \angle 38,60^\circ \ \ \Omega$$

$$\overline{S}_p = \left|\overline{I}\right|^2 \cdot \overline{Z}_p = 3798,88 + j \cdot 3033,55 = 4861,475 \angle 38,608^\circ \ \ VA$$

$$\overline{U}_p = \frac{\overline{S}_P}{\overline{I}^*} = 170,284 + j \cdot 135,978 = 217,915 \angle 38,608^\circ \ \ V$$

$$\boxed{\overline{I}_1 = \frac{\overline{U}_p}{\overline{Z}_1} = 7,095 + j \cdot 5,666 = 9,079 \angle 38,60^\circ \ \ A}$$

$$\boxed{\overline{I}_2 = \frac{\overline{U}_p}{\overline{Z}_2} = 7,197 - j \cdot 2,297 = 7,555 \angle -17,60^\circ \ \ A}$$

$$\boxed{\overline{I}_3 = \overline{I} - \overline{I}_1 - \overline{I}_2 = 8,016 + j \cdot 3,368 = 8,695 \angle -22,79^\circ \ \ A}$$

$$\boxed{\overline{Z}_3 = \frac{\overline{U}_p}{\overline{I}_3} = 11,995 + j \cdot 22,003 = 25,061 \angle 61,40^\circ \ \ \Omega}$$

$$\overline{S}_L = \left|\overline{I}\right|^2 \cdot \overline{Z}_L = 430,711 + j \cdot 249,368 = 497,691 \angle 30,07^\circ \ \ VA$$

$$\overline{S}_1 = \overline{U}_p \cdot \overline{I}_1^* = 1978,630 = 1978,630 \angle 0^\circ \ \ VA$$

$$\overline{S}_2 = \overline{U}_p \cdot \overline{I}_2^* = 913,289 + j \cdot 1369,853 = 1646,388 \angle 56,30^\circ \ \ VA$$

$$\overline{S}_3 = \overline{U}_p \cdot \overline{I}_3^* = 906,959 + j \cdot 1663,702 = 1894,856 \angle 61,40^\circ \ \ VA$$

$$\boxed{\overline{S}_G = \overline{S}_1 + \overline{S}_2 + \overline{S}_3 + \overline{S}_L = 4229,591 + j \cdot 3282,923 = 5354,16 \angle 37,81^\circ \ \ VA}$$

$$\boxed{P_1 = 1978,63 \ \ W} \qquad \boxed{P_2 = 913,289 \ \ W} \qquad \boxed{P_3 = 906,959 \ \ W}$$

$$\boxed{P_L = 430,711 \ \ W}$$

Problema 33

El circuito de la figura trabaja en régimen permanente, sabemos las lecturas de los siguientes aparatos de medida:

$$W_1 = 1722,95 \text{ W} \qquad W_2 = 667,397 \text{ W} \qquad A_2 = 10,547 \text{ A}$$

La fuente de corriente da una intensidad que responde a la expresión:

$$i(t) = 10 + 10 \cdot \sqrt{2} \cdot (-\cos 100 \cdot \pi \cdot t + \frac{1}{3} \cos 300 \cdot \pi \cdot t) \text{ A}$$

La capacidad del condensador es de $C_1 = 5/\pi$ mF y el coeficiente de autoinducción de la bobina es $L_2 = 30/\pi$ mH .

Se pide:

a) Las lecturas del voltímetro V_G y amperímetro A_G

b) Las expresiones temporales de la tensión en bornes del condensador y de la corriente que circula por la bobina.

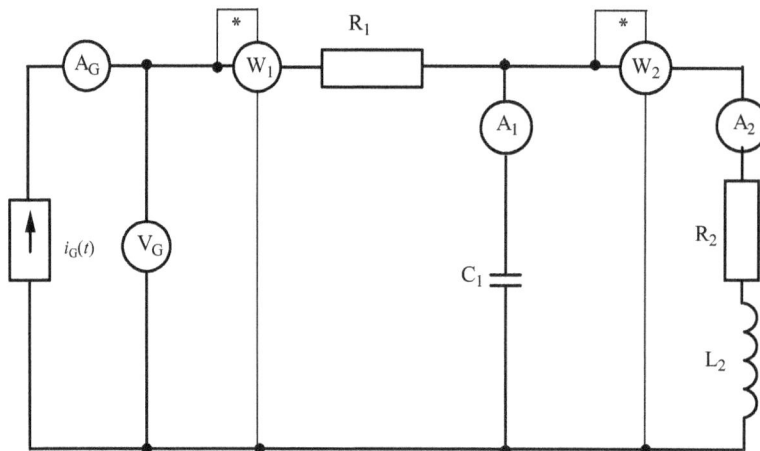

Figura 33.1

Resolución:

Calculemos la lectura del amperímetro A_G:

$$\left| I_g \right| = \sqrt{\left| I_0 \right|^2 + \left| I_1 \right|^2 + \left| I_2 \right|^2} = \sqrt{10^2 + 10^2 + \left(\frac{10}{3} \right)^2} = 14,530 \text{ A}$$

$$R_2 = \frac{W_2}{A_2{}^2} = \frac{667,394}{10,547^2} = 6 \, \Omega \qquad\qquad R_1 = \frac{W_1 - W_2}{A_g{}^2} = \frac{1722,95 - 667,394}{14,530^2} = 5 \, \Omega$$

Aplicando superposición, vamos a encontrar las tensiones en bornes del generador, del condensador y la intensidad que circula por la bobina .

Cálculos para la componente de continua:

$$U'_{R1} = I'_G \cdot R_1 = 10 \cdot 5 = 50 \text{ V}$$

$$U'_{R2} = I'_G \cdot R_2 = 10 \cdot 6 = 60 \text{ V}$$

$$U'_g = U'_{R1} + U'_{R2} = 50 + 60 = 110 \text{ V}$$

Cálculos para la componente fundamental de alterna $\omega_1 = 100 \cdot \pi$ rad/s:

$$i''_G = -10 \cdot \sqrt{2} \cdot \cos 100 \cdot \pi \cdot t \text{ A}$$

$$i''_G \to \vec{I}''_G = 10 \angle 180° \text{ A}$$

$$\overline{Z}_1 = -j\frac{1}{C_1 \cdot \omega_1} = -j \cdot \frac{10^3}{\dfrac{5}{\pi} \cdot 100 \cdot \pi} = -j \cdot 2 = 2\angle -90° \ \Omega$$

$$\overline{Z}''_2 = R_2 + j \cdot L_2 \cdot \omega_1 = 6 + j \cdot \frac{30 \cdot 10^3}{\pi} \cdot 100 \cdot \pi = 6 + j \cdot 3 = 6{,}708 \angle 26{,}565° \ \Omega$$

$$\overline{Z}''_{12} = \frac{\overline{Z}''_1 \cdot \overline{Z}''_2}{\overline{Z}''_1 + \overline{Z}''_2} = 0{,}648 - j \cdot 2{,}108 = 2{,}205 \angle -72{,}890° \ \Omega$$

$$\overline{Z}''_T = \overline{R}_1 + \overline{Z}''_{12} = 5{,}648 - j \cdot 2{,}108 = 6{,}029 \angle -20{,}46° \ \Omega$$

$$\overline{I}''_2 = \frac{\overline{Z}''_{12} \cdot \overline{I}_G}{\overline{Z}''_2} = 0{,}540 + j \cdot 3{,}243 = 3{,}288 \angle 80{,}53° \text{ A}$$

$$\overline{U}''_{Z2} = \overline{Z}''_{12} \cdot \overline{I}''_G = -6{,}184 + j \cdot 21{,}081 - 22{,}056 \angle 107{,}10° \text{ V}$$

$$\overline{U}''_{R12} = \overline{R}''_1 \cdot \overline{I}''_G = 50 = 50 \angle 180° \text{ V}$$

$$\overline{U}''_G = \overline{Z}''_T \cdot \overline{I}''_G = -56{,}486 + j \cdot 21{,}081 = 60{,}29 \angle 159{,}53° \text{ V}$$

$$\overline{I}''_2 \to i''_2 = 3{,}288 \cdot \sqrt{2} \cdot \cos(100 \cdot \pi \cdot t + 80{,}53°) \text{ A}$$

$$\overline{U}''_{Z2} \to u''_{Z2} = 22{,}056 \cdot \sqrt{2} \cdot \cos(100 \cdot \pi \cdot t + 107{,}10°) \text{ V}$$

$$\overline{U}''_2 \to u''_G = 60{,}29 \cdot \sqrt{2} \cdot \cos(100 \cdot \pi \cdot t + 159{,}53°) \text{ V}$$

Cálculos para la componente fundamental de alterna $\omega_2 = 300 \cdot \pi$ rad/s:

$$i''_G = \frac{10}{3} \cdot \sqrt{2} \cdot \cos 300 \cdot \pi \cdot t \text{ A}$$

$$i'''_G \to \overline{I}''_G = \frac{10}{3} \angle 0° \text{ A}$$

$$\overline{Z}_1'' = -j\frac{1}{C_1 \cdot \omega_2} = -j \cdot \frac{10^3}{\dfrac{5}{\pi} \cdot 300 \cdot \pi} = -j \cdot \frac{2}{3} = \frac{2}{3} \angle -90° \; \Omega$$

$$\overline{Z}_2''' = R_2 + j \cdot L_2 \cdot \omega_2 = 6 + j \cdot \frac{30 \cdot 10^3}{\pi} \cdot 300 \cdot \pi = 6 + j \cdot 9 = 10,816\angle 56.31° \; \Omega$$

$$\overline{Z}_{12}''' = \frac{\overline{Z}_1''' \cdot \overline{Z}_2'''}{\overline{Z}_1''' + \overline{Z}_2'''} = 0,0258 - j \cdot 0,701 = 0,702\angle -87,94° \; \Omega$$

$$\overline{Z}_T''' = \overline{R}_1 + \overline{Z}_{12}''' = 5,025 - j \cdot 0,702 = 5,074\angle -7,950° \; \Omega$$

$$\overline{I}_2''' = \frac{\overline{Z}_{12}''' \cdot \overline{I}_G'''}{\overline{Z}_2'''} = 0,527 + j \cdot 0,379 = 0,649\angle 35,75° \; A$$

$$\overline{U}_{Z2}''' = \overline{Z}_{12}''' \cdot \overline{I}_G''' = 0,084 - j \cdot 2,339 = 2,340\angle -87.93° \; V$$

$$\overline{U}_{R12}''' = \overline{R}_1''' \cdot \overline{I}_G''' = \frac{50}{3}\angle 0° \; V$$

$$\overline{U}_G''' = \overline{Z}_T''' \cdot \overline{I}_G''' = 16,751 - j \cdot 2,34 = 16,913\angle -7,95° \; V$$

$$\overline{I}_2''' \rightarrow i''_2 = 0,649 \cdot \sqrt{2} \cdot \cos(100 \cdot \pi \cdot t + 35,75°) \; A$$

$$\overline{U}_{Z2}''' \rightarrow u'''_{Z2} = 2,340 \cdot \sqrt{2} \cdot \cos(100 \cdot \pi \cdot t - 87,83°) \; V$$

$$\overline{U}_{G2}''' \rightarrow u'''_G = 16,913 \cdot \sqrt{2} \cdot \cos(100 \cdot \pi \cdot t - 7,95°) \; V$$

$$\boxed{\begin{aligned} u_G &= u_G' + u_G'' + u_G''' = 110 + 60,29 \cdot \sqrt{2} \cdot \cos(100 \cdot \pi \cdot t + 159,53°) + \\ &\quad 16,913 \cdot \sqrt{2} \cdot \cos(100 \cdot \pi \cdot t - 7,95°) \; V \end{aligned}}$$

$$\boxed{\begin{aligned} i''_2 &= i_2' + i_2'' + i_2''' = i_L = 10 + 3,288 \cdot \sqrt{2} \cdot \cos(100 \cdot \pi \cdot t + 80,53°) + \\ &\quad 0,649 \cdot \sqrt{2} \cdot \cos(100 \cdot \pi \cdot t + 35,75°) \; V \end{aligned}}$$

$$\boxed{\begin{aligned} u_{Z2} &= u_{Z2}' + u_{Z2}'' + u_{Z2}''' = u_C(t) = 60 + 22,056 \cdot \sqrt{2} \cdot \cos(100 \cdot \pi \cdot t + 107,10°) + \\ &\quad 2,340 \cdot \sqrt{2} \cdot \cos(100 \cdot \pi \cdot t - 87,83°) \; V \end{aligned}}$$

Calculamos la lectura del voltímetro V_G :

$$\boxed{\left|\overline{U}_G\right| = \sqrt{\left|\overline{U}_G'\right|^2 + \left|\overline{U}_G''\right|^2 + \left|\overline{U}_G'''\right|} = \sqrt{110^2 + 60,29^2 + (16,913)^2} = 126,575 \; V}$$

Problema 34

Inicialmente el circuito de la figura se halla en régimen permanente. El generador de tensión alterna de valor $e(t) = 200 \cdot \sqrt{2} \cdot \cos(100 \cdot \pi \cdot t)$ V y se sabe que esta trabajando con un factor de potencia igual a la unidad .

Se conocen también las lecturas de cinco aparatos de medida indicados en la figura:

    A=15,207 A   V=185 V V_1=88,670 V V_2=173,385 V

    W=2775 W

Se pide:

a) Los valores de todos los electos pasivos del circuito: R_G, L, L_1, R_1, R_2 y C_2

b) Potencia aparente suministrada por el generador

c) Expresión temporal, en régimen permanente, de la tensión en bornes del condensador

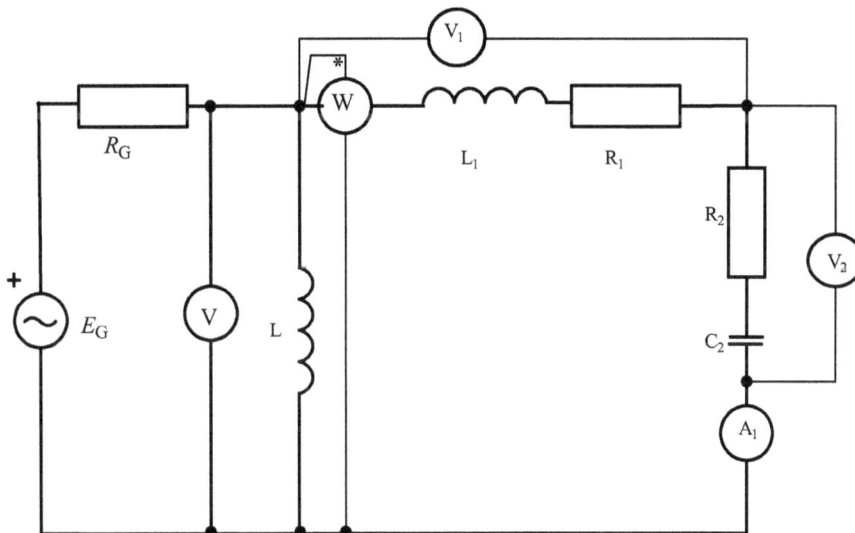

Figura 34.1

Resolución:

Cálculos previos:

    $\omega = 100 \cdot \pi$ rad/s $e(t) \rightarrow \overline{E}_G = 200\angle 0° = 200 + j \cdot 0$ V

    $\overline{U} = 185\angle 0° = 185 + j \cdot 0$ V

    $\overline{U}_1 = 88,67\angle \alpha° = 88,67 \cdot \cos\alpha + j \cdot 88,67 \cdot \text{sen}\alpha$ V

    $\overline{U}_2 = 173,385\angle °\beta = 173,385 \cdot \cos\beta + j \cdot 173,385 \cdot \text{sen}\beta$ V

$\overline{U} = \overline{U}_1 + \overline{U}_2$ → igualando partes reales e imaginarias tenemos:

$$185 = 88,67 \cdot \cos\alpha + 173,385 \cdot \cos\beta \Rightarrow 88,67 \cdot \cos\alpha = 185 - 173,385 \cdot \cos\beta$$

$$0 = 88,67 \cdot \text{sen}\alpha + 173,385 \cdot \text{sen}\beta \Rightarrow 88,67 \cdot \text{sen}\alpha = -173,385 \cdot \text{sen}\beta$$

elevando cada ecuación al cuadrado y sumadas tenemos:

$$(88,67 \cdot \cos\alpha)^2 = (185 - 173,385 \cdot \cos\beta)^2$$

$$(88,67 \cdot \text{sen}\alpha)^2 = (-173,385 \cdot \text{sen}\beta)^2$$

$$(88,67 \cdot \cos\alpha)^2 + (88,67 \cdot \text{sen}\alpha)^2 = (185 - 173,385 \cdot \cos\beta)^2 + (-173,385 \cdot \text{sen}\beta)^2$$

$$(88,67 \cdot \cos\alpha)^2 + (88,67 \cdot \text{sen}\alpha)^2 = (185 - 173,385 \cdot \cos\beta)^2 + (-173,385 \cdot \text{sen}\beta)^2$$

$$7862,3689 = 64287,35822 - 64152,45 \cdot \cos\beta \Rightarrow \beta = \pm 28,412°$$

$$88.67 \cdot \cos\alpha = 185 - 173,385 \cdot \cos\beta \Rightarrow \cos\alpha = \frac{185 - 173,385 \cdot \cos(-28,412°)}{88,67} \Rightarrow \alpha = \pm 68,49°$$

$$\overline{U}_1 = 88,67\angle 68,49° = 32,5 + j \cdot 82,5 \text{ V} \quad \overline{U}_2 = 173,385\angle -28,412° = 152,5 - j \cdot 82,5 \text{ V}$$

$$\cos\vartheta = \frac{W}{V \cdot A} = \frac{2775}{185 \cdot 15,207} \Rightarrow \theta = \pm 9,464° \Rightarrow \overline{I} = 15,207\angle 9,464° = 15,207 + j \cdot 2,5 \text{ A}$$

$$\overline{Z}_1 = \frac{\overline{U}_1}{\overline{I}} = 5,830\angle 59,34° = 3 + j \cdot 5 \text{ } \Omega, \qquad \boxed{R_1 = 3 \text{ } \Omega}$$

$$\overline{Z}_2 = \frac{\overline{U}_2}{\overline{I}} = 11,401\angle -37,87° = 9 - j \cdot 7 \text{ } \Omega \qquad \boxed{R_2 = 9 \text{ } \Omega}$$

$$\boxed{L_1 = \frac{X_1}{\omega} = \frac{5}{100 \cdot \pi} = 0,0159 \text{ H} \Rightarrow L_1 = 15,9 \text{ mH}}$$

$$\boxed{C_2 = \frac{1}{X_2 \cdot \omega} = \frac{1}{7 \cdot 100 \cdot \pi} = 0,0004547 \text{ F} \Rightarrow C_2 = 454,7 \text{ } \mu\text{F}}$$

$$\overline{Z}_{12} = \overline{Z}_1 + \overline{Z}_2 = 12,165\angle -9,464° = 12 - j \cdot 2 \text{ } \Omega$$

$$\overline{Y}_{12} = \frac{1}{\overline{Z}_{12}} = 0,0822\angle 9,464° = 0,08108 + j \cdot 0,011352 \text{ } \Omega^{-1}$$

$$\overline{Y}_L = -j \cdot 0.011352 \ \Omega^{-1} = 0.0822 \angle -90° \ \Omega^{-1} \Rightarrow \overline{X}_L = \frac{1}{\overline{Y}_L} = 73.983 \angle 90° = j \cdot 73.983 \ \Omega$$

$$\boxed{L = \frac{X_L}{\omega} = \frac{73,983}{100 \cdot \pi} = 0,23459 \ H \Rightarrow L = 234,9 \ mH}$$

$$\overline{Y}_p = 0,08108 \ \Omega^{-1} = 0,08108 \angle 0° \ \Omega^{-1} \Rightarrow \overline{R}_p = \frac{1}{\overline{Y}_p} = 12,333 \angle 0° = 12,333 \ \Omega$$

$$\overline{I}_L = \frac{\overline{U}}{\overline{X}_L} = 2,500 \angle -90° = -j \cdot 2,5 \ A \qquad \qquad \overline{I}_G = \frac{\overline{U}}{R_p} = 15 \angle 0° = 15 \ A$$

$$\boxed{\overline{R}_G = \frac{\overline{E}_G - U}{\overline{I}_G} = 1 \angle 0° = 1 \ \Omega}$$

$$\overline{U}_{C2} = \overline{I} \cdot \overline{X}_2 = 106,452 \angle -80,5355° = 17,505 - j \cdot 105,003 \ V$$

$$\boxed{\overline{U}_{C2} \rightarrow u_{C2}(t) = \sqrt{2} \cdot 106,452 \cos\left(100 \cdot \pi \cdot t - 80,5355°\right) \ V}$$

$$\boxed{\overline{S}_G = \overline{E}_G \cdot \overline{I}* = 3000 \angle 0° \ VA}$$

Problema 35

El circuito de la figura se encuentra en régimen permanente y está alimentado por un generador de tensión senoidal de frecuencia 50 Hz de las impedancias Z_1 y Z_2 se sabe que son inductiva y capacitiva respectivamente. Se conocen: R_0=2 Ω, R_{11}= 6 Ω , X_{22}=2,5 Ω y las lecturas de los aparatos de medida siguientes:

A_1=12,282 A V_1=132,853 V V_2=203,447 V
A_4=12,282 A A_2=10,422 A W =1357,726 W

Se pide :

a) Los valores de E_G, A_0 , A_3 , Z_1, Z_2

b) Potencia aparente suministrada por el generador

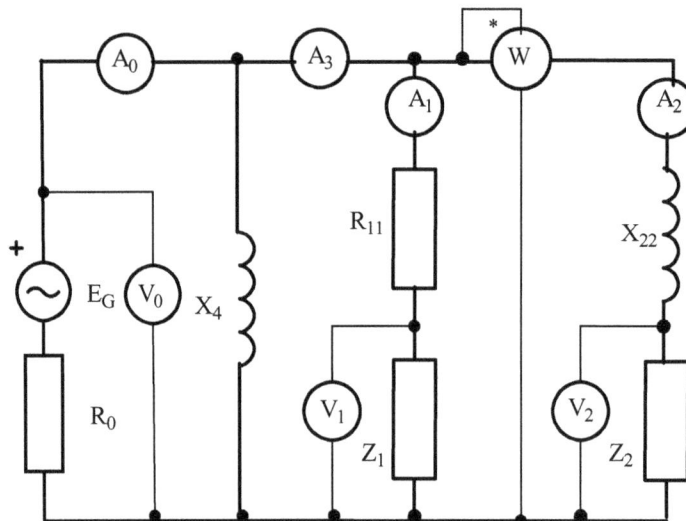

Figura 35.1

Resolución:

$$R_2 = \frac{W}{A_2^{\,2}} = 12,5 \ \Omega \qquad \left|\vec{Z}_2\right| = \frac{V2}{A_2} = 19,525 \ \Omega \qquad X_2 = \sqrt{\left|\overline{Z}_2\right|^2 - R_2^{\,2}} = 15 \,\Omega$$

$$\boxed{\overline{Z}_2 = 19,525\angle -50,195° = 12,5 - j\cdot 15 \ \Omega}$$

$$\left|\overline{U}_b\right| = \left|\overline{I}_2\right|\cdot\left|\overline{Z}_b\right| = 10,422\cdot 17,677 = 184,233 \ V$$

tomo $\overline{U}_b = \left|\overline{U}_b\right|\angle 0° = 184,233\angle 0° = 184,233 \ V$ $\qquad \left|\overline{U}_{R11}\right| = \left|\overline{I}_1\right|\cdot\left|\overline{R}_{11}\right| = 12\cdot\cdot 282 = 73,692 \ V$

$$\overline{U}_{R11} = 73,692\angle°\alpha = 73,692\cdot\cos\alpha + j\cdot 73,692\cdot sen\alpha \ V$$

$$\overline{U}_1 = 132,853\angle\beta° = 132,853\cdot\cos\beta + j\cdot 132,853\cdot sen\beta \ V$$

$\overline{U}_b = \overline{U}_{R11} + \overline{U}_1$, igualando partes reales e imaginarias tenemos:

$$184,233 = 73,692 \cdot \cos\alpha + 132,853 \cdot \cos\beta \Rightarrow 184,233 - 73,692 \cdot \cos\alpha = 132,853 \cdot \cos\beta$$

$$0 = 73,692 \cdot \mathrm{sen}\alpha + 132,853 \cdot \mathrm{sen}\beta \Rightarrow -73,692 \cdot \mathrm{sen}\alpha = 132,853 \cdot \mathrm{sen}\beta$$

elevando cada ecuación al cuadrado y sumadas tenemos:

$$(132,853 \cdot \cos\beta)^2 + (132,853 \cdot \mathrm{sen}\beta)^2 = (184,233 - 73,692 \cdot \cos\alpha)^2 + (-73,692 \cdot \mathrm{sen}\alpha)^2$$

$$17649,91961 = 39372,44235 - 27153,04975 \cdot \cos\alpha \Rightarrow \alpha = \pm 36,87°$$

$$\overline{I}_1 = 12,282\angle -36,87° = 9,825 - j \cdot 7,369 \ A$$

$$\overline{Z}_a = \frac{\overline{U}_b}{\overline{I}_1} = 15\angle 36,87° = 12 + j \cdot 9 \ \Omega$$

$$\boxed{\overline{Z}_1 = \overline{Z}_a + j \cdot \overline{R}_{11} = 10,817\angle 56,31° = 6 + j \cdot 9 \ \Omega}$$

$$\overline{I}_2 = \frac{\overline{U}_b}{\overline{Z}_b} = 10,422\angle 45° = 7,369 + j \cdot 7,369 \ A$$

$$\boxed{\overline{I}_3 = \overline{I}_1 + \overline{I}_2 = 17,195\angle 0° = 17,195 \ A}$$

$$\overline{I}_4 = 12,282\angle -90° = -j \cdot 12,282 \ A \qquad \overline{X}_{L4} = \frac{\overline{U}_b}{\overline{I}_4} = 15\angle 90° = j \cdot 15 \ \Omega \ ,$$

$$L_4 = \frac{X_{L4}}{\omega} = \frac{15}{100 \cdot \pi} = 0,04774 \ H \Rightarrow L_1 = 47,74 \, \mathrm{mH}$$

$$\boxed{\overline{I}_G = \overline{I}_4 + \overline{I}_3 = 21,1305\angle -35,536° = 17,195 - j \cdot 12,281 \ A}$$

$$\overline{U}_{R0} = \overline{I}_G \cdot \overline{R}_0 = 21,1305\angle -35,536° \cdot 2\angle 0 = 42,261\angle -35,536° = 34,39 - j \cdot 24,563 \ V$$

$$\boxed{\overline{E}_G = \overline{U}_{R0} + \overline{U}_b = 220\angle -6,41° = 218,623 - j \cdot 25,563 \ V}$$

$$\boxed{\overline{S}_G = \overline{U}_{G0} \cdot \overline{I}_b^{*} = 4648,723\angle 29,126° = 4060,9 + j \cdot 2262,676 \ VA}$$

Problema 36

En el circuito de la figura se conoce el valor de la fuente de corriente: $i_G(t) = 9\sqrt{2} \cdot \cos 100 \cdot \pi \cdot t$ A y además las lecturas de los siguientes aparatos :

A_1=3,491 A   V=37,597 V A_2=6,448 A W_2=329,734 W

Se sabe que el conjunto presenta en bornes de la fuente un factor de potencia igual a la unidad.

Se pide :

a) Los valores de : X_C, R_1, X_{C1}, R_2, X_{L2}, C_1, C, y L_2

b) Lectura de voltímetro V_G

c) Expresiones temporales en régimen permanente de la intensidad que circula por la bobina y de la tensión en bornes del condensador

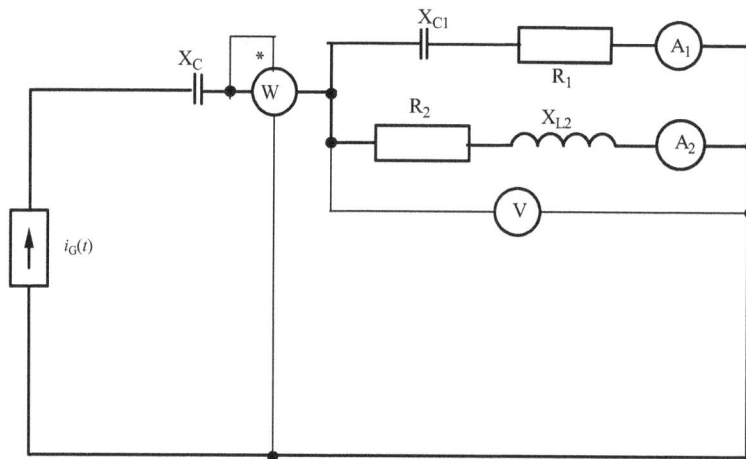

Figura 36.1

Resolución:

$$i_G \rightarrow \bar{I}_G = 9\angle 0° = 9 \text{ A}$$
$$\bar{I}_1 = 3,491\angle\alpha = 3,491 \cdot \cos\alpha + j \cdot 3,491 \cdot \text{sen}\alpha \text{ A}$$
$$\bar{I}_2 = 6,448\angle\beta = 6,448 \cdot \cos\beta + j \cdot 6,448 \cdot \text{sen}\beta \text{ A}$$

$\bar{I}_G = \bar{I}_1 + \bar{I}_2$, igualando partes reales e imaginarias tenemos:

$$9 = 3,491 \cdot \cos\alpha + 6,448 \cdot \cos\beta \Rightarrow 9 - 6,448 \cdot \cos\beta = 3,491 \cdot \cos\alpha$$

$$0 = 3,491 \cdot \text{sen}\alpha + 6,448 \cdot \text{sen}\beta \Rightarrow -6,448 \cdot \text{sen}\beta = 3,491 \cdot \text{sen}\alpha$$

elevando cada ecuación al cuadrado y sumadas tenemos:

$$(3,491 \cdot \cos\alpha)^2 + (3,49 \cdot \text{sen}\alpha)^2 = (9 - 6,482 \cdot \cos\beta)^2 + (-6,4822 \cdot \text{sen}\beta)^2$$

$$12,18708 = 122,57670 - 116,0640 \cdot \cos\beta \Rightarrow \beta = \pm 17,99°$$

$$3,491 \cdot \cos\alpha = 9 - 6,448 \cdot \cos\beta \Rightarrow \cos\alpha = 0,6070 \Rightarrow \alpha = 34,78°$$

$$\cos\vartheta = \frac{W}{V \cdot \left|\overline{I}_G\right|} = 0,9745 \Rightarrow \vartheta = \pm 12,075° \qquad \overline{U} = 37,597\angle 12,97 = 36,637 + j \cdot 8,441 \ \text{V}$$

$$\overline{I}_1 = 3,491\angle 34,78 = 2,867 + j \cdot 1,991 \ \text{A} \quad \overline{I}_2 = 6,448\angle -17,99 = 6,133 - j \cdot 1,991 \ \text{A}$$

$$\boxed{\overline{Z}_1 = \frac{\overline{U}}{\overline{I}_1} = 10,769\angle -21,81° = 10 - j \cdot 4 \ \Omega} \qquad \boxed{\overline{Z}_2 = \frac{\overline{U}}{\overline{I}_2} = 5,831\angle 30,965° = 5 + j \cdot 3 \ \Omega}$$

$$\boxed{C_1 = \frac{1}{X_{C1} \cdot \omega} = \frac{1}{100 \cdot \pi \cdot 4} = 0,0007956 \ \text{F} \Rightarrow C_1 = 795,6 \ \mu\text{F}}$$

$$\boxed{L_2 = \frac{X_{L2}}{\omega} = \frac{3}{100 \cdot \pi} = 0,00955 \ \text{H} \Rightarrow L_2 = 9,55 \ \text{mH}}$$

$$\overline{Z}_p = \frac{\overline{U}}{\overline{I}_G} = 4,177\angle 12,97° = 4,070 + j \cdot 0,938 \ \Omega \quad \overline{X}_C = 0,938\angle -90° = -j \cdot 0,938 \ \Omega$$

$$\boxed{C = \frac{1}{X_C \cdot \omega} = \frac{1}{100 \cdot \pi \cdot 0.938} = 0,003393 \ \text{F} \Rightarrow C = 3,393 \ \text{mF}}$$

$$\overline{Z}_T = \overline{Z}_p + \overline{X}_C = 4,07\angle 0° = 4,07 \ \Omega$$
$$\overline{U}_{C1} = \overline{I}_1 \cdot \overline{X}_{C1} = 13,967\angle -55,21° = 7,967 - j \cdot 11,471 \ \Omega$$

$$\boxed{\overline{I}_2 = 6,448\angle -17,99° \rightarrow i_2 = 6,448 \cdot \sqrt{2} \cdot \cos(100 \cdot \pi \cdot t - 17,99°) \ \text{A}}$$

$$\boxed{\overline{I}_{C1} = 13.967\angle -55,21° \rightarrow u_C = 13,967 \cdot \sqrt{2} \cdot \cos(100 \cdot \pi \cdot t - 55,21°) \ \text{V}}$$

Problema 37

El circuito de la figura trabaja en régimen permanente, sabemos que el generador suministra una tensión de 240 V con un factor de potencia cos φ_G=0,974 inductivo, la lectura del voltímetro V es de 253,23 V y la potencia la carga 1 es de 319,964 W con cos φ_1=0,0995 capacitivo, y la carga 2 tiene cos φ_1=0,8 inductivo.

Se pide:

a) Valor de la reactancia de la línea X_C

b) Intensidad que suministra el generador

c) Potencia absorbida por la carga 2

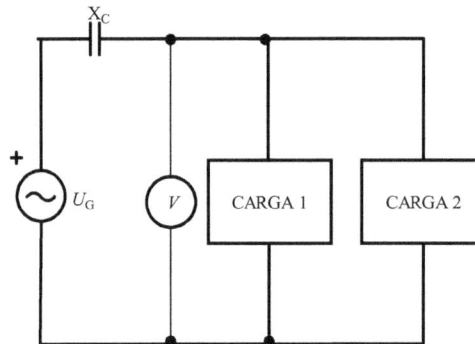

Figura 37.1

Resolución:

$$\overline{I}_G = \left|\overline{I}_G\right|\angle 0° = \left|\overline{I}_G\right| A \quad \cos\varphi_G = 0,974 \text{ induc} \Rightarrow \varphi_G = 13,09°$$

$$\overline{U}_G = \left|\overline{U}_G\right|\angle\varphi_G = 240\angle 13,09° = 233,76 + j\cdot 54,371 \text{ V}$$

$$\overline{U} = \left|\overline{U}\right|\angle\alpha = 253,23\angle\alpha = 253,23\cdot\cos\alpha + j\cdot 253,23\cdot\operatorname{sen}\alpha \text{ V}$$

Separando parte real e imaginaria tenemos :

$$\overline{U} = \left|\overline{U}\right|\angle\alpha = 253,23\angle\alpha = 253,23\cdot\cos\alpha + j\cdot 253,23\cdot\operatorname{sen}\alpha \text{ V}$$

$$\overline{U}_C = \left|\overline{U}_C\right|\angle\text{-}90 = \left|\overline{U}_C\right|\angle\text{-}90 = \left|\overline{U}_C\right|\cdot\cos\text{-}90 + j\cdot\left|\overline{U}_C\right|\cdot\operatorname{sen}\text{-}90 \text{ V} = \text{-}j\times\left|\overline{U}_C\right|$$

$$\overline{U}_G = \overline{U}_C + \overline{U} = 233,76 + j\cdot 54,371 = -j\cdot\left|\overline{U}_C\right| + 253,23\angle\alpha = 253,23\cdot\cos\alpha + j\cdot 253,23\cdot\operatorname{sen}\alpha$$

Separando parte real e imaginaria tenemos

$$233,76 = 253,23 \cdot \cos\alpha \implies \cos\alpha = 0,919 \implies \alpha = 23,15°$$

$$54,371 = \left|\overline{U}_C\right| + 253,23 \cdot \operatorname{sen}\alpha \implies \left|\overline{U}_C\right| = 45,574 \; V$$

$$\overline{U}_c = 45,574\angle -90 = -j \cdot 45,574 \; V$$

$$\overline{U} = \left|\overline{U}\right|\angle\alpha = 253,23\angle 23,15° = 233,76 + j \cdot 99,945 \; V$$

$$\cos\varphi_1 = 0,0995 \;\text{capacitivo} \implies \varphi_2 = -84,29°$$

$$\overline{S}_1 = \frac{P_1}{\cos\varphi}\angle\varphi_1 = 3215,718\angle -84,29° = 319,964 - j \cdot 3199,761 \; VA$$

$$\overline{I}_1 = \left(\frac{\overline{S}_1}{\overline{U}_1}\right)^* = 12,649\angle 107,44° = -3,791 + j \cdot 12,067 \; A$$

$$\cos\varphi_2 = 0,8 \;\text{induc} \implies \varphi_2 = 36,87°$$

$$\overline{I}_2 = \left(\frac{\overline{S}_2}{\overline{U}}\right)^* = \left(\frac{\left|\overline{S}_2\right|\angle 36,87°}{253,23\angle 23,15°}\right)^* = \frac{\left|\overline{S}_2\right|}{253,23}\angle -13,72° = \left|\overline{I}_2\right|\angle -13,72° \; A = 0,971 \cdot \left|\overline{I}_2\right| - j \cdot 0,237 \cdot \left|\overline{I}_2\right| \; A$$

$$\overline{I}_G = \overline{I}_1 + \overline{I}_2 \implies \left|\overline{I}_G\right| = -3,791 - j \cdot 12,067 + 0,971 \cdot \left|\overline{I}_2\right| - j \cdot 0,237 \cdot \left|\overline{I}_2\right|$$

Separando parte real e imaginaria tenemos :

$$\boxed{\begin{aligned} 0 &= 12,067 + 0,237 \cdot \left|\overline{I}_2\right| \implies \left|\overline{I}_2\right| = 50,878 \; A \implies \overline{I}_2 = 50,878\angle -13,72° \; A \\[2mm] \left|\overline{I}_G\right| &= -3,791 + 0,971 \cdot \left|\overline{I}_2\right| \implies \left|\overline{I}_G\right| = 45,635 \; A \end{aligned}}$$

$$\boxed{\overline{S}_2 = \overline{U} \cdot \overline{I}_2^* = 12926,564\angle 36,87° = 10341,251 + j \cdot 7755,938 \; VA \implies P_2 = 10341,251 \; W}$$

$$\boxed{\overline{X}_C = \frac{\overline{U}_C}{\overline{I}_G} = 1\angle -90° = -j \; \Omega}$$

Problema 38

El circuito de la figura trabaja en régimen permanente, sabemos que el generador suministra 7669,724 W y el conjunto $\overline{Z}_2$ y $\overline{Z}_4$ es capacitivo.

Las lecturas de los aparatos de medida son las siguientes:

$\quad$ A= 40,996 A $\quad$ $A_1 = 20\sqrt{2}$ A $\quad$ A_4=19,156 A $\quad$ V_2=176,614V $\quad$ W_4=1100,917 W

Se pide :

a) Valores de las impedancias $\overline{Z}_1$, $\overline{Z}_2$ y $\overline{Z}_4$

b) Tensión del generador V_G

c) Factor de potencia del circuito

OBSERVACIÓN: R_1= 5 Ω

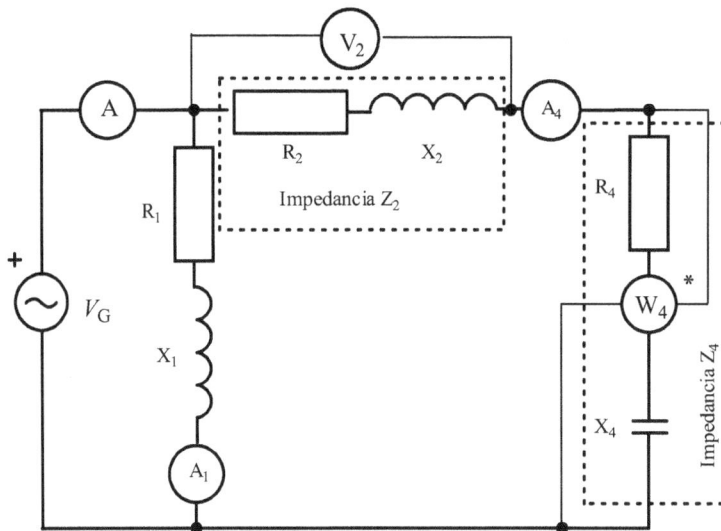

Figura 38.1

Resolución:

$$R_4 = \frac{W_4}{A_4{}^2} = \frac{1100,917}{19,156^2} = 3 \ \Omega \qquad \boxed{\left|\overline{Z}_2\right| = \frac{V_2}{A_4} = \frac{176,614}{19,156} = 9,22 \ \Omega}$$

$$P_G = R_1 \cdot A_1{}^2 + W_4 + R_2 \cdot A_4{}^2 \Rightarrow R_2 = \frac{P_G - R_1 \cdot A_1{}^2 + W_4}{A_4{}^2} = \frac{7669,724 - 5 \cdot 20 \cdot \sqrt{2} + 1100,917}{19,156^2} = 7 \ \Omega$$

$$X_2 = \sqrt{|\overline{Z}_2|^2 - R_2{}^2} = \sqrt{9{,}22^2 - 7^2} = 6 \ \Omega$$

$$\boxed{\overline{Z}_2 = R_2 + j \cdot X_2 = 7 + j \cdot 6 = 9{,}22\angle 40{,}60° \ \Omega}$$

$$\overline{I} = A\angle\alpha = A \cdot \cos\alpha + j \cdot A \cdot \text{sen}\alpha = 40{,}996\angle\alpha = 40{,}996 \cdot \cos\alpha + j \cdot 40{,}996 \cdot \text{sen}\alpha$$

$$\overline{I}_1 = A_1 = A_1 \cdot \cos 0° + j \cdot A_1 \cdot \text{sen} 0° = 20 \cdot \sqrt{2}\angle 0° = 20 \cdot \sqrt{2} \cdot \cos 0° + j \cdot 20 \cdot \sqrt{2} \cdot \text{sen} 0°$$

$$\overline{I}_4 = A_4\angle\beta = A_4 \cdot \cos\beta + j \cdot A_4 \cdot \text{sen}\beta = 19{,}156\angle\beta = 19{,}156 \cdot \cos\beta + j \cdot 19{,}156 \cdot \text{sen}\beta$$

$\overline{I} = \overline{I}_1 + \overline{I}_4$, descomponemos en parte real y parte imaginaria:

$$40{,}996 \cdot \cos\alpha = 20 \cdot \sqrt{2} + 19{,}156 \cdot \cos\beta \quad , \quad 40{,}996 \cdot \text{sen}\alpha = 20 \cdot \sqrt{2} + 19{,}156 \cdot \text{sen}\beta$$

$$(40{,}996 \cdot \cos\alpha)^2 + (40{,}996 \cdot \text{sen}\alpha)^2 = \left(20 \cdot \sqrt{2} + 19{,}156 \cdot \cos\beta \right)^2 + \left(20 \cdot \sqrt{2} + 19{,}156 \cdot \text{sen}\beta\right)^2$$

$$1680{,}672 = 1166{,}952 + 1083{,}627 \cdot \cos\beta \Rightarrow \cos\beta = 0{,}474 \Rightarrow \beta = 61{,}70°$$

$$\overline{I}_1 = 20\sqrt{2}\angle 0° \ A \qquad \overline{I}_4 = 19{,}156\angle 61{,}70° = 9{,}081 + j \cdot 16.866 \ A$$

$$\overline{I} = \overline{I}_1 + \overline{I}_4 = 40{,}996\angle 24{,}29° = 37{,}366 + j \cdot 16{,}866 \ A$$

$$\overline{U}_G = \overline{I}_1 \cdot \overline{Z}_1 = \overline{I}_4 \cdot (\overline{Z}_2 + \overline{Z}_4) = 20\sqrt{2} \cdot (5 + j \cdot X_1) = (19{,}156 + j \cdot 16{,}866) \cdot (7 + j \cdot 6 + 3 - j \cdot X_C)$$

Igualando partes reales e imaginarias obtenemos las siguientes ecuaciones:

$$141{,}421 = -10{,}367 + 16{,}866 \cdot X_C \Rightarrow X_C = 9 \ \Omega$$

$$28{,}284 \cdot X_1 = 223{,}160 - 9{,}082 X_C \Rightarrow X_1 = 5 \ \Omega$$

$$\boxed{\overline{Z}_1 = R_1 + j \cdot X_1 = 5 + j \cdot 5 = 5\sqrt{2}\angle 45° \ \Omega}$$

$$\boxed{\overline{Z}_4 = R_4 - j \cdot X_C = 3 - j \cdot 9 = 9{,}487\angle -71{,}56° \ \Omega}$$

$$\boxed{\overline{U}_G = \overline{I}_1 \cdot \overline{Z}_1 = 141{,}421 + j \cdot 141{,}421 = 200\angle 45° \ V}$$

$$\boxed{\overline{S}_G = \overline{U}_G \cdot \overline{I}_G^{*} = 7669{,}664 + j \cdot 2899{,}164 = 8199{,}3230\angle 20.70° \ VA \Rightarrow \cos\varphi_G = 0{,}9354 \ \text{inductivo}}$$

Problema 39

El circuito de la figura trabaja en régimen permanente. Se sabe que el conjunto formado por las impedancias $\overline{Z}_1$ y $\overline{Z}_2$ están en resonancia, siendo $|\overline{Z}_1| > 50\Omega$ y un factor de potencia de 0,7071 (capacitivo) y siendo $\overline{Z}_2$ de tipo inductivo.

Las lecturas de los aparatos de medida son: A= 5,16A y A_2= 4,88 A.

La impedancia de la línea X_C es de 5 Ω.

Las fuentes de alimentación vienen dadas respectivamente por las siguientes expresiones:

$$u_0 = 250 \cdot \sqrt{2} \cdot \mathrm{sen}(100 \cdot \pi \cdot t + \frac{\pi}{8} + \frac{\pi}{2}) \ \mathrm{V} \quad i_0 = 2 \cdot \sqrt{2} \cdot \cos(100 \cdot \pi \cdot t) \ \mathrm{A}$$

Se pide:

a) Valores de las impedancias $\overline{Z}_1$ y $\overline{Z}_2$

b) Lectura del vatímetro W

c) Valor del corriente que circula por la impedancia $\overline{Z}_1$

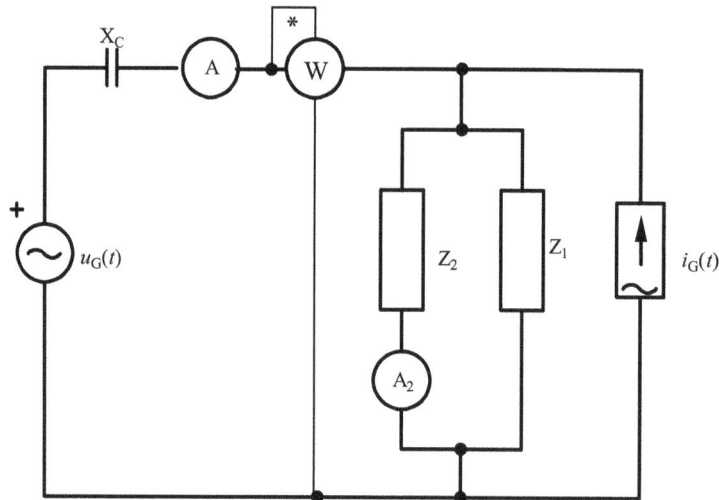

Figura 39.1

Resolución:

Pasamos al plano de Gauss:

$$u_0 \rightarrow \overline{U}_0 = 250\angle 22{,}5° \ \mathrm{V} \qquad i_0 \rightarrow \overline{I}_0 = 2\angle 0° \ \mathrm{A} \qquad X_C \rightarrow \overline{X}_C = 5\angle{-90°} \ \Omega$$

Conversión de la fuente de intensidad a tensión, tomando $\overline{Z}_{12} = R_{12}\angle 0° \ \Omega$ por estar $\overline{Z}_1$ y $\overline{Z}_2$ en resonancia y $\overline{Z}_{12}$ es la impedancia equivalente de ambas.

$$\overline{E}_0 = \overline{I}_0 \cdot \overline{Z}_{12} = 10 \cdot R_{12} \angle 0^\circ \ \ V$$

$$\overline{U} = \overline{U}_0 - \overline{E}_0 = 230{,}97 + j \cdot 95{,}67' - 2 \cdot R_{12} \ \ V$$

$$\overline{Z} = R_{12} + j \cdot X_C = R_{12} + j \cdot 5 \ \ \Omega$$

$$\left| \overline{I} \right| = \frac{\left| \overline{U} \right|}{\left| \overline{Z} \right|} = \frac{\sqrt{(230.97 - 2 \cdot R_{12})^2 + 95{,}67^2 \ '}}{\sqrt{R_{12}^2 + 5^2}} = 5{,}16$$

Como conocemos el módulo de la intensidad, haciendo el cociente de módulos y resolviendo esta ecuación tenemos:

$$R_{12} = 35{,}706 \ \Omega$$

pues la otra solución carece de sentido físico.

$$\overline{Z} = 35{,}706 + j \cdot 5 = 36{,}054 \angle -7{,}97^\circ \ \Omega$$

$$\overline{U} = 159{,}557 + j \cdot 95{,}67' = 186{,}04 \angle 30{,}94^\circ \ \ V$$

$$\overline{I}_C = \frac{\overline{U}}{\overline{Z}} = 4{,}014 + j \cdot 3{,}241 = 5{,}16 \angle 38{,}918^\circ \ \ A$$

$$\overline{U}_p = \overline{U}_0 - \overline{I}_C \cdot \overline{X}_C = 214{,}762 + j \cdot 115{,}744 = 243{,}966 \angle 28{,}322^\circ \ \ V$$

$$\boxed{W = \mathrm{Re}(\overline{U}_p \cdot \overline{I}_C{}^*) = 1237{,}41 \ \ W}$$

$$\overline{I}_p = \frac{\overline{U}_p}{\overline{Z}_{12}} = 6{,}014 + j \cdot 3{,}241 = 6{,}832 \angle 28{,}32^\circ \ \ A$$

Aplicando el teorema del coseno, tenemos:

donde $\cos \varphi_1 = 0.7071$ capacitivo $\qquad \left| \overline{I}_2 \right| = 4{,}88 \ \ A \qquad \left| \overline{I}_p \right| = 6{,}832 \ \ A$

$$\left| \overline{I}_2 \right|^2 = \left| \overline{I}_p \right|^2 + \left| \overline{I}_1 \right|^2 - 2 \cdot \left| \overline{I}_p \right| \cdot \left| \overline{I}_1 \right| \cdot \cos \varphi_1 \qquad \left| \overline{I}_1 \right| = 4{,}149 \ A$$

La otra solución no cumple que $\left| \overline{Z}_1 \right| > 50 \ \Omega$.

$$\boxed{\overline{I}_1 = 4{,}149 \angle (45 + 28{,}32)^\circ = 4{,}149 \angle (73{,}32)^\circ = 1{,}190 + j \cdot 3{,}974 \ \ A}$$

$$\overline{I}_2 = \overline{I}_p + \overline{I}_1 = 4{,}879 \angle -8{,}64^\circ = 4{,}824 - j \cdot 0{,}732 \ \ A$$

$$\boxed{\overline{Z}_2 = \frac{\overline{U}_p}{\overline{I}_2} = 39{,}952 + j \cdot 30{,}063 = 50 \angle 36{,}96^\circ \ \Omega} \qquad \boxed{\overline{Z}_1 = \frac{\overline{U}_p}{\overline{I}_1} = 41{,}578 + j \cdot 41{,}578 = 58{,}80 \angle 45^\circ \ \Omega}$$

Problema 40

El circuito de la figura trabaja en régimen permanente, sabemos que el generador suministra una tensión de 240 V, la impedancia de la línea es $\overline{Z}_L=0{,}9+j\cdot 0{,}9$ Ω y la carga $\overline{Z}$ consume una potencia de 2725 W con un factor de potencia cos φ=0,6 inductivo.

Se pide :

a) Valor de la impedancia $\overline{Z}$

b) Intensidad que suministra el generador

c) Potencia aparente de generador

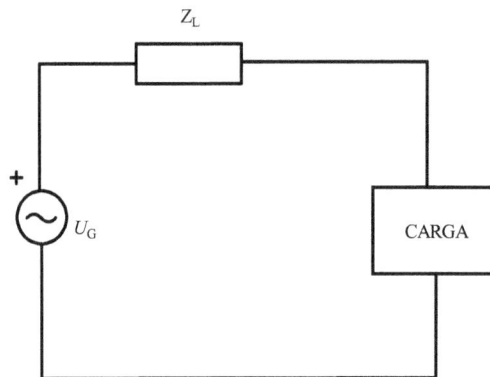

Figura 40.1

Resolución:

$$\left|\overline{S}_G\right|=\left|\overline{U}_G\right|\cdot\left|\overline{I}_G\right|=240\cdot\left|\overline{I}_G\right|$$

$$\overline{S}=\frac{P_G}{\cos\varphi}\angle\varphi^\circ=\frac{2725}{0{,}6}\angle\arccos(0{,}6)=4541{,}666\angle 53{,}13^\circ=2725+j\cdot 3533{,}333 \text{ VA}$$

$$\overline{S}_L=\overline{Z}_L\cdot\left|\overline{I}_G\right|^2=0{,}9\cdot\left|\overline{I}_G\right|^2+j\cdot 0{,}9\cdot\left|\overline{I}_G\right|^2$$

$$\overline{S}_G=\overline{S}_L+\overline{S}\Rightarrow\left|\overline{S}_G\right|=\left|\overline{S}_G\right|\cdot\left|\overline{I}_G\right|=\sqrt{\left(R_L\cdot\left|\overline{I}_G\right|^2+P\right)^2+\left(X_L\cdot\left|\overline{I}_G\right|^2+Q\right)^2}\Rightarrow$$

$$240\cdot\left|\overline{I}_G\right|=\sqrt{\left(0{,}9\cdot\left|\overline{I}_G\right|^2+2725\right)^2+\left(0{,}9\cdot\left|\overline{I}_G\right|^2+3533{,}333\right)^2}$$

Si efectúo el cambio de variable :

$$x=\left|\bar{I}_G\right|^2 \Rightarrow 57600\cdot x=\left(0,9\cdot x+2725\right)^2+\left(0,9\cdot x+3533,333\right)^2 \Rightarrow$$

$$x^2\text{-}28490,740\cdot x+12732553,16=0 \quad x=28036 \text{ , } x=454,140 \Rightarrow$$

$$\left|\bar{I}_G\right|=\sqrt{x}=\pm167,441 \text{ y } \pm21,31 \text{ A}$$

la solución que tiene sentido físico es : $\left|\bar{I}_G\right|=21,31$ A

$$\bar{Z}=\frac{\bar{S}}{\left|\bar{I}_G\right|^2}=R+j\cdot X=6+j\cdot 8=10\angle53,13° \ \Omega$$

$$\bar{Z}_T=\bar{Z}_L+\bar{Z}=R_T+j\cdot X_T=6,9+j\cdot 8,9=11,262\angle52,21° \ \Omega$$

Problema 41

El circuito de la figura se alimenta de un generador de tensión alterna de frecuencia 50 Hz y trabaja en régimen permanente. Alimenta a dos cargas 1 y 2 que tienen de factor de potencia 0,9285 capacitivo y 0,7071 inductivo respectivamente, el generador presenta un factor de potencia capacitivo y conocemos las lecturas de los siguientes aparatos de medida:

A_1= 45,968 A A_2=12,503 A V_G= 250 V

V_L=26,604 V W_G=13026,11 W

Se pide:

a) Lecturas de los aparatos: A_G, W_0, V y W

b) Valores de R_L, L_L, R_1, R_2, L y C

c) Potencia aparente en forma binómica del generador, de la línea y de las cargas

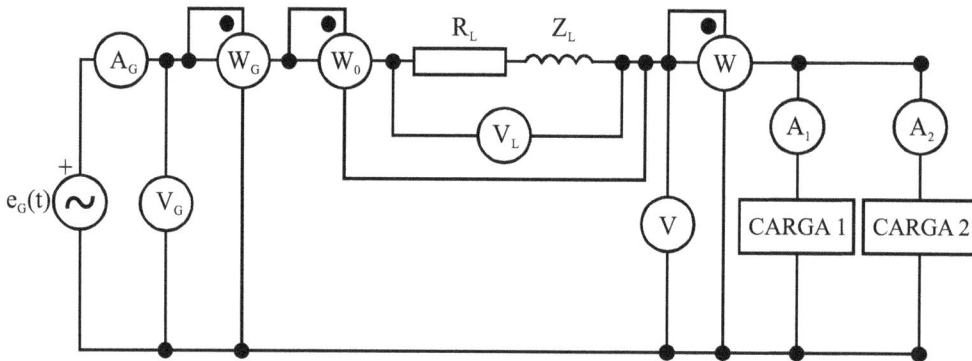

Figura 41.1

Resolución:

$$\varphi_1 = \arccos 0,9285 = 21,80° \rightarrow \bar{I}_1 = 45,968 \angle 21,80° \, A$$

$$\varphi_2 = \arccos 0,7071 = 45° \rightarrow \bar{I}_2 = 12,503 \angle -45° \, A$$

Tomo $\overline{U} = U \angle 0° \, V$

$$\bar{I}_G = \bar{I}_1 + \bar{I}_2 = 52,175 \angle 9,07° \, A$$

$$A_G = 52,175 \, A$$

$$\cos \varphi_G = \frac{W_G}{\left|\overline{U}_G\right| \cdot \left|\bar{I}_G\right|} = 0,99864 \rightarrow \varphi_G = 2,98°$$

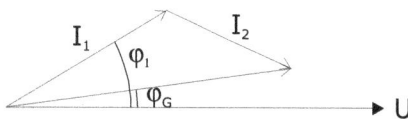

$$\overline{U}_G = 250\angle(9,07°-2,98°) = 250\angle 6,092° \, V$$

$$\overline{U}_L = 26,604\angle\alpha$$

$$\overline{U}_G = \overline{V}_L + \overline{U}$$

$$\left.\begin{array}{l} 250\cos 6,092° = 26,604\cos\alpha + U \\ 250\text{sen}6,092° = 26,604\text{sen}\alpha \end{array}\right\} \quad \begin{array}{l} U = 246,624 \, V \\ \alpha = 85,765° \end{array}$$

$$\overline{U} = 246,624\angle 0° \, V$$

$$\overline{U}_L = 26,604\angle 85,785° \, V$$

$$\overline{Z}_L = \frac{\overline{U}_L}{\overline{I}_L} = 0,117 + 0,496j = 0,510\angle 76,69° \, \Omega$$

$$\overline{Z}_1 = 4,981 - 1,992j = 5,365\angle -21,797° \, \Omega = \frac{\overline{U}}{\overline{I}_1}$$

$$\overline{Z}_2 = 13,95 + 13,95j = 19,725\angle 45° \, \Omega = \frac{\overline{U}}{\overline{I}_2}$$

$$\boxed{R_L = 0,117 \, \Omega} \qquad X_L = 0,496j \, \Omega$$

$$\boxed{R_1 = 4,981 \, \Omega} \qquad X_1 = -1,992j \, \Omega$$

$$\boxed{R_2 = 13,95 \, \Omega} \qquad X_2 = 13,95j \, \Omega$$

$$C = \frac{1}{100\pi\cdot X_1} \boxed{= 1,598 \text{ mF}}$$

$$\boxed{L = 44,397 \text{ mH}} \qquad \boxed{L_L = 1,580 \text{ mH}}$$

c) Potencias aparentes de cada elemento:

$$\overline{S}_G = \overline{U}_G\cdot\overline{I}_G^* \boxed{= 13206,11 - 678,52j = 13042,77\angle -2,982° \, VA}$$

$$\overline{S}_L = \overline{U}_L\cdot\overline{I}_G^* \boxed{= 319,52 + 1350,79j = 1388,07\angle 76,69° \, VA}$$

$$\overline{S}_1 = \overline{U}\cdot\overline{I}_1^* \boxed{= 10526,22 - 4209,72j = 11336,80\angle -21,79° \, VA}$$

$$\overline{S}_2 = \overline{U}\cdot\overline{I}_2^* \boxed{= 2180,37 + 2180,41j = 3083,537\angle 45° \, VA}$$

De los resultados anteriores:

$$W = \mathrm{Re}(\overline{S}_1) + \mathrm{Re}(\overline{S}_2) = 10526,22 + 2180,37 = 12706,59\,\mathrm{W} \qquad \boxed{W_0 = 319,52\,\mathrm{W}}$$

Problema 42

El generador del circuito de la figura proporciona una tensión: $e(t) = 84\sqrt{2} \cdot \cos(100 \cdot \pi \cdot t + 45°)\,V$. Las impedancias Z_2 y Z_3 formadas respectivamente por C_2 y R_2, y R_3 y L_3 forman un conjunto Z_{23} que está en resonancia .

Con el conmutador K en la posición 2 se conocen las lecturas de los siguientes aparatos de medida:

$$A_1 = 47,184\ A \qquad V_3 = 60\ V \qquad V_2 = \frac{72}{\sqrt{2}}\ V \qquad W = 3864\ W$$

A continuación se pasa el conmutador K en la posición 1. En estas condiciones las lecturas de los aparatos de medida son las siguientes:

$$V_4 = 42,964\ V \qquad\qquad W = 3314,56\ W$$

Se pide:

a) Los valores de R_1, C_1, R_2, C_2, R_3, L_3 y L_4

Estando el conmutador en la posición 1

b) Expresiones temporales en régimen permanente de la intensidad que circula por la bobina L_4

c) Lecturas de los aparatos de medida A_1, V_2 y V_3

d) Potencia aparente entregada por el generador

Observación: Los circuitos trabajan en régimen permanente en ambos casos.

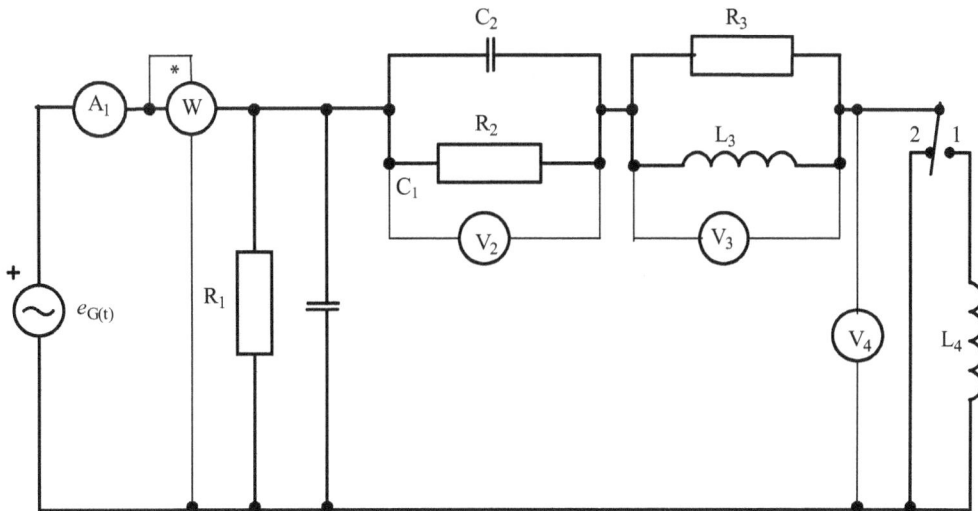

Figura 42.1

Resolución:

$$e \rightarrow \overline{E} = 84\angle 0° = 84 \text{ V}$$

Posición de conmutador K en 2

$$P_G = W = \frac{\left|\overline{E}_G\right|^2}{R_1} + \frac{\left|\overline{E}_G\right|^2}{R_{23}} \Rightarrow 3814,56 = \frac{84^2}{R_1} + \frac{84^2}{R_{23}} \quad (1)$$

Posición de conmutador K en 2

$$\left|\overline{U}_{23}\right| = \sqrt{\left|\overline{E}_G\right|^2 - V_4^2} = \sqrt{84^2 - 42,964^2} = 72.181 \text{ V}$$

$$P'_G = W = \frac{\left|\overline{E}_G\right|^2}{R_1} + \frac{\left|\overline{U}_{23}\right|^2}{R_{23}} \Rightarrow 3314,56 = \frac{84^2}{R_1} + \frac{72,181^2}{R_{12}} \quad (2)$$

del sistema de ecuaciones (1) y (2) obtenemos: $\boxed{R_{23} = 3,353 \ \Omega}$ $\boxed{R_1 = 4 \ \Omega}$

Con el conmutador en la posición 2:

$$\left|\overline{I}_{23}\right| = \frac{\left|\overline{E}_G\right|}{R_{23}} = \frac{84}{3,353} = 25 \text{ A} \qquad \left|\overline{Z}_2\right| = \frac{V_2}{\left|\overline{I}_{23}\right|} = \frac{\frac{72}{\sqrt{2}}}{25} = 2,036 \ \Omega \qquad \left|\overline{Z}_3\right| = \frac{V_3}{\left|\overline{I}_{23}\right|} = \frac{60}{25} = 2,4 \ \Omega$$

$$\overline{R}_{23} = 3,36\angle 0 = 3,36 \ \Omega$$
$$\overline{Z}_2 = 2,036\angle\varphi_2 = 2,036 \cdot \cos\varphi_2 + j \cdot 2,036 \cdot \text{sen}\varphi_2 \ \Omega$$
$$\overline{Z}_3 = 2,4\angle\varphi_3 = 2,4 \cdot \cos\varphi_3 + j \cdot 2,4 \cdot \text{sen}\varphi_3 \ \Omega$$

$$\overline{I}_2 = 6,448\angle\beta = 6,448 \cdot \cos\beta + j \cdot 6,448 \cdot \text{sen}\beta \text{ A}$$

$$\overline{R}_{23} = \overline{Z}_2 + \overline{Z}_3$$

Igualando partes reales e imaginarias tenemos:

$$3,36 = 2,036 \cdot \cos\varphi_2 + 2,4 \cdot \cos\varphi_3 \Rightarrow 3,36 - 2,036 \cdot \cos\varphi_2 = 2,4 \cdot \cos\varphi_3$$

$$0 = 2,036 \cdot \text{sen}\varphi_2 + 2,4 \cdot \sin\varphi_3 \Rightarrow -2,036 \cdot \text{sen}\varphi_2 = 2,4 \cdot \sin\varphi_3$$

Elevando cada ecuación al cuadrado y sumadas tenemos :

$$(2,4 \cdot \cos\varphi_3)^2 + (2,4 \cdot \text{sen}\varphi_3)^2 = (3,36 - 2,036 \cdot \cos\varphi_2)^2 + (-2,036 \cdot \text{sen}\varphi_2)^2$$

$$5,7372 = 15,3758 - 13,6310 \cdot \cos\varphi_2 \Rightarrow \varphi_2 = \pm 45°$$

$$2,4 \cdot \cos\varphi_3 = 3,36 - 2,036 \cdot \cos\varphi_2 \Rightarrow \cos\varphi_3 = 0,800 \Rightarrow \varphi_3 = \pm 36,87°$$

$$\overline{Z}_2 = 2,036 \angle -45 = 1,437_2 - j \cdot 1,437 \ \Omega$$

$$\overline{Y}_2 = \frac{1}{\overline{Z}_2} = 0,49202 \angle 45 = 0,34791 + j \cdot 0,34791 \ \Omega^{-1}$$

$$\overline{Z}_3 = 2,4 \angle 36,87 = 1,916 + j \cdot 1,437 \ \Omega$$

$$\overline{Y}_3 = \frac{1}{\overline{Z}_3} = 0,41750 \angle -36,87° = 0,3334 - j \cdot 0.0,2505 \ \Omega^{-1}$$

$$\boxed{\overline{R}_3 = \frac{1}{\mathfrak{R}(\overline{Y}_3)} = \frac{1}{0,334 \angle 0°} = 2,994 \ \angle 0° \ \Omega \Rightarrow R_3 = 2,994 \ \Omega}$$

$$\boxed{\overline{R}_2 = \frac{1}{\mathfrak{R}(\overline{Y}_2)} = \frac{1}{0.3479 \angle 0°} = 2,874 \ \angle 0° \ \Omega \Rightarrow R_2 = 2,874 \ \Omega}$$

$$\overline{X}_2 = \frac{1}{\mathfrak{J}(\overline{Y}_2)} = \frac{1}{0,3479 \angle 90°} = 2,874 \ \angle -90° = -j \cdot 2,874 \ \Omega$$

$$\overline{X}_3 = \frac{1}{\mathfrak{J}(\overline{Y}_3)} = \frac{1}{0,2505 \angle -90°} = 3,992 \ \angle 90° = j \cdot 3,992 \ \Omega$$

$$\boxed{C_2 = \frac{1}{X_2 \cdot \omega} = \frac{1}{100 \cdot \pi \cdot 2,874} = 0,001107 \ F \Rightarrow C_2 = 1,107 \ mF}$$

$$\boxed{L_3 = \frac{X_3}{\omega} = \frac{3}{100 \cdot \pi} = 0,01270 \ H \Rightarrow L_3 = 12,75 \ mH}$$

$$\overline{I}_{R1} = \frac{\overline{U}_G}{\overline{R}_1} = \frac{84 \angle 45°}{4 \angle 0°} = 21 \angle 45 = 10,5 \cdot \sqrt{2} + j \cdot 10,5 \cdot \sqrt{2} \ A$$

$$\overline{I}_2 = \left|\overline{I}_C\right| \angle 135° = -\left|\overline{I}_C\right| \cdot 0,707 + j \cdot \left|\overline{I}_C\right| \cdot 0,707 \ A$$

$$\overline{I}_G = 47,183 \angle \phi = 47,183 \cdot \cos \phi + j \cdot 47,183 \cdot \operatorname{sen} \phi \ A$$

$$\overline{I}_G = \overline{I}_{C1} + \overline{I}_{R1} + \overline{I}_{R23}$$

Igualando partes reales e imaginarias tenemos:

$$47,183 \cdot \cos \phi = 32,527 + 0,707 \cdot \left|\overline{I}_C\right| \qquad 47,183 \cdot \operatorname{sen} \phi = 32,527 + 0,707 \cdot \left|\overline{I}_C\right|$$

$$(47,183 \cdot \cos \phi)^2 + (47,183 \cdot \cos \phi)^2 = 2 \cdot \left(32,527 + 0,707 \cdot \left|\overline{I}_C\right|\right)^2$$

$$226,235 = 2115,9999 + \left|\overline{I}_C\right|^2 \Rightarrow \left|\overline{I}_C\right|^2 = \pm 10,4993 \ A$$

$$\bar{I}_2 = 10,4993\angle135° = -7,424 + j \cdot 7,424 \ \text{A}$$

$$47,183 \cdot \cos\phi = 32,527 + 0,707 \cdot |\bar{I}_C| \Rightarrow \cos\phi = 0,5320 \Rightarrow \phi = 87,86°$$

$$\bar{X}_{C1} = \frac{\bar{U}_G}{\bar{I}_{22}} = \frac{84\angle45°}{10,4993\angle-135°} = 8 \angle -90 = -j \cdot 8 \ \Omega$$

$$C_1 = \frac{1}{X_{C1} \cdot \omega} = \frac{1}{100 \cdot \pi \cdot 8} = 0,000398 \ \text{F} \Rightarrow C_1 = 398 \ \mu\text{F}$$

Lecturas de los aparatos de medida en la posición 1:

$$|\bar{I}'_{23}| = \frac{|\bar{U}'_{23}|}{R_{23}} = \frac{72,131}{3,353} = 21,532 \ \text{A} \qquad |\bar{X}_{L4}| = \frac{|\bar{U}_4|}{|\bar{I}'_{23}|} = \frac{42,964}{21,532} = 1,994 \ \Omega$$

$$L_4 = \frac{X_{L4}}{\omega} = \frac{1.994}{100 \cdot \pi} = 0,006345 \ \text{H} \Rightarrow L_4 = 6,345 \ \text{mH}$$

$$|\bar{U}_2| = |\bar{I}_{234}| \cdot |\bar{Z}_2| = 21,532 \cdot 2,036 = 51,556 \ \text{V} \Rightarrow V_2 = 51,556 \ \text{V}$$

$$|\bar{U}_3| = |\bar{I}_{234}| \cdot |\bar{Z}_3| = 21,532 \cdot 2,4 = 51,575 \ \text{V} \Rightarrow V_3 = 51,575 \ \text{V}$$

$$\bar{Z}_{234} = \bar{R}_{23} + \bar{X}_{L4} = 3,353 + j \cdot 1,994 = 3,901\angle20.73° \ \Omega$$

$$\bar{I}_{234} = \frac{\bar{U}_G}{\bar{Z}_{234}} = \frac{84\angle45°}{3,901\angle0°} = 21,53\angle14.27 = 20,867 + j \cdot 5,307 \ \text{A}$$

$$\bar{I}_{234} \rightarrow i_{L4} = 21,532 \cdot \sqrt{2} \cdot \cos(100 \cdot \pi \cdot t + 14,27°) \ \text{A}$$

$$\bar{I}_G = \bar{I}_{C1} + \bar{I}_{R1} + \bar{I}_{234} = 39,462\angle44,26° = 28,257 + j \cdot 27,545 \ \text{A} \Rightarrow A_1 = 39,462 \ \text{A}$$

$$\bar{S}_G = \bar{U}_G \cdot \bar{I}_G* = 3314.83\angle0,73° = 3314,56 + 42,30 \ \text{VA}$$

Problema 43

El circuito de la figura trabaja en régimen permanente, indicando los aparatos de medida las siguientes lecturas:

$$A_2=6\ A \qquad A_1=3,106\ A \qquad V=130,908\ V \qquad W=1319,8828\ W$$

Siendo el factor de potencia que presenta el circuito $\cos\varphi_G=0,95$ (ind).

El valor de la resistencia R_2 es de 6,235 Ω.

Se pide:

a) Valores en forma binómica de X_{L1}, Z_0 y Z_3

b) Lectura del voltímetro V_G

c) Expresión temporal de la tensión $u_{AB}(t)$ en régimen permanente

A continuación se cierra el interruptor K y, una vez establecido el régimen permanente, se pide:

d) Valor, en forma binómica, de la impedancia Z_C para poder conseguir transferir la máxima potencia a la misma, indicando asimismo su valor

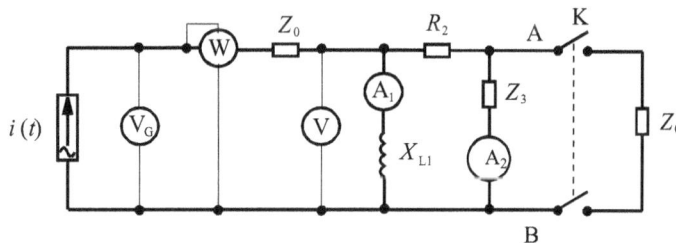

Figura 43.1

Dato: $i(t) = 6\sqrt{2}\,\mathrm{sen}(100\pi t - (\pi/12))$ A

Resolución:

$$\cos\varphi_G = 0,95 \ \text{inductivo} \qquad \varphi_G = 18,195°$$

$$i(t) = 6\cdot\sqrt{2}\cdot\mathrm{sen}\!\left(100\cdot\pi\cdot t - \frac{\pi}{12}\right)\!A \qquad |I_G| = 6\ A \qquad \varphi_{23} = \arcsin\frac{|\bar{I}_1|/2}{|\bar{I}_G|} = 15°$$

$$|\overline{U}_2| = R_2 \cdot |\bar{I}_2| = 37,425\ V$$

$$|\overline{U}_3| = \sqrt{|\overline{U}_2|^2 + |\overline{U}|^2 - 2\cdot|\overline{U}_2|\cdot|\overline{U}|\cos\varphi_{23}} = 95,252\ V$$

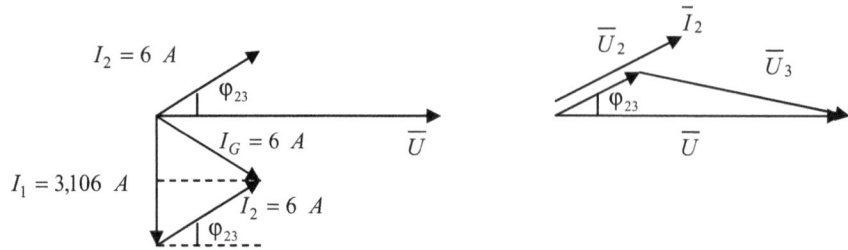

$$\left|\overline{Z}_{23}\right| = \frac{\left|\overline{U}\right|}{\left|\overline{I}_2\right|} = 21,818 \ \Omega$$

$$\overline{Z}_{23} = 21,818\angle - 15° = 21,704 - j \cdot 5,647 \ \Omega$$

$$\overline{Z}_3 = \overline{Z}_{23} - \overline{R}_2 = 15,875\angle - 20,836° \ \Omega$$

$$\boxed{\overline{Z}_3 = 14,837 - j \cdot 5,647 \ \Omega}$$

$$\overline{I}_2 = 6\angle 15° \ A \qquad \overline{U}_3 = \overline{Z}_3 \cdot \overline{I}_2 = 95,252\angle - 5,836° \ V$$

$$\boxed{u_3(t) = u_{AB}(t) = 95,252 \cdot \sqrt{2} \cdot \text{sen}\left(100 \cdot \pi \cdot t - \frac{5,836°}{180}\pi\right) \ V}$$

$$R_T = \frac{W}{\left|I_G\right|^2} = 36,663 \ \Omega \qquad X_T = R_T \cdot \text{tg}\varphi_G = 12,050 \ \Omega$$

$$\overline{Z}_T = 38,593\angle 18,195° = 36,663 + j \cdot 12,050 \ \Omega$$

$$\overline{U} = 130,908\angle 0° \ V \qquad \overline{I}_1 = 3,106\angle - 90° \ A \qquad \overline{I}_G = 6\angle - 15° \ A$$

$$\overline{Z}_1 = \frac{\overline{U}}{\overline{I}_1} \qquad \boxed{\overline{Z}_1 = 42,147\angle 90° \ \Omega}$$

$$\overline{Z}_p = \frac{\overline{U}}{\overline{I}_G} = 21,818\angle 15° = 21,074 + j \cdot 5,647 \ \Omega \qquad \overline{Z}_0 = \overline{Z}_T - \overline{Z}_p = 16,853\angle 22,332° \ \Omega$$

$$\boxed{\overline{Z}_0 = 15,588 + 6,404j \ \Omega}$$

$$\left|\overline{U}_G\right| = \frac{W}{\left|\overline{I}_G\right| \cdot \cos \varphi_G} \qquad \boxed{\left|\overline{U}_G\right| = 231,558 \ V}$$

Para hallar Z_C para transferir la máxima potencia tenemos:

$$\overline{Z}_{Th} = \frac{\left(\overline{Z}_1 + R_2\right) \cdot \overline{Z}_3}{\overline{Z}_1 + R_2 + \overline{Z}_3} = 16,408\angle 0,7466° = 16,0476 + j \cdot 0,2091 \ \Omega$$

$$\overline{Z}_C = \overline{Z}_{Th}^* = 16,408\angle - 0,7466$$

$$\boxed{\overline{Z}_C = 16,0476 - j \cdot 0,2091 \; \Omega}$$

$$\left| \overline{E}_{Th} \right| = \left| \overline{U}_3 \right| = 95,252 \; V$$

$$R_C = 16,0476 \; \Omega$$

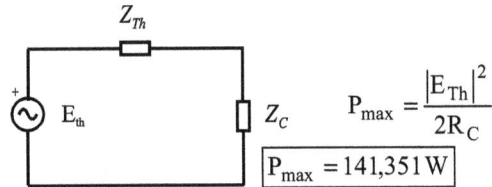

$$P_{max} = \frac{\left| E_{Th} \right|^2}{2R_C}$$

$$\boxed{P_{max} = 141,351 \, W}$$

Figura 43.2

Problema 44

El circuito de la figura trabaja en régimen permanente.

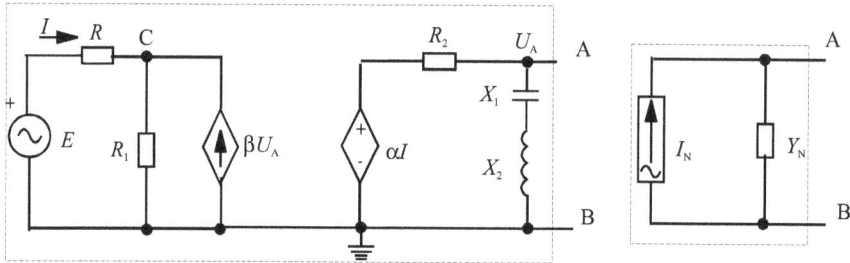

Figura 44.1

Conocemos los siguientes datos:

$E = 6\angle0°\ V$ $\quad X_1 = 2\ \Omega$ $\quad\quad X_2 = 1\ \Omega$ $\quad\quad R_1 = R_2 = R = 1\Omega$ $\quad\quad \alpha = 2\ \Omega$ $\quad\quad \beta = 0.5\ \Omega^{-1}$

Calcular el circuito equivalente de Norton entre A y B.

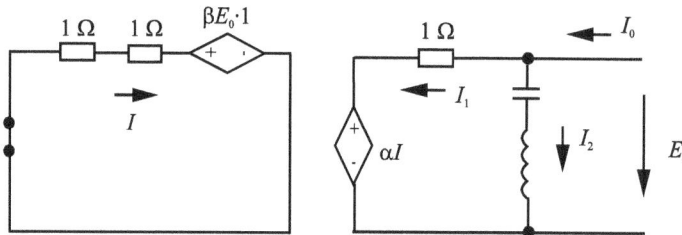

Figura 44.2

Resolución:

$$I = \frac{-\beta \cdot E_0 \cdot 1}{1+1} = -\frac{E_0/2}{2} = -\frac{E_0}{4} \qquad I_1 = \frac{E_0 - (-E_0/4) \cdot 2}{1} = E_0 \cdot \left(1 + \frac{1}{4} \cdot 2\right) = \frac{3}{2} \cdot E_0$$

$$I_2 = \frac{E_0}{-j} \qquad\qquad \bar{I}_0 = \bar{I}_1 + \bar{I}_2 = \left(\frac{3}{2} + j\right) \cdot E_0 \qquad\qquad \overline{Y}_N = \frac{I_0}{E_0}$$

$$\boxed{\overline{Y}_N = \frac{3}{2} + j \quad \Omega^{-1}}$$

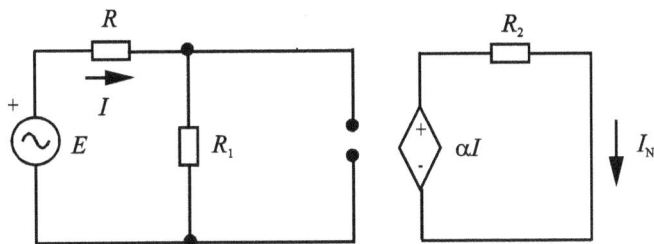

Figura 44.3

$$\bar{I} = \frac{\overline{E}}{\overline{R} + \overline{R}_1} = \frac{6\angle 0°}{2\angle 0°} = 3\angle 0° \text{ A} \qquad \alpha \cdot \bar{I} = \bar{I}_N \cdot \overline{R}_2 \qquad \bar{I}_N = \frac{2 \cdot 3\angle 0°}{1\angle 0°}$$

$$\boxed{\bar{I}_N = 6\angle 0° \text{ A}}$$

Problema 45

En el circuito representado en la figura, y con el interruptor K abierto, determinar:

a) Lectura de todos los aparatos de medida

b) Potencias generadas y absorbidas

A continuación se cierra el interruptor K y se pide:

c) Lectura de A_3 y V_3

Datos:

$$\overline{Z}_1 = [2+j]\ \Omega \qquad \overline{Z}_3 = [1-j6]\ \Omega$$

$$\overline{Z}_2 = [1-j]\ \Omega \qquad \overline{Z}_0 = [2+j2]\ \Omega$$

$$e_1(t) = 25\sqrt{2}\cos\left(100\pi t + \frac{\pi}{2}\right)\ V$$

$$e_2(t) = 50\sin\left(100\pi t + \frac{\pi}{4}\right)\ V$$

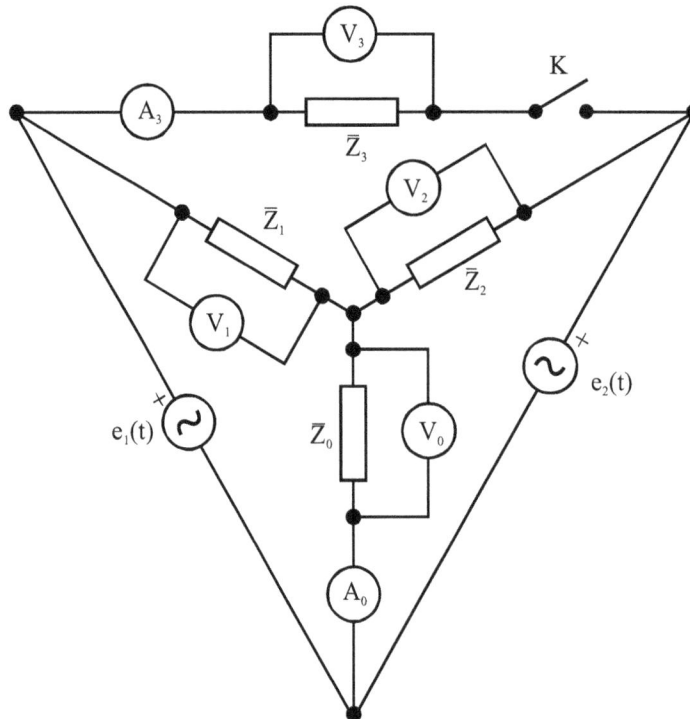

Figura 45.1

Resolución:

a) Con el interruptor K abierto, el circuito que se tiene es el siguiente:

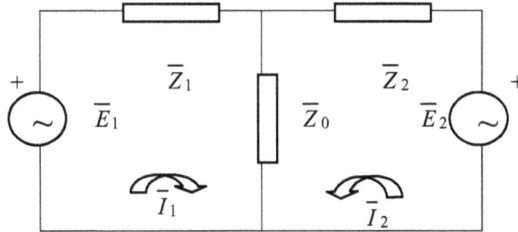

Figura 45.2

siendo:

$$\overline{E}_1 = 25\angle 90° \text{ V}$$

$$\overline{E}_2 = 25\sqrt{2}\angle -45° \text{ V}$$

$$\overline{Z}_1 = [2 + j] = \sqrt{5}\angle 26{,}56° \text{ } \Omega$$

$$\overline{Z}_2 = [1 - j6] = \sqrt{37}\angle -80{,}54° \text{ } \Omega$$

$$\overline{Z}_0 = [2 + j2] = 2\sqrt{2}\angle 45° \text{ } \Omega$$

Se resuelve el circuito por mallas:

$$\begin{vmatrix} \overline{Z}_{11} & \overline{Z}_{12} \\ \overline{Z}_{21} & \overline{Z}_{22} \end{vmatrix} \begin{vmatrix} \overline{I}_1 \\ \overline{I}_2 \end{vmatrix} = \begin{vmatrix} \overline{E}_1 \\ \overline{E}_2 \end{vmatrix}$$

siendo:

$$\overline{Z}_{11} = \overline{Z}_1 + \overline{Z}_0 = 2 + j + 2 + j2 = [4 + j3] = 5\angle 36{,}87° \text{ } \Omega$$

$$\overline{Z}_{12} = \overline{Z}_{21} = \overline{Z}_0 = [2 + j2] = 2\sqrt{2}\angle 45° \text{ } \Omega$$

$$\overline{Z}_{22} = \overline{Z}_2 + \overline{Z}_0 = 1 - j6 + 2 + j2 = [3 - j4] = 5\angle -53{,}13° \text{ } \Omega$$

El determinante de la matriz de las impedancias vale:

$$\overline{\Delta} = \begin{vmatrix} \overline{Z}_{11} & \overline{Z}_{12} \\ \overline{Z}_{21} & \overline{Z}_{22} \end{vmatrix} = [24 - j15] = 28{,}3\angle -32°$$

Las corrientes de malla valdrán:

$$\overline{I}_1 = \frac{\begin{vmatrix} \overline{E}_1 & \overline{Z}_{12} \\ \overline{E}_2 & \overline{Z}_{22} \end{vmatrix}}{\overline{\Delta}} \qquad \overline{I}_2 = \frac{\begin{vmatrix} \overline{Z}_{11} & \overline{E}_1 \\ \overline{Z}_{21} & \overline{E}_2 \end{vmatrix}}{\overline{\Delta}}$$

que, sustituyendo y operando, resulta:

$$\bar{I}_1 = 2,65\angle 122° \ A = \left[-1,4 + j2,25\right] \ A$$

$$\bar{I}_2 = 8,38\angle 13,56° \ A = \left[8,14 + j1,96\right] \ A$$

La corriente que circula por la malla central $\bar{I}_0$ vale:

$$\bar{I}_O = \bar{I}_1 + \bar{I}_2 = \left[6,74 + j4,21\right] = 7,95\angle 32° \ A$$

El amperímetro A_0 marca:

$$\boxed{\bar{I}_O = 7,95 \ A}$$

Por lo que respecta a los voltímetros:

$$\overline{U}_1 = \overline{Z}_1 \cdot \bar{I}_1 = \sqrt{5}\angle 26,56°\cdot 2,65\angle 122° = 5,93\angle 148,56° \ V$$

$$\overline{U}_2 = \overline{Z}_2 \cdot \bar{I}_2 = \sqrt{37}\angle -80,54°\cdot 8,38\angle 13,56° = 50,97\angle -66,97° \ V$$

$$\overline{U}_0 = \overline{Z}_0 \cdot \bar{I}_0 = 2\sqrt{2}\angle 45°\cdot 7,95\angle 32° = 22,5\angle 77° \ V$$

En definitiva, los voltímetros conectados al circuito marcan:

$$\boxed{V_1 = 5,93 \ V}$$

$$\boxed{V_2 = 50,97 \ V}$$

$$\boxed{V_0 = 22,5 \ V}$$

b) Las potencias generadas por cada una de las fuentes son:

$$\overline{S}_1 = \overline{E}_1 \cdot \bar{I}_1{}^* = 25\angle 90°\cdot 2,65\angle -122° = 66,25\angle -32° \ VA = \left[56,18 - j35,11\right] \ VA$$

$$\overline{S}_2 = \overline{E}_2 \cdot \bar{I}_2{}^* = \frac{50}{\sqrt{2}}\angle -45°\cdot 8,38\angle -13,56° = 296,28\angle -58,56° = \left[154,52 - j252,8\right] \ VA$$

y el conjunto de las dos fuentes generan:

$$\boxed{\overline{S}_G = \overline{S}_1 + \overline{S}_2 = \left[210,7 - j287,91\right] \ VA = 356,77\angle -53,8° \ VA}$$

Las potencias absorbidas por cada una de las cargas son:

Por $\overline{Z}_1$ $\qquad \overline{S}'_1 = \overline{U}_1 \cdot I_1{}^* = 5,93\angle 148,56 \cdot 2,65\angle -122° = 15,7\angle 26,56° \ VA$

$$\boxed{\overline{S}'_1 = \left[14,05 + j7,02\right] \ VA}$$

Por $\overline{Z}_2$ $\qquad \overline{S}'_2 = \overline{U}_2 \cdot I_2{}^* = 50,97\angle -66,97°\cdot 8,38\angle -13,56° = 427,2\angle -80,5° \ VA$

$$\boxed{\overline{S}'_1 = \left[70,2 - j421,3\right] \ VA}$$

Por $\overline{Z}_0$ $\qquad \overline{S}'_0 = \overline{U}_0 \cdot I_0{}^* = 22,5\angle 77°\cdot 7,95\angle -32° = 178,76\angle 45° \ VA$

$$\boxed{\overline{S}'_0 = \left[236,4 + j126,4\right] \ VA}$$

En total, la potencia absorbida es:

$$\boxed{\overline{S}'_C = \overline{S}'_1 + \overline{S}'_2 + \overline{S}'_3 = [210,7 - j287,91] = 356,77\angle - 53,8° \ \ VA}$$

que, lógicamente, coincide con la potencia generada por las fuentes.

c) Este apartado se resolverá aplicando el teorema de Thevenin.

La tensión de vacío entre los terminales A y B vale:

$$\overline{U}_{AB} = \overline{U}_1 - \overline{U}_2 = 5,93\angle 148,56° - 50,97\angle - 66,87° = 55,90\angle 116,56° \ \ V$$

$$\overline{E}_{Thev} = \overline{U}_{AB(buit)} = 55,90\angle 116,56° \ \ V$$

Al cortocircuitar las fuentes, resulta el esquema de la siguiente figura:

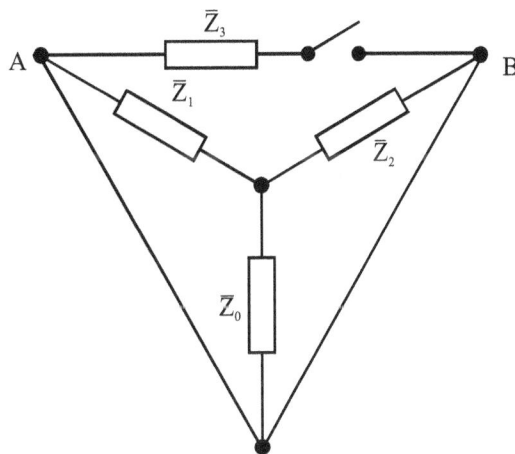

Figura 45.3

Como se puede observar:

$$\overline{Z}_{AB} = \overline{Z}_{Thev} = 0 \ \ \Omega$$

cosa que quiere decir que el generador de Thevenin pasa a ser una fuente de tensión, sin impedancia interna:

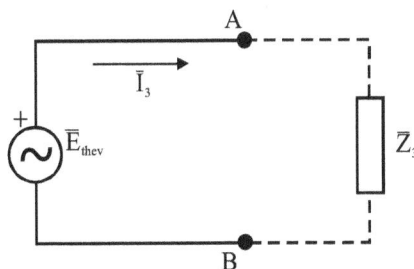

Figura 45.4

$$\bar{I}_3 = \frac{\overline{E}_{Thev}}{\overline{Z}_3} = \frac{55,90\angle 116,56°}{1-j} = 39,53\angle 161,56°$$

$$\overline{U}_3 = \overline{E}_{Thev} = 55,90\angle 116,56°\ \ V$$

Las indicaciones de los aparatos de medida son entonces: $\boxed{A_3 = 39,53\ \ A}$ $\boxed{V_3 = 55,9\ \ V}$

Problema 46

El circuito representado se halla en régimen estacionario senoidal, determinar:

a) El circuito equivalente de Thevenin desde los terminales A y B

b) El circuito equivalente de Norton desde los mismos terminales

c) Valor de la tensión temporal en los terminales de la carga $u_C(t)$ para los dos casos siguientes:

C1 $\overline{Z}_C = R_C = 1 \ \Omega$

C2 $\overline{Z}_C = jX_L$ con $L = 0,1 \ H$

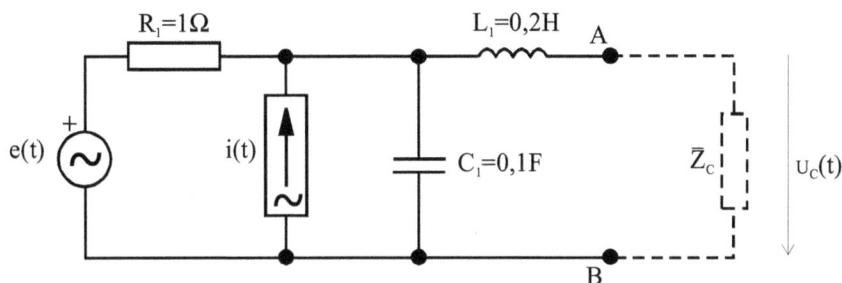

Figura 46.1

Datos:

$$i(t) = 9\cos\left(10t - \frac{\pi}{3}\right) \ A$$

$$e(t) = 9\cos 10t \ V$$

Resolución:

Pondremos los valores de las fuentes en valor eficaz:

$$\overline{E} = \frac{9}{\sqrt{2}}\angle 0° = 4,5\sqrt{2}\angle 0° \ V$$

$$\overline{I} = \frac{9}{\sqrt{2}}\angle -60° = 4,5\sqrt{2}\angle -60° \ A$$

Las impedancias conectadas al circuito son:

$$R_1 = 1 \ \Omega$$

$$X_{C_1} = \frac{1}{\omega \cdot C_1} = \frac{1}{10 \cdot 0,1} = 1 \ \Omega \qquad\qquad \overline{X}_{C_1} = -j1 \ \Omega = 1\angle -90° \ \Omega$$

$$X_{L_1} = \omega \cdot L_1 = 10 \cdot 0,2 = 2 \ \Omega \qquad\qquad \overline{X}_{L_1} = j2 \ \Omega = 2\angle 90° \ \Omega$$

Por lo tanto, el circuito se transforma en:

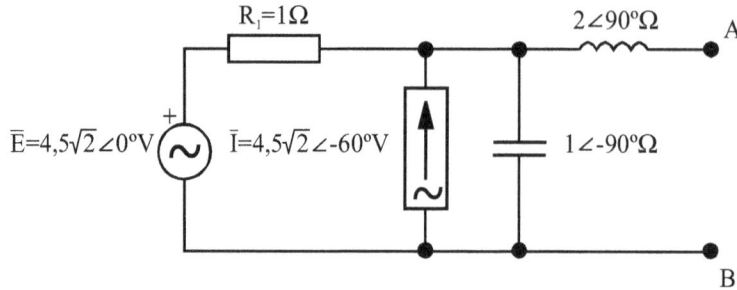

Figura 46.2

Una manera de actuar es transformar la fuente de tensión con una resistencia R_1, en serie, en fuente de corriente con una resistencia R_1 en paralelo:

$$\bar{I}' = \frac{4,5\sqrt{2}\angle 0°}{1\angle 0°} = 4,5\sqrt{2}\angle 0° \ \ A$$

Se puede hallar la impedancia reducida del paralelo $\bar{R}_1$ y $\bar{X}_{C_1}$, que se denominará $\bar{Z}_P$:

$$\bar{Z}_P = \frac{\bar{R}_1 \cdot \bar{X}_{C_1}}{\bar{R}_1 + \bar{X}_{C_1}} = \frac{1\angle 0° \cdot 1\angle -90°}{1 - j1} = \frac{\sqrt{2}}{2} \angle -45° = \left[0,5 - j0,5\right] \ \Omega$$

Por otro lado las dos fuentes de corriente en paralelo se pueden reducir en una sola, de valor:

$$\bar{I}_O = \bar{I}' + \bar{I} = 4,5\sqrt{2}\angle 0° + 4,5\sqrt{2}\angle -60° \ \ A$$

$$\bar{I}_O = 11,02\angle -30° \ \ A = \left[9,546 - j5,511\right] \ A$$

A continuación se puede convertir el generador de corriente que se tiene $\bar{I}_O$ en paralelo con $\bar{Z}_P$ en un generador de tensión $\bar{E}_O$ en serie con $\bar{Z}_P$ y queda de la siguiente forma:

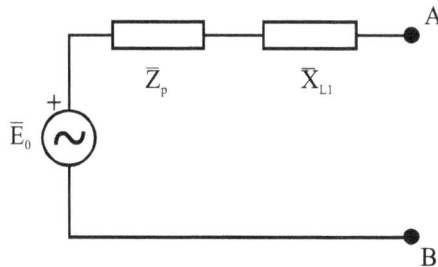

Figura 46.3

$$\bar{E}_O = \bar{I}_O \cdot \bar{Z}_P = 11,02\angle -30° \cdot \frac{\sqrt{2}}{2} \angle -45° = 7,795\angle -75° = \left[2,02 - j7,53\right] \ V$$

Es evidente que la $\bar{E}_{THEV} = \bar{E}_O$ y, para determinar $\bar{Z}_{THEV}$, se cortocircuita la fuente de tensión:

$$\bar{Z}_{THEV} = \bar{Z}_P + \bar{X}_{L_1} = 0,5 - j0,5 + j2 = \left[0,5 + j1,5\right] \ \Omega = 1,58\angle 71,5° \ \Omega$$

Por lo tanto, el circuito de Thevenin es:

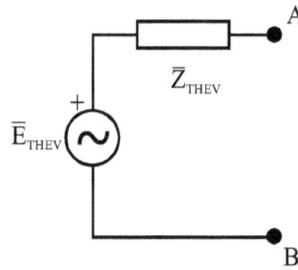

Figura 46.4

Con:

$$\overline{E}_{THEV} = 7{,}795\angle - 75° \quad V$$

$$\overline{Z}_{THEV} = 1{,}58\angle 71{,}5° \quad \Omega$$

b) El circuito equivalente de Norton se obtendrá de:

$$\overline{Y}_{NORTON} = \frac{1}{\overline{Z}_{THEV}} = 0{,}6328\angle - 71{,}565° = [0{,}2 - j0{,}6] \quad S$$

$$\overline{I}_{NORTON} = \frac{\overline{E}_{THEV}}{\overline{Z}_{THEV}} = \frac{7{,}795\angle - 75°}{1{,}58\angle 71{,}5°} = 4{,}93\angle - 146{,}5° \quad A$$

El esquema del circuito es:

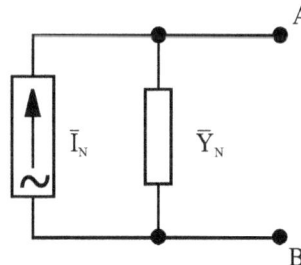

Figura 46.5

$$\overline{I}_{NORTON} = 4{,}93\angle - 146{,}5° \quad A$$

$$\overline{Y}_{NORTON} = 0{,}6328\angle - 71{,}565° \quad S$$

C1) Para resolver este apartado, se partirá del circuito equivalente de Thevenin:

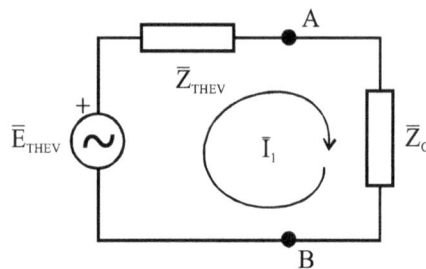

Figura 46.6

$$\bar{I}_1 = \frac{\overline{E}_{THEV}}{\overline{Z}_{THEV} + \overline{Z}_C}$$

Y sustituyendo valores en el caso de $\overline{Z}_C = R_C = 1\angle 0^\circ \ \Omega,$ resulta:

$$\bar{I}_1 = \frac{7,795\angle -75^\circ}{0,5 + j1,5 + 1} = 3,675\angle -120^\circ \ A = \left[-1,8375 - j3,18\right] \ A$$

La tensión en los terminales A y B:

$$\overline{U}_C = \overline{Z}_C \cdot \bar{I}_1 = 1\angle 0^\circ \cdot 3,675\angle -120^\circ = 3,675\angle -120^\circ \ V$$

$$u_C(t) = 3,675 \cdot \sqrt{2} \cdot \cos(10t - 120^\circ) \ V$$

$$u_C(t) = 5,2 \cdot \cos(10t - 120^\circ) \ V$$

C2) Para el caso de $\overline{Z}_C = j1 \ \Omega = 1\angle 90^\circ \ \Omega$:

$$\bar{I}_1 = \frac{\overline{E}_{THEV}}{\overline{Z}_{THEV} + \overline{Z}_C} = \frac{7,795\angle -75^\circ}{0,5 + j1,5 + 1} = 3,06\angle -153,69^\circ \ A$$

La tensión en los terminales A y B:

$$\overline{U}_C = \overline{Z}_C \cdot \bar{I}_1 = 1\angle 90^\circ \cdot 3,06\angle -153,69^\circ = 3,06\angle -63,69^\circ \ V$$

$$u_C(t) = 3,06\sqrt{2} \cos(10t - 63,69^\circ) \ V$$

$$\boxed{u_C(t) = 4,33\cos(10t - 63,69^\circ) \ V}$$

Observaciones:

Otra manera de resolver el apartado primero era transformar todas las fuentes en fuentes de tensión, y resulta:

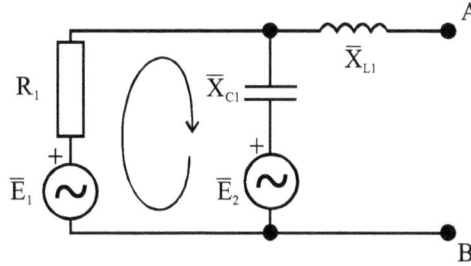

Figura 46.7

$$\overline{E}_1 = 4{,}5\sqrt{2}\angle 0°\ \ V$$

$$\overline{E}_2 = \overline{I}\cdot \overline{X}_{C_1} = 4{,}5\sqrt{2}\angle -150°\ \ V\ \text{en serie con}\ \overline{X}_{C_1} = 1\angle -90°\ \ \Omega$$

$$\overline{I}_1 = \frac{\overline{E}_1 - \overline{E}_2}{\overline{Z}_T} \quad \overline{I}_1 = \frac{4{,}5\sqrt{2}\angle 0° - 4{,}5\sqrt{2}\angle -150°}{1 - j1} = 8{,}68\angle 60° = \left[4{,}34 + j7{,}52\right]\ A$$

Faltaría ahora determinar la tensión entre A y B, que corresponderá a la tensión de Thevenin:

$$\overline{U}_{AB} = \overline{E}_1 - \overline{R}_1 \cdot \overline{I}_1 = 4{,}5\sqrt{2} - 8{,}68\angle 60° \cdot 1\angle 0° = 7{,}795\angle -75°\ \ V$$

y coincide con los valores obtenidos antes.

Para la $\overline{Z}_{THEV}$ se cortocircuitan las fuentes de tensión y se hallará la misma de antes.

También hay que decir que para calcular la $\overline{U}_{AB}$ se podría aplicar el teorema de Millman entendiendo el circuito como en la figura 46.8:

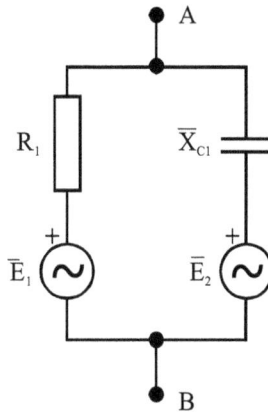

Figura 46.8

$$\overline{U}_{AB} = \overline{E}_{THEV} = \frac{\sum \overline{E}_n \cdot \overline{Y}_n}{\sum \overline{Y}_n}$$

$$\overline{Y}_1 = \frac{1}{R_1} = 1\angle 0° \;\; S$$

$$\overline{Y}_2 = \frac{1}{1\angle -90°} = 1\angle 90° \;\; S$$

$$\overline{U}_{AB} = \overline{U}_{vacío} = \overline{E}_{THEV} = \frac{4,5\sqrt{2}\angle 0°\cdot 1\angle 0° + 4,5\sqrt{2}\angle -150°\cdot 1\angle 90°}{1\angle 0° + 1\angle 90°} \;\; V$$

que operando resulta:

$$\overline{U}_{AB} = 7,795\angle -75° \;\; V$$

$$\overline{Z}_T = \frac{1\angle -90°}{1\angle 0° + 1\angle -90°} = 0,707\angle -45° \;\; \Omega = [0,5 - j0,5] \;\; \Omega$$

$$\overline{Z}_{THEV} = 0,5 - j0,5 + j2 = [0,5 + j1,5] \;\; \Omega$$

$$\boxed{\overline{Z}_{THEV} = 1,58\angle 71,56° \;\; \Omega}$$

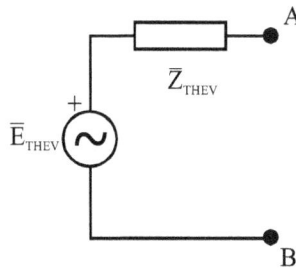

Figura 46.9

Problema 47

En el circuito representado en la figura se conocen $R_1 = X_L = 8 \ \Omega$, $R_2 = 7 \ \Omega$; se pide, para una frecuencia de 50Hz y cuando el interruptor está abierto:

a) Valor de la capacidad del condensador variable para conseguir que el circuito entre en resonancia

b) Si la tensión del generador E es de 400 V, hallar las lecturas de A_G y W_G, sabiendo que la indicación de W_G es inferior a 20 kW

Si a continuación se conecta la impedancia $\overline{Z}$, cerrando el interruptor, se pide:

c) Lectura del amperímetro A_3 y potencias activa y reactiva y aparente para esta impedancia $\overline{Z}$

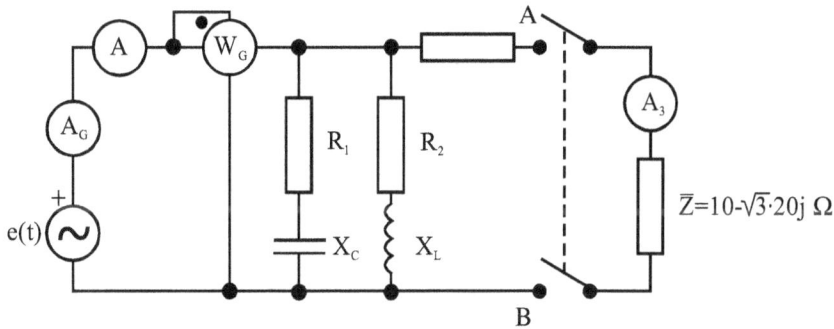

Figura 47.1

Resolución:

a) Las impedancias conectadas en paralelo con el interruptor abierto son:

$$\overline{Z}_1 = R_1 + jX_L = 8 + j8 = 8\sqrt{2}\angle 45° \ \Omega$$

$$\overline{Z}_2 = R_2 - jX_C = 7 - jX_C = Z_2 \angle -\varphi_2 \ \Omega$$

y las admitancias respectivas son:

$$\overline{Y}_1 = \frac{1}{\overline{Z}_1} = \frac{1}{8\sqrt{2}} \angle 45° = \left[\frac{1}{16} - j\frac{1}{16}\right] \ S$$

$$\overline{Y}_2 = \frac{1}{\overline{Z}_2} \angle \varphi_2 = \frac{1}{7 - jX_C} = \left[\frac{7}{49 + X_C^{\ 2}} + j\frac{X_C}{49 + X_C^{\ 2}}\right] \ S$$

Para que el circuito entre en resonancia, se tiene que conseguir que las susceptancia total sea igual a cero, es decir, la suma de las partes imaginarias de las admitancias se anule, la cual cosa equivale a decir que la tensión aplicada en las ramas y el corriente total consumido estén en fase. En consecuencia:

$$-\frac{1}{16} + \frac{X_C}{49 + X_C^2} = 0$$

ecuación de segundo grado que nos da dos soluciones reales positivas:

$$X_C = \begin{cases} 11{,}873 \ \Omega = X_{C1} \\ \\ 4{,}127 \ \Omega = X_{C2} \end{cases}$$

Por lo tanto y a la frecuencia de 50Hz, las capacidades del condensador pueden ser las siguientes, porque:

$$C = \frac{1}{\omega \cdot X_C}$$

$$\boxed{C_1 = \frac{10^6}{100\pi \cdot X_{C1}} = 268{,}1 \ \mu F}$$

$$\boxed{C_2 = \frac{10^6}{100\pi \cdot X_{C2}} = 771{,}28 \ \mu F}$$

Hasta ahora, ambas soluciones son válidas. Resumiendo, tendremos:

$$\overline{Z}_1 = 8 + j8 = 8\sqrt{2}\angle 45° \ \Omega$$

$$\overline{Z}'_2 = \left[7 - j11{,}873\right] \ \Omega = 13{,}783\angle -59{,}48° \ \Omega$$

$$\overline{Z}''_2 = \left[7 - j4{,}127\right] \ \Omega = 8{,}126\angle -30{,}52° \ \Omega$$

b) Con lo resultados anteriores, se tienen dos posibles impedancias reducidas del conjunto en paralelo, que valen:

$$\overline{Z}_1 = \frac{\overline{Z}_1 \cdot \overline{Z}'_2}{\overline{Z}_1 + \overline{Z}'_2} = \frac{8\sqrt{2}\angle 45° \cdot 13{,}783\angle -59{,}48°}{8 + j8 + 7 - j11{,}873} = 10{,}0656\angle 0° \ \Omega$$

$$\overline{Z}_2 = \frac{\overline{Z}_1 \cdot \overline{Z}''_2}{\overline{Z}_1 + \overline{Z}''_2} = \frac{8\sqrt{2}\angle 45° \cdot 8{,}126\angle -30{,}52°}{8 + j8 + 7 - j4{,}127} = 5{,}9344\angle 0° \ \Omega$$

y, por lo tanto, se tienen para estas dos impedancias, dos posibles corrientes, que valen:

$$\bar{I}_1 = \frac{\overline{U}}{\overline{Z}_1} = \frac{400\angle 0°}{10{,}0656\angle 0°} = 39{,}74\angle 0° \ A$$

$$\bar{I}_2 = \frac{\overline{U}}{\overline{Z}_2} = \frac{400\angle 0°}{5{,}9344\angle 0°} = 67{,}40\angle 0° \ A$$

y para estos dos corrientes, se tienen dos posibles potencias de valor:

$$P_1 = R_1 \cdot I_1{}^2 = 10{,}0656 \cdot 39{,}74^2 = 15896{,}275 \ \ W = 15{,}896 \ \ kW$$

$$P_2 = R_2 \cdot I_2{}^2 = 5{,}9344 \cdot 67{,}4^2 = 26958{,}5 \ \ W = 26{,}985 \ \ kW$$

y como $P_1 < 20$ kW y $P_2 > 20$ kW tenemos que dar por buena P_1, de acuerdo con el enunciado del problema.

Resumiendo, pues, se tiene:

$$\overline{I} = \overline{I}_1 = 39{,}74\angle 0° \qquad \text{Indicación:} \ \boxed{A_G = 39{,}74 \ \ A}$$

$$\overline{Z}_T = \overline{Z}_1 = 10{,}0656\angle 0° \ \ \Omega$$

$$\overline{X}_C = \overline{X}_{C_1} = 11{,}879\angle -90° \ \ \Omega$$

$$\boxed{C = C_1 = 268{,}1 \ \ \mu F}$$

$$P = P_1 = 15{,}896 \ \ kW \qquad \text{Indicación:} \ \boxed{W_G = 15{,}896 \ \ kW}$$

c) Según el teorema de Thevenin, la actuación del circuito sobre la impedancia $\overline{Z}$, cuando se cierra el interruptor, se puede sustituir por el esquema de la figura siguiente:

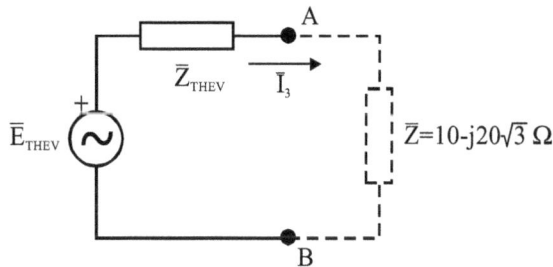

Figura 47.2

$\overline{E}_{THEV} = U_{AB(\text{vacío})} = \overline{E} = 400\angle 0°$, ya que estamos en el primer caso.

La impedancia total de Thevenin se obtiene de:

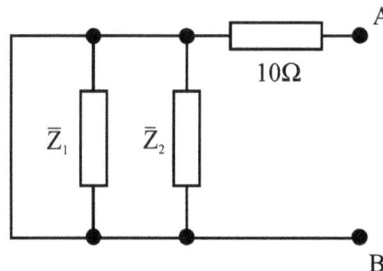

Figura 47.3

$$\overline{Z}_{THEV} = [10 + j0] = 10\angle 0° \ \ \Omega$$

Por lo tanto la corriente $\overline{I}_3$ vale:

$$\overline{I}_3 = \frac{\overline{E}_{THEV}}{z_{THEV}} = \frac{400\angle 0°}{10 + 10 - j20\sqrt{3}} = 10\angle 60° = \left[5 + j5\sqrt{3}\right] \ A$$

Indicación de: $\boxed{A_3 = 10 \ \ A}$

En carga:

$$\overline{U'}_{AB} = \overline{Z}_3 \cdot \overline{I}_3 = \left(10 - j20\sqrt{3}\right) \cdot 10\angle 60° = 360,555\angle -13,9° \ \ V$$

$$\boxed{\overline{S}_3 = \overline{U'}_{AB} \cdot \overline{I}_3 * = 360,555\angle -13,9° \cdot 10\angle -60° = \left[1000 - j2000\sqrt{3}\right] \ VA}$$

$$\boxed{P_3 = 1000 \ \ W}$$

$$\boxed{Q_3 = 2000\sqrt{3} \ \ var}$$

Problema 48

El circuito de la figura alimentado a una tensión alterna de f=50Hz y el factor de potencia en bornes A-B es la unidad. Conocemos las lecturas del voltímetro V=200 V y del vatímetro W=10000 W.

Se pide:

a) Lectura de los aparatos A_1, A_2, V_G

b) Las impedancias de les cargas Z_1 y Z_2

c) La impedancia de la línea Z_L

Nota: Pérdidas en la línea 5% de la potencia suministrada por generador.

Factor de potencia del generador $\cos\varphi_G = 0{,}9781$ inductivo.

$\cos\varphi_1 = 0{,}866$ $\qquad\qquad$ $\cos\varphi_2 = 0{,}500$

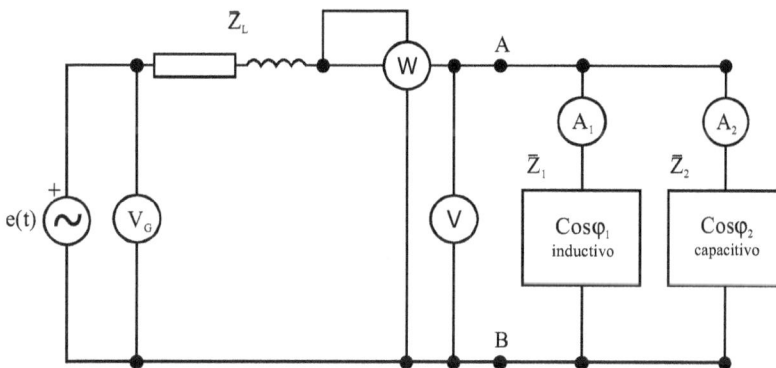

Figura 48.1

Resolución:

a) Factores de potencia y la indicación del vatímetro → triángulo potencias

$$\left.\begin{array}{l} 10000 = S_1\cos\varphi_1 + S_2\cos\varphi_2 \\ 0 = S_1\mathrm{sen}\varphi_1 + S_2\mathrm{sen}\varphi_2 \end{array}\right\} \quad \begin{array}{lll} \cos\varphi_1 = 0{,}866 & \varphi_1 = 30° & \mathrm{sen}\varphi_1 = 0{,}5 \\ \cos\varphi_2 = 0{,}500 & \varphi_2 = 60° & \mathrm{sen}\varphi_2 = 0{,}866 \end{array}$$

$$\left.\begin{array}{l} 10000 = S_1\,0{,}866 + S_2\,0{,}500 \\ 0 = S_1\,0{,}500 + S_2\,0{,}866 \end{array}\right\} \quad |S_1| = 8660\,\text{VA} \;;\; |S_2| = 5000\,\text{VA} \quad \underline{\overline{S} = \overline{S}_1 + \overline{S}_2 = 10000\angle 0°\,\text{VA}}$$

conocida la tensión V:

$$\boxed{|\overline{I}_1| = A_1 = \frac{|\overline{S}_1|}{V} = 43{,}3\,\text{A}} \qquad \boxed{|\overline{I}_2| = A_2 = \frac{|\overline{S}_2|}{V} = 25\,\text{A}}$$

Del enunciado sabemos:

$$P_L = 0,05P_G \text{ y } P_G = P_L + P_{AB} \rightarrow P_G = \frac{P_{AB}}{0,95} = 10526,3\text{W} \quad (P_L = 526,3\text{ W})$$

$$P_{AB} = |\overline{V}| \cdot |\overline{I}| \cdot \cos\varphi_{AB} \rightarrow |\overline{I}| = \frac{10000}{200 \cdot 1} = 50 \text{ A}$$

$$\cos\varphi_G = 0,9781 \rightarrow \varphi_G = 12° \quad \text{tg}\varphi_G = \frac{Q_L}{P_G}$$

$$Q_L = P_G \text{tg}\varphi_G = 2237,43 \text{ var}$$

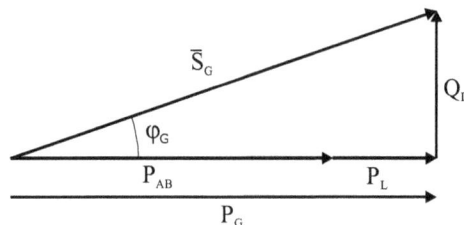

$$\overline{S}_G = P_G + jQ_L \rightarrow \overline{S}_G = 10526,3 + j2237,43 \, 10761,46\angle 12° \text{ VA}$$

$$\boxed{|\overline{U}_G| = \frac{|\overline{S}_G|}{|\overline{I}|} = \frac{10761,46}{50} = 215,229 \text{ V}}$$

b) $\quad |\overline{Z}_1| = \dfrac{200}{43,3} = 4,62 \,\Omega \qquad \boxed{\overline{Z}_1 = 4,62\angle 30° \,\Omega}$

$\qquad |\overline{Z}_2| = \dfrac{200}{25} = 8\,\Omega \qquad\qquad \boxed{\overline{Z}_2 = 8\angle - 60° \,\Omega}$

c) $\quad |\overline{X}_L| = \dfrac{Q_L}{|I|^2} = 0,894\,\Omega \qquad R_L = \dfrac{P_L}{|I|^2} = 0,210\,\Omega \qquad \boxed{\overline{Z}_L = 0,918\angle 76,78° \,\Omega}$

Problema 49

El circuito de la figura está alimentado por un generador que proporciona una intensidad de corriente alterna de valor desconocido y trabaja en régimen permanente.

Las lecturas de los aparatos de medida son: W=500 W   A=2 A

La frecuencia del generador es de 50 Hz.

Se conoce también los valores de algunos elementos que componen el circuito:

L_1=1,19366H L_2=0,79577H   M=0,79577H R_1=R_2=250Ω C_1=63,6616μF

La reactancia inductiva de la bobina L_3 es superior a la reactancia capacitiva del condensador C_1.

Se pide:

a) Valor de la inductancia L_3

b) Valor eficaz del corriente que proporciona el generador i_G

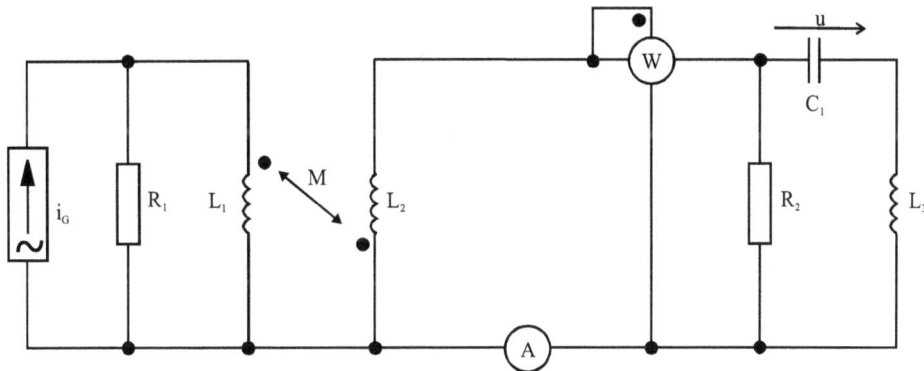

Figura 49.1

Resolución:

a) Cálculo de las impedancias del circuito:

$$X_{C1} = \frac{1}{2\pi f C_1} = 50 \, \Omega$$

$$X_{L1} = 2\pi f L_1 = 375 \, \Omega$$

$$X_{L2} = 2\pi f L_2 = 250 \, \Omega$$

$$X_M = 2\pi f M = 250 \, \Omega$$

$$\left|\bar{I}_{R2}\right| = \sqrt{W / R_2} = \sqrt{2} \, A$$

$$\left|\bar{U}_{R2}\right| = \left|\bar{I}_{R2}\right| \cdot R_2 = 250\sqrt{2} \, V$$

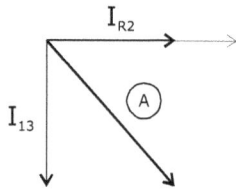

$$I_{13} = \sqrt{A^2 - I_{R2}^2} = \sqrt{2} \ A \qquad X_{13} = 250 \ \Omega$$

$$X_{13} = X_{L3} - X_{C1} \Rightarrow X_{13} + X_{C1} = 250 + 50 = 300 \ \Omega$$

$$\boxed{L_3 = \frac{X_3}{2\pi f} = 0,9549 \ H}$$

b) Resolvemos el problema por simulación, $I_G = 2/5 \ A$, conversión de generador de corriente a tensión será $\overline{E} = 250\dfrac{2}{5} = 100 \ V$.

$$\overline{Z}_{13} = \frac{jX_{13} \cdot R_2}{jX_{13} + R_2} = 125\sqrt{2} \angle 45° \ \Omega = 125 + j125 \ \Omega$$

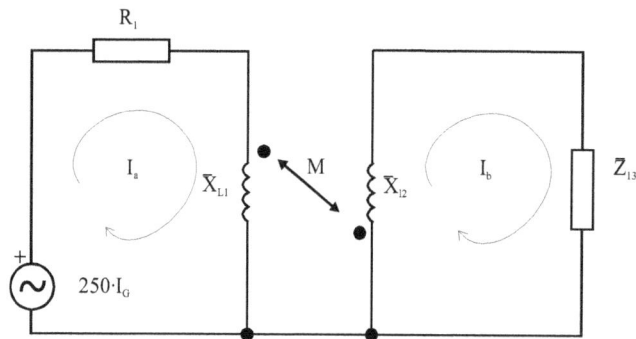

Figura 49.2

Del este circuito podemos escribir:

$$\left. \begin{aligned} 100 &= 375 j \cdot \overline{I}_a + 250 \overline{I}_a + j250 \overline{I}_b \\ 0 &= 250 j \cdot \overline{I}_a + (250j + 125 + 125j)\overline{I}_b \end{aligned} \right\} \text{resolvemos el sistema: } \overline{I}_b = 0,16865 \angle 161,565° \ A$$

Finalmente $\overline{I}_G$ será el valor simulado por coeficiente que obtendremos entre las dos $\overline{I}_b$ (que marca el amperímetro).

$$|\overline{I}_G| = \frac{2}{5} \cdot \frac{2}{0,16865} = 4,7434 A \ \rightarrow \ \boxed{\overline{I}_G = 4,7434 \angle 0° \ A}$$

Problema 50

El circuito de la figura trabaja en régimen permanente, las lecturas de los aparatos de medida son las siguientes :

$$A_1 = 3,172 \text{ A} \quad A_2 = 14,3542 \text{ A} \quad W_1 = 124,7834 \text{ W} \quad W_2 = 560,1776 \text{ W}$$

Los generadores que lo alimentan proporcionan unas tensiones de:

$$e_1(t) = 40\sqrt{2}\cos 100\pi t \text{ V} \qquad\qquad e_2(t) = 50\sqrt{2}\cos(100\pi + \pi/36) \text{ V}$$

La carga formada por $Z = R + jX$ tiene un factor de potencia de 0,89443 y consume 599,5254 W con el interruptor K abierto.

Se pide:

a) Valores de $\overline{Z}_1 = R_1 + jX_1$ y $\overline{Z}_2 = R_2 + jX_2$

b) Lecturas del voltímetro V y del amperímetro A

Para mejorar el factor de potencia de la carga Z cerramos el interruptor K. Se pide:

c) Capacidad del condensador C para poder conseguir que el conjunto Z-C entre en resonancia

d) Nuevas lecturas del voltímetro V y del amperímetro A

Nota: El factor de potencia en bornes de los generadores es inductivo

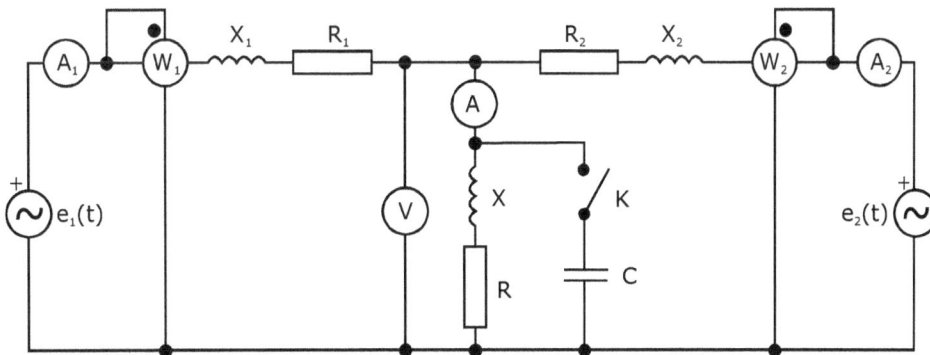

Figura 50.1

Resolución:

Las tensiones de los generadores son $\overline{E}_1 = 40\angle 0°$ y $\overline{E}_2 = 50\angle 5°$ V y las intensidades

$$\overline{I}_1 = 3,172\angle -10,4283° \text{ A} \qquad\qquad \overline{I}_2 = 314,3542\angle -38,930°$$

$$\cos\varphi_{E1} = \frac{W_1}{|\overline{E}_1| \cdot |\overline{I}_1|} = 0,9834 \qquad\qquad \cos\varphi_{E2} = \frac{W_2}{|\overline{E}_2| \cdot |\overline{I}_2|} = 0,7805$$

La intensidad del nudo: $\overline{I} = \overline{I}_1 + \overline{I}_2 = 17,3136\angle -29,5433° \text{ A}$

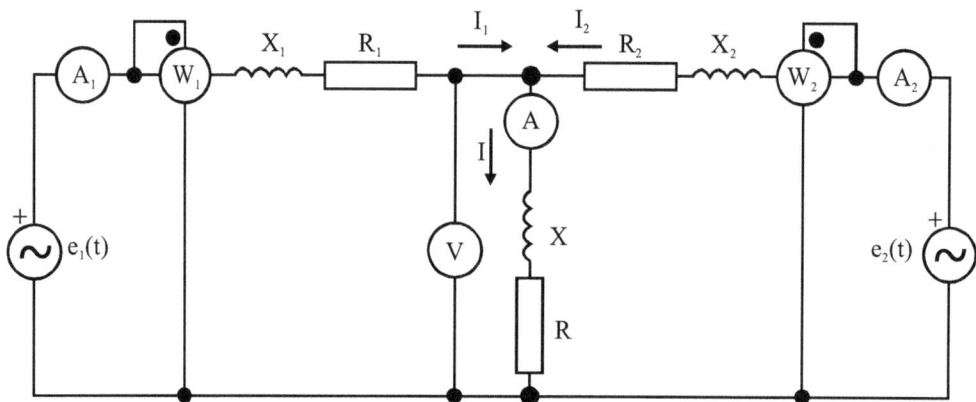

Figura 50.2

La potencia aparente de la carga la obtenemos con la potencia y el factor de potencia:

$$\cos\varphi = 0,89443 \qquad\qquad \varphi = 26,565°$$

$$|\overline{S}| = \frac{P}{\cos\varphi} = 670,287 \text{ VA} \quad \rightarrow \quad |\overline{S}| = 670,287\angle 26,565°$$

Obtenemos la caída de tensión en la carga:

$$\overline{U} = \frac{\overline{S}}{\overline{I}*} = 38,7145\angle -2,9782° \text{ V}$$

$$\boxed{|\overline{U}| = 38,7145 \text{ V}} \quad \text{y} \quad \boxed{A = 17,3136 \text{ A}}$$

Las impedancias se pueden calcular de forma inmediata:

$$\boxed{\overline{Z}_1 = \frac{\overline{E}_1 - \overline{V}}{\overline{I}_1} = 0,3 + 0,7j \ \Omega} \qquad\qquad \boxed{\overline{Z}_2 = \frac{\overline{E}_2 - \overline{V}}{\overline{I}_2} = 0,4 + 0,8j \ \Omega}$$

Situación: K cerrado.

Nos piden el caso de resonancia. Impondremos dicha condición mediante admitancias:

$$\overline{Y} = \frac{1}{\overline{Z}} = 0,4 + 0,2j\,\Omega^{-1} \;\rightarrow\; \overline{Y}_p = 0,4\angle 0°\,\Omega^{-1} \;\rightarrow\; \overline{Z}_p = 2,5\angle 0°\,\Omega$$

(en este caso resistivo)

$$\overline{U}_P = \frac{\dfrac{\overline{E}_1}{\overline{Z}_1} + \dfrac{\overline{E}_2}{\overline{Z}_2}}{\dfrac{1}{\overline{Z}_1} + \dfrac{1}{\overline{Z}_2} + \dfrac{1}{\overline{Z}_3}} = 41,230\angle -5,1956°\,V \;\rightarrow\; \overline{I}_p = \frac{\overline{U}_p}{\overline{Z}_p} = 16,492\angle -5,1956°\,A$$

Conocida la intensidad

$$\overline{Y}_C = 0,2j\,\Omega^{-1} \;\rightarrow\; \overline{Z}_C = -5j\,\Omega \;\rightarrow\; \boxed{C = \frac{1}{\left|\overline{Z}_c\right|\omega} = 636,62\,\mu F}$$

Las nuevas lecturas de los aparatos serán:

$$\boxed{V = 41,230\,V \qquad A = 16,492\,A}$$

Problema 51

El circuito de la figura se alimenta de generadores de tensión y corriente alterna de frecuencia 50 Hz trabajando en régimen permanente.

Se pide:

a) Equivalente de Thevenin en bornes de A-B

b) Corriente de corto-circuito en bornes de A-B

c) ¿Qué impedancia Z debe colocarse en los bornes A-B para transferir la máxima potencia? ¿Cúal es el valor de ésta?

Datos:

$R = 100 \angle 0° \; \Omega$ $X_1 = 40 \angle -90° \; \Omega$ $X_2 = 30 \angle 90° \; \Omega$

$X_3 = 60 \angle 90° \; \Omega$ $X_4 = 70 \angle -90° \; \Omega$ $k = 0{,}01 \; \Omega^{-1}$

$I_G = 2 \angle 90° \; A$ $E_G = 125 \angle 0° \; V$

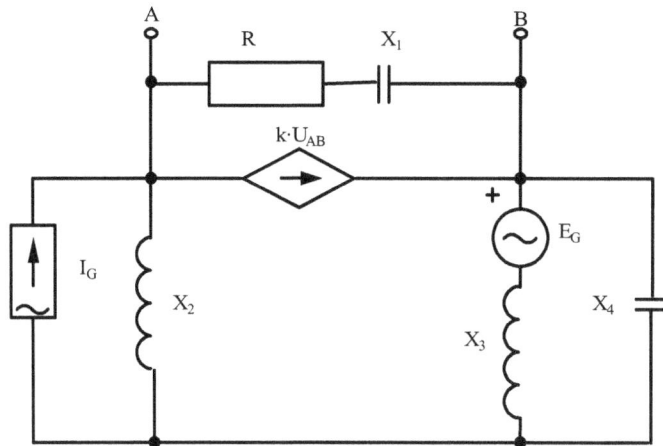

Figura 51.1

Resolución:

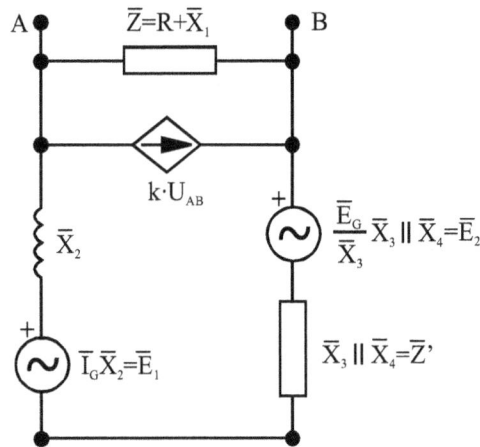

Figura 51.2

Cálculo de E_{Th}:

$$\overline{Z}' = \frac{\overline{X}_3 \overline{X}_4}{\overline{X}_3 + \overline{X}_4} = 420\angle 90° \, \Omega \qquad \overline{Z}_{234} = \overline{Z}' + \overline{X}_2 = 450\angle 90° \, \Omega$$

$$\overline{E}_2 = \frac{\overline{E}_G}{\overline{X}_3}\overline{Z}' = 875\angle 0° \, V$$

$$\overline{E}_1 - 60\angle 180° - -60\angle 0° \, V \qquad \overline{E}_{12} = \overline{E}_1 - \overline{E}_2 = -60 - 875 = 935\angle 0° \, V$$

Consideremos la tensión en el nudo B como tierra (0)

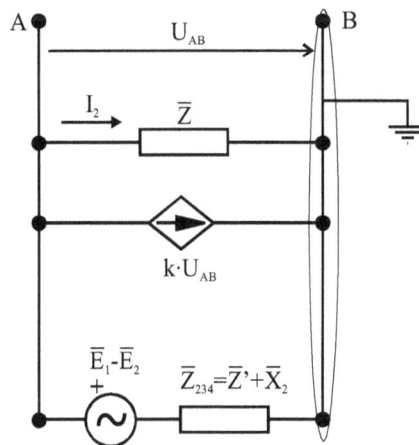

Figura 51.3

Podemos escribir:

$$\overline{I} = k\overline{U}_{AB} + \overline{I}_Z \quad \rightarrow \quad \frac{0 - (\overline{U}_A - (\overline{E}_1 - \overline{E}_2))}{\overline{Z}_{234}} = k\overline{U}_A + \frac{\overline{U}_A}{\overline{Z}}$$

$$\frac{\overline{E}_1 - \overline{E}_2}{\overline{Z}_{234}} = \overline{U}_A \left[\frac{1}{\overline{Z}_{234}} + k + \frac{1}{\overline{Z}} \right] \quad \rightarrow \quad \overline{U}_A = \frac{\dfrac{\overline{E}_1 - \overline{E}_2}{\overline{Z}_{234}}}{\left[\dfrac{1}{\overline{Z}_{234}} + k + \dfrac{1}{\overline{Z}} \right]} = \overline{E}_{th}$$

$$\boxed{\overline{E}_{th} = 7{,}315 + 111{,}102\,j = 111{,}343 \angle 86{,}232 \text{ V}}$$

Cálculo de I_N:

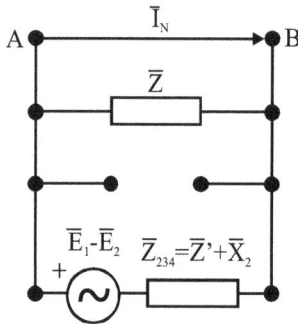

$$\overline{E}_1 - \overline{E}_2 = \overline{Z}_{234} \overline{I}_N$$

$$\overline{I}_N = \frac{\overline{E}_1 - \overline{E}_2}{\overline{Z}_{234}} \quad \boxed{= 2{,}0\hat{7} \angle 90° \text{ A}}$$

Figura 51.4

Cálculo de Z_{Th}:

$$\overline{Z}_{th} = \frac{\overline{E}_{th}}{\overline{I}_N} = \frac{1}{\dfrac{1}{\overline{Z}_{234}} + k + \dfrac{1}{\overline{Z}}} \quad \boxed{= 53{,}472 - j3{,}521 = 53{,}588 \angle - 3{,}767° \,\Omega}$$

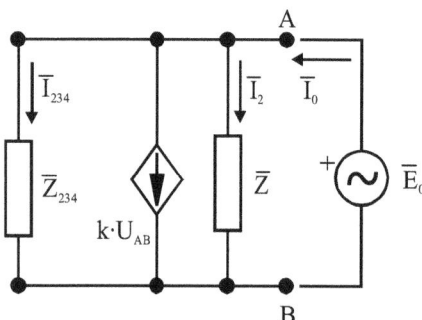

$$\overline{I}_0 = \overline{I}_2 + k\overline{E}_0 + \overline{I}_{234}$$

$$\overline{I}_0 = \frac{\overline{E}_0}{\overline{Z}} + k\overline{E}_0 + \frac{\overline{E}_0}{\overline{Z}_{234}}$$

$$\frac{\overline{E}_0}{\overline{I}_0} = \frac{1}{\dfrac{1}{\overline{Z}} + k + \dfrac{1}{\overline{Z}_{234}}} = 53{,}588 \angle - 3{,}767° \,\Omega$$

Figura 51.5

La Z que se deberá colocar será:

$$\boxed{\overline{Z} = \overline{Z}_{th}^*} = 53,588\angle 3,767 = 53,472 + 3,521j\,\Omega$$

Y la potencia máxima será:

$$\boxed{P_{max} = \frac{\left|\overline{E}_{th}\right|^2}{4R_{th}} = 57,962\ W}$$

Problema 52

Dado el circuito de la figura:

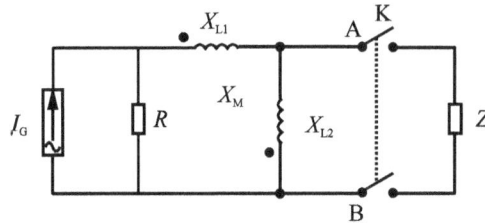

Figura 52.1

Estando el interruptor K abierto:

a) Valor de la tensión U_{AB}

b) Impedancia de Thevenin

Datos:

$$I_G=4\angle0°\ A\Omega \qquad R=2\Omega \qquad X_{L1}=2\Omega \qquad X_{L2}=2\Omega \qquad X_M=1\Omega$$

Resolución:

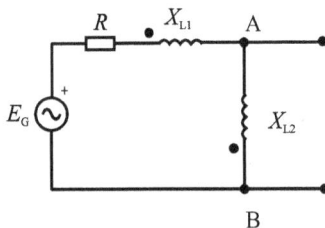

Figura52.2

$$E_G = I_G \cdot R = 4\angle0° \cdot 2\angle0° = 8\angle0°\ V$$

$$\bar{I} = \frac{\overline{E}_G}{\overline{R}+\overline{X}_{L1}+\overline{X}_{L2}-2\cdot\overline{X}_M}$$

$$\bar{I} = 2\sqrt{2}\ \angle-45°\ A \qquad \overline{U}_{AB} = \left(\overline{X}_{L2}-\overline{X}_M\right)\cdot\bar{I}$$

$$\boxed{\overline{U}_{AB} = 2\cdot\sqrt{2}\ \angle45°\ V} \qquad \overline{E}_{Th} = \overline{U}_{AB}$$

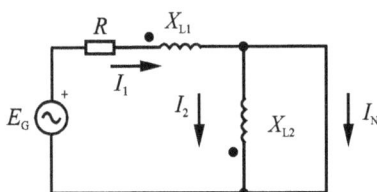

Figura 52.3

$$\overline{X}_{L2}\cdot\bar{I}_2 - \overline{X}_M\cdot\bar{I}_1 = 0 \ \Rightarrow\ \bar{I}_2 = \frac{\overline{X}_M}{\overline{X}_{L2}}\cdot\bar{I}_1 = \frac{\bar{I}_1}{2}$$

$$\bar{I}_1 = \bar{I}_2+\bar{I}_N \ \Rightarrow\ \bar{I}_1 = \frac{\bar{I}_1}{2}+\bar{I}_N \ :\ \bar{I}_N = \frac{\bar{I}_1}{2}$$

$$\overline{I}_G \cdot \overline{R} = (R + X_{L1}) \cdot 2 \cdot \overline{I}_N - \overline{I}_N \cdot \overline{X}_M$$

$$\overline{I}_G \cdot \overline{R} = (2 \cdot R + 2 \cdot X_{L1} - X_M) \cdot \overline{I}_N$$

$$\overline{I}_N = \frac{\overline{I}_G \cdot \overline{R}}{2 \cdot \overline{R} + 2 \cdot \overline{X}_{L1} - \overline{X}_M} = \frac{4\angle 0° \cdot 2\angle 0°}{4 + 2 \cdot 2j - 1j} = \frac{8\angle 0°}{4 + 3j} = \frac{8\angle 0°}{5\angle 36,87°} = \frac{8}{5} \angle -36,87° \, A$$

$$\overline{Z}_{Th} = \frac{\overline{U}_{AB}}{\overline{I}_N} = \frac{2 \cdot \sqrt{2} \ \angle 45°}{\dfrac{8}{5} \ \angle -36,87°} = \frac{10}{8} \sqrt{2} \ \angle 81,87° \, \Omega$$

$$\boxed{\overline{Z}_{Th} = 1,25\sqrt{2} \ \angle 81,87°} \ \ \Omega$$

Problema 53

El circuito de la figura esta alimentado por un generador de tensión de 50Hz conocemos las lecturas de los siguientes aparatos:

A_G=8,064 A W_G=1060,04 W   W=19,51 W   V=232,61 V V_G=240 V

Se pide:

a) Valor de les impedancias Z_L, Z_1

Se conecta posteriormente una carga de $\overline{Z}_2 = 4+3j\,\Omega$ (K cerrado).

Se pide:

b) Nuevas lecturas de los aparatos que aparecen después de conectar la carga Z_2

c) Corriente de corto-circuito en A-B y potencia consumida

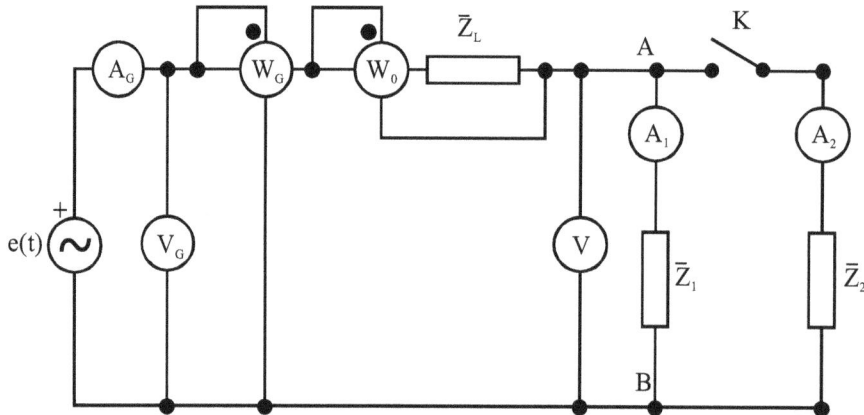

Figura 53.1

Resolución:

a) Situación: K abierto.

$$P_{Z_1} = W_G - W = 1040,53W \quad \rightarrow \quad R = \frac{P_{Z_1}}{A_G^2} = 16\Omega$$

$$\left|\overline{Z}_1\right| = \frac{\left|\overline{V}\right|}{A_G} = 28,844\Omega \qquad\qquad \varphi_2 = \arccos\frac{R}{\left|\overline{Z}\right|} = 56,31°$$

$$\boxed{\overline{Z}_1 = 28,844\angle 56,31°\,\Omega = 16+24j\,\Omega}$$

$$R_T = \frac{W_G}{A_G^2} = 16,30\Omega$$

$$|\overline{Z}_T| = \frac{|\overline{V}_G|}{|\overline{I}_G|} = 29,760 \,\Omega \qquad\qquad \varphi_T = \arccos\frac{R_T}{|Z_T|} = 56,79°$$

$$|\overline{Z}_T| = 16,30 + 24,90\,j = 29,76\angle 56,79° \,\Omega$$

$$\boxed{\overline{Z}_L = \overline{Z}_T - \overline{Z} = 0,3 + 0,9\,j = 0,95\angle 71,565° \,\Omega}$$

b) Situación: K cerrado.

$$|\overline{E}_{th}| = 232,61\text{V}$$

$$\overline{Z}_{th} = \frac{\overline{Z}_L \cdot \overline{Z}_1}{\overline{Z}_L + \overline{Z}_1} = 0,298 + 0,870\,j = 0,919\angle 72,0844° \,\Omega$$

Asignaremos $E_{th} \rightarrow \overline{E}_{th} = 232,61\angle 0° \,\Omega$

$$\overline{I}_2 = \frac{\overline{E}_{th}}{\overline{Z}_{th} + \overline{Z}_2} = 40,22\angle -42° = 29,889 - 26,911\,j \text{ A}$$

$$\overline{U} = \overline{Z}_2 \cdot \overline{I}_2 = 200,293 - 17,977\,j = 201,098\angle -5,128° \text{ V}$$

$$\overline{I}_1 = \frac{\overline{U}}{\overline{Z}_1} = 3,333 - 6,123\,j = 6,972\angle -61,438° \text{ A}$$

$$\overline{I}_T = \overline{I}_1 + \overline{I}_2 = 33,233 - 33,035\,j = 46,851\angle -44,837° \text{ A}$$

las lecturas serán:

$$\boxed{V = 201,098 \text{ V}}$$

$$\underline{W} = \text{la parte Real de} \boxed{\overline{Z}_L \cdot |\overline{I}_T|^2 = 658,52 \text{ W}}$$

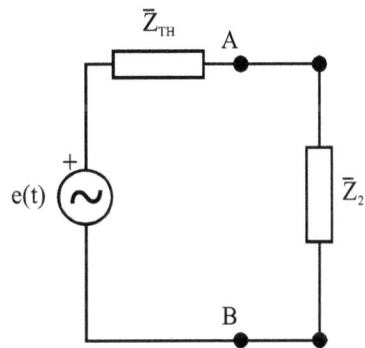

Figura 53.2

$$\overline{U}_G = \overline{Z}_L \cdot \overline{I}_T + \overline{U} = 240\angle 0,480° \text{ V} \leftarrow \text{ (de aquí obtenemos el ángulo de } \overline{V}_G\text{)}$$

$$\underline{W_G} = \text{la parte Real de} \boxed{\overline{U}_G \cdot \overline{I}_T^* = 7906,713 \text{ W}}$$

$$\boxed{A_2 = 40,22 \text{ A}} \qquad \boxed{A_1 = 6,972 \text{ A}}$$

$$\boxed{A_G = 46,85 \text{ A}} \qquad \boxed{W = 201,098 \text{ V}}$$

c) Situación: K cerrado.

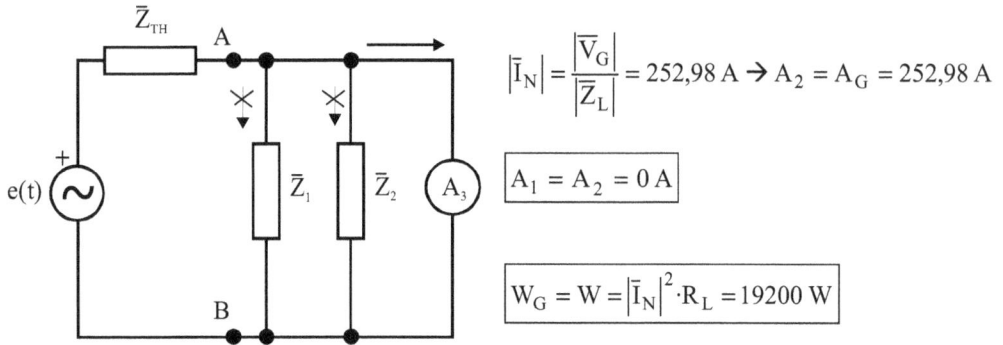

$$\left|\bar{I}_N\right| = \frac{\left|\bar{V}_G\right|}{\left|\bar{Z}_L\right|} = 252,98 \text{ A} \rightarrow A_2 = A_G = 252,98 \text{ A}$$

$$\boxed{A_1 = A_2 = 0 \text{ A}}$$

$$\boxed{W_G = W = \left|\bar{I}_N\right|^2 \cdot R_L = 19200 \text{ W}}$$

Figura 53.3

Problema 54

El circuito de la figura, alimentado por un generador de corriente alterna, trabaja en régimen permanente. La expresión temporal de la tensión en bornes de A-B es u(t)=25·$\sqrt{2}$·cos(100πt) V, las
reactancias de las bobinas X_1, X_2 y X_M son respectivamente 3, 1,5 y 1 Ω, la impedancia Z=4-j·4 Ω y la
resistencia R_1 = 1 Ω.

Se pide :

a) Expresión temporal de e(t)

b) Circuito equivalente de Thevenin en bornes de A-B : E_{Th} y Z_{Th}

c) Qué impedancia Z_L se ha de colocar en bornes de A-B para transferir la máxima potencia y valor de
ésta

d) Corriente de cortocircuito

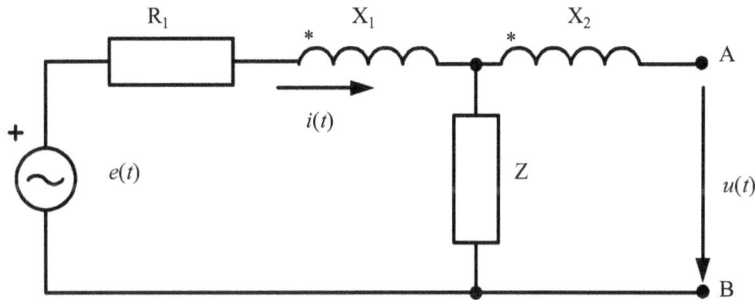

Figura 54.1

Resolución:

$$u(t) \rightarrow \overline{U}=25\angle 0° \text{ V} \qquad\qquad \overline{Z}_1=R_1+j\cdot X_{L1}=1+j\cdot 3=3,162\angle 71,56° \text{ } \Omega$$

$$\overline{Z}=4+j\cdot 4=4\sqrt{2}\angle -45° \text{ } \Omega \qquad\qquad \overline{X}_{L2}=j\cdot X_{L2}=j\cdot 1,5=1,5\angle 90° \text{ } \Omega$$

$$\overline{X}_M=j\cdot X_M=j=1\angle 90° \text{ } \Omega$$

$$\begin{matrix} \overline{E}=\overline{Z}_1\cdot\overline{I}_1-\overline{X}_M\cdot\overline{I}_2+\overline{Z}\cdot(\overline{I}_1+\overline{I}_2) \\ \overline{U}=\overline{X}_{L2}\cdot\overline{I}_2-\overline{X}_M\cdot\overline{I}_1+\overline{Z}\cdot(\overline{I}_1+\overline{I}_2) \end{matrix} \qquad \text{si } I_2=0 \text{ A} \qquad \begin{matrix} \overline{E}=\overline{Z}_1\cdot\overline{I}_1+\overline{Z}\cdot\overline{I}_1 \\ \overline{U}=-\overline{X}_M\cdot\overline{I}_1+\overline{Z}\cdot\overline{I}_1 \end{matrix}$$

$$\overline{E}=\frac{\overline{U}\cdot(\overline{Z}_1+\overline{Z})}{(\overline{Z}-\overline{X}_M)}=15,244+j\cdot 12,805=19,908\angle 40,03° \text{ V}$$

$$\boxed{\overline{E} \rightarrow e(t)=19,908\cdot\sqrt{2}\cdot\cos(100\cdot\pi\cdot t+40,03°) \text{ V}}$$

$$\overline{E}_0 = \overline{X}_{L2} \cdot \overline{I}_0 + \overline{X}_M \cdot \overline{I}_1 + \overline{Z} \cdot \overline{I}_Z$$

$$\overline{Z} \cdot \overline{I}_Z = \overline{Z}_1 \cdot \overline{I}_1 + \overline{X}_M \cdot \overline{I}_0$$

$$\overline{I}_0 = \overline{I}_Z + \overline{I}_1$$

$$\overline{I}_0 = \frac{\overline{E}_0 \cdot (\overline{Z} + \overline{Z}_1)}{\overline{Z} \cdot \overline{X}_{L2} + 2 \cdot \overline{Z} \cdot \overline{X}_M - \overline{X}_M{}^2 + \overline{X}_{L2} \cdot \overline{Z}_1 + \overline{Z} \cdot \overline{Z}_1}$$

$$\overline{Z}_{Th} = \frac{\overline{E}_0}{\overline{I}_0} = \frac{\overline{Z} \cdot \overline{X}_{L2} + 2 \cdot \overline{Z} \cdot \overline{X}_M - \overline{X}_M{}^2 + \overline{X}_{L2} \cdot \overline{Z}_1 + \overline{Z} \cdot \overline{Z}_1}{\overline{Z} + \overline{Z}_1} = 4{,}192 + j \cdot 5{,}538 = 6{,}946 \angle 52{,}87° \ \Omega$$

La impedancia a colocar para transferir la máxima potencia es:

$$\boxed{\overline{Z}_L = 4{,}192 - j \cdot 5{,}538 = 6{,}946 \angle -52{,}87° \ \Omega}$$

La tensión de Thevenin en bornes de A-B

$$\boxed{\overline{E}_{Th} = \overline{U} = 25 \angle 0° \ V}$$

La potencia máxima transferida

$$\boxed{P_{max} = \frac{\left| \overline{E}_{Th} \right|^2}{4 \cdot R_{Th}} = 37{,}27 \ W}$$

La corriente de cortocircuito en bornes de A-B

$$\boxed{\overline{I}_{CC} = \overline{I}_N = \frac{\overline{E}_{Th}}{\overline{Z}_{Th}} = 2{,}172 - j \cdot 2{,}870 = 3{,}599 \angle -52{,}87° \ A}$$

Problema 55

El circuito de la figura se alimenta de un generador de alterna $e(t)=240\cdot\sqrt{2}\cos(100\pi\cdot t+30°)$ V y trabaja en régimen permanente. Se conocen los valores de las impedancias $Z_1=6\text{-}j$ Ω, $Z_2=3\text{-}j$ Ω, $Z_3=8+j\cdot6$ Ω, $Z_4=6\text{-}j\cdot8$ Ω, las L_1, L_2 y la inductancia mutua M son respectivamente 8, 12 y 6 mH.

Se pide :

a) Determinar la tensión de Thevenin en bornes de A-B

b) Determinar la corriente de cortocircuito en bornes de A-B

c) Determinar la impedancia de la carga a colocar en bornes de A-B para transferir la máxima potencia (expresar la resistencia en Ω y el elemento reactivo en mH o μF según proceda)

d) Calcular la potencia máxima disipada en la carga citada

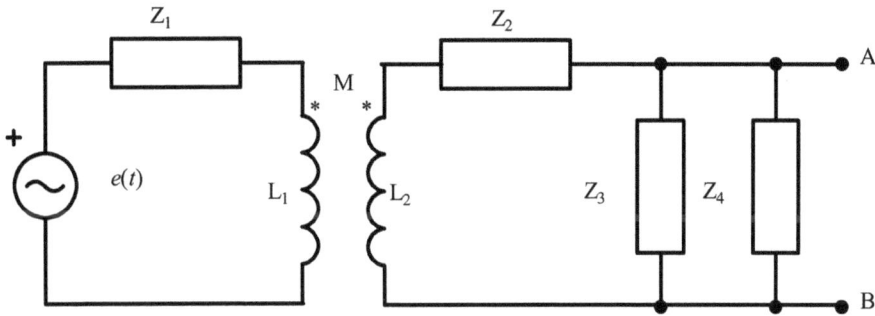

Figura 55.1

Resolución:

$$e(t) \rightarrow \overline{E}=240\angle30° \text{ V V} \qquad \omega=100\cdot\pi \text{ rad/s} \qquad \overline{X}_{L1}=j\cdot L_1\omega=2,513\angle90° \text{ Ω}$$

$$\overline{X}_{L2}=j\cdot L_2\omega=3,77\angle90° \text{ Ω} \qquad \overline{X}_M=j\cdot M\times\omega=1,885\angle90° \text{ Ω}$$

$$\overline{Z}_p=\frac{\overline{Z}_3\cdot\overline{Z}_4}{\overline{Z}_3+\overline{Z}_4}=7\text{-}j=7,071\angle\text{-}8,13° \text{ Ω}$$

$$\overline{E}=\overline{Z}_1\cdot\overline{I}_1+\overline{X}_{L1}\cdot\overline{I}_1-\overline{X}_M\overline{I}_2$$
$$0=\overline{Z}_2\cdot\overline{I}_2+\overline{X}_{L2}\cdot\overline{I}_2-\overline{X}_M\cdot\overline{I}_1+\overline{Z}_p\cdot\overline{I}_2$$

$$\overline{I}_1=35,243+j\cdot10,846=36,874\angle17,10° \text{ A}$$

$$\overline{I}_2=\text{-}0,842+j\cdot6,7922=6,844\angle97,06° \text{ A}$$

$$\boxed{\overline{E}_{Th}=\overline{Z}_p\cdot\overline{I}_2=0,895+j\times48,388=48,396\angle88,94° \text{ V}}$$

Cálculo de la corriente de cortocircuito:

$$\overline{E} = \overline{Z}_1 \cdot \overline{I}_{1cc} + \overline{X}_{L1} \cdot \overline{I}_{1cc} - \overline{X}_M \overline{I}_{2cc}$$

$$0 = \overline{Z}_2 \cdot \overline{I}_{2cc} + \overline{X}_{L2} \cdot \overline{I}_{2cc} - \overline{X}_M \cdot \overline{I}_{1cc}$$

$$\boxed{\overline{I}_{2CC} = 5,823 + j \cdot 15,468 = 16.528 \angle 69.40^\circ \ A}$$

$$\overline{Z}_{Th} = \frac{\overline{E}_{Th}}{\overline{I}_{2CC}} = 2,758 + j \cdot 0,980 = 2,928 \angle 19,570^\circ \ \Omega$$

$$\boxed{\overline{Z} = \overline{Z}_{Th}* = 2,758 - j \cdot 0,980 = 2,928 \angle -19,570^\circ \ \Omega}$$

$$\boxed{C = \frac{1}{X_C \cdot \omega} = 3,245 \ mF}$$

$$\boxed{P_{max} = \frac{|E_{Th}|^2}{4 \cdot R_{Th}} = 212,24 \ W}$$

Problema 56

Dado el circuito de la figura:

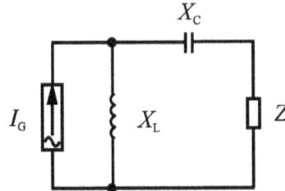

Figura 56.1

Se conocen los siguientes parámetros:

$I_G = 2\angle 0°$ A $X_C = 2\angle{-90°}$ Ω $X_L = 2\angle 90°$ Ω $Z = 2\angle 60°$ Ω

Aplicando el principio de sustitución, se tiene el circuito:

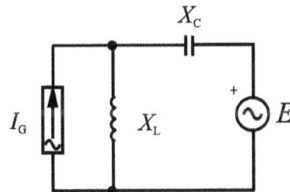

Figura 56.2

Determinar el valor de E.

Resolución:

$$\overline{E} = \overline{X}_L \cdot \overline{I}_G = 2\angle 90° \cdot 2\angle 0° = 4\angle 90° \text{ V}$$

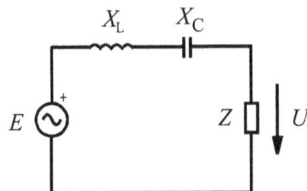

Figura 56.3

$$\overline{U} = \frac{\overline{E} \cdot \overline{Z}}{\overline{X}_L + \overline{X}_C + \overline{Z}} = \overline{E}$$

$$\boxed{\overline{E} = 4\angle 90° \text{ V}}$$

Problema 57

En el circuito de la figura:

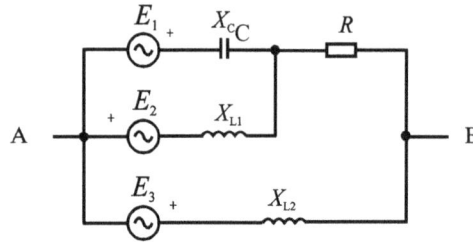

Figura 57.1

Se conocen los siguientes datos:

$E_1 = 20\angle 0°$ V $E_2 = 80\angle 90°$ V $E_3 = 40\angle -90°$ V

$X_C = 2\angle -90°$ Ω $X_{L1} = 4\angle 90°$ Ω $X_{L2} = 2\angle 90°$ Ω $R = 2\angle 0°$ Ω

a) ¿Cuál es el módulo de la tensión entre C y A?

b) ¿Cuál es la potencia que se disipa en la resistencia?

Resolución:

Aplicando en teorema de Millman, tenemos:

$$\overline{U}_{CA} = \dfrac{\dfrac{\overline{E}_1}{\overline{X}_C} - \dfrac{\overline{E}_2}{\overline{X}_{L1}} + \dfrac{\overline{E}_3}{\overline{X}_{L2+R}}}{\dfrac{1}{\overline{X}_C} + \dfrac{1}{\overline{X}_{L1}} + \dfrac{1}{\overline{X}_{L2+R}}} = \dfrac{\dfrac{20\angle 0°}{2\angle -90°} - \dfrac{80\angle 90°}{4\angle 90°} + \dfrac{40\angle -90°}{2\sqrt{2}\angle 45°}}{\dfrac{1}{2\angle -90°} + \dfrac{1}{4\angle 90°} + \dfrac{1}{2\sqrt{2}\angle 45°}}$$

$$\boxed{\overline{U}_{CA} = -120\angle 0° \text{ V}}$$

$$I_R = \dfrac{\overline{U}_{CA} - \overline{E}_3}{\overline{R} + \overline{X}_{L2}} = -20 + 40j = 20\sqrt{5}\ \angle 116,565° \text{ A}$$

$$P = I_R^2 \cdot R = \left(20 \cdot \sqrt{5}\right)^2 \cdot 2$$

$$\boxed{P = 4000 \text{ W}}$$

Problema 58

Dado el circuito de la figura 58.1, se conocen los siguientes parámetros:

$$R_1 = 4 \ \Omega \qquad R_2 = 4 \ \Omega \qquad X_C = 4 \ \Omega \qquad X_L = 8 \ \Omega$$

$$e_G(t) = 12 \ \text{sen}(100\pi t) \ \text{V} \qquad i_G(t) = 3 \ \text{sen}(100\pi t + 90°)$$

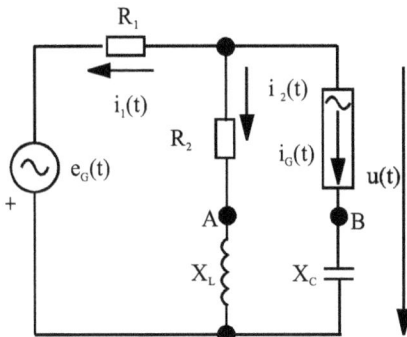
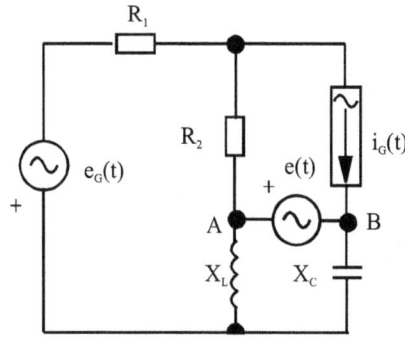

Figura 58.1   *Figura 58.2*

Aplicando el teorema de sustitución, determinar la e(t) de la figura 58.2.

Resolución:

$$\overline{E}_G = 12\angle 0° \ \text{V} \qquad \overline{I}_G = 3\angle 90° \ \text{A}$$

$$\overline{R}_1 = 4 \ \Omega \qquad \overline{R}_2 = 4 \ \Omega$$

$$\overline{X}_L = j8 \ \Omega \qquad \overline{X}_C = -j4 \ \Omega$$

$$\overline{I}_1 = \frac{\overline{E}_G + \overline{U}}{\overline{R}_1} \qquad \overline{I}_2 = \frac{\overline{U}}{\overline{R}_2 + \overline{X}_L}$$

$$\overline{I}_1 + \overline{I}_2 + \overline{I}_G = 0$$

$$\frac{\overline{E}_G + \overline{U}}{\overline{R}_1} + \frac{\overline{U}}{\overline{R}_2 + \overline{X}_L} + \overline{I}_G = 0$$

$$\frac{12\angle 0° + \overline{U}}{4\angle 0°} + \frac{\overline{U}}{4 + 8j} + 3\angle 90° = 0$$

$$\overline{U} = -6 - 12j \quad V$$

$$\overline{U}_A = \overline{X}_L \cdot \overline{I}_2 = \frac{\overline{U}}{\overline{R}_2 + \overline{X}_L} \cdot \overline{X}_L = \frac{-6 - 12j}{4 + j \cdot 8} \cdot 8j = -12j \quad V$$

$$\overline{U}_B = \overline{X}_C \cdot \overline{I}_G = -4j \cdot 3\angle 90^\circ = 12 \quad V$$

$$\overline{U}_{AB} = \overline{U}_A - \overline{U}_B = -12 - 12j = 12\sqrt{2}\angle 225^\circ \quad V$$

$$\boxed{e(t) = 12\sqrt{2} \, \text{sen}(100 \cdot \pi \cdot t + 225^\circ) \, V}$$

Problema 59

El circuito de la figura que tiene por esquema el representado en la figura, trabaja en régimen permanente alimentado por dos fuentes de tensión de características:

$$e_1(t)=270\sqrt{2}\cdot\cos\left(100\cdot\pi\cdot t+\frac{\pi}{2}\right)\ V \qquad\qquad e_2(t)=360\sqrt{2}\cdot\cos 100\cdot\pi\cdot t\ V$$

Siendo los parámetros del circuito:

$$\overline{Z}_1=24\angle 73,74°\ \Omega \qquad \overline{Z}_2=18\angle-16,26°\ \Omega \qquad \overline{Z}_3=40\angle-53,13°\ \Omega \qquad \overline{Z}_4=19,2\angle-69,39°\ \Omega$$

Determinar:

a) Para la posición 1 del conmutador K, las indicaciones de todos los aparatos de medida

b) Para la posición 2 del conmutador K, las indicaciones de los aparatos de medida A_1, A_2, A_6 y V

c) Para la posición 3 del conmutador K, las indicaciones de los aparatos de medida A_6 y V

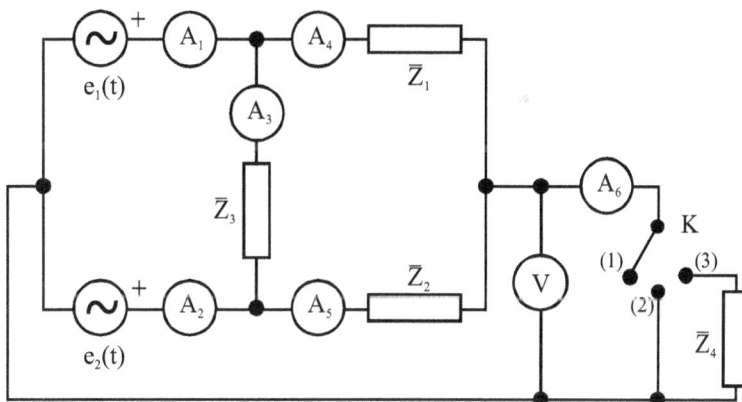

Figura 59.1

Resolución:

Pondremos en primer lugar todos los datos del problema en su forma polar y/o binómica:

$$\overline{E}_1 = 270\angle 90°\ V$$

$$\overline{E}_2 = 360\angle 0°\ V$$

$$\overline{Z}_1 = 24\angle 73,74°\ \Omega = 6,72 + 23,04j\ \Omega$$

$$\overline{Z}_2 = 18\angle -16,26°\ \Omega = 17,28 - 5,04j\ \Omega$$

$$\overline{Z}_3 = 40\angle -53,13°\ \Omega = 24 - 32j\ \Omega$$

$$\overline{Z}_4 = 19,2\angle -69,39°\ \Omega = 6,7584 - 17,9712j\ \Omega$$

a) Para la primera posición (1) del conmutador, el circuito a resolver quedará reducido a:

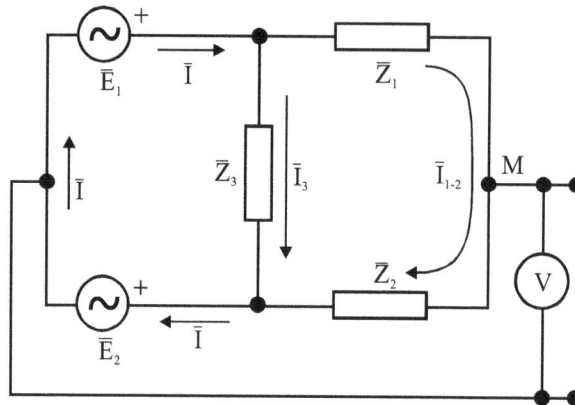

Figura 59.2

Primer método de resolución:

Para el cálculo de la impedancia total equivalente. Si observamos que $\overline{E}_2$ y $\overline{Z}_2$ están en serie y el conjunto de las dos en paralelo con $\overline{Z}_3$, tendremos:

$$\overline{Z}_{1-2} = \overline{Z}_1 + \overline{Z}_2 = 6,72 + 23,04j + 17,28 - 5,04j = 24 + 18j \ \Omega = 30\angle 36,87°$$

$$\overline{Z}_T = \frac{\overline{Z}_{1-2} \cdot \overline{Z}_3}{\overline{Z}_{1-2} + \overline{Z}_3} = \frac{30\angle 36,87° \cdot 40\angle -53,13°}{24 + 18j + 24 - 32j} = \frac{1200\angle -16,26°}{48 - 14j} = \frac{1200\angle -16,26°}{50\angle -16,26°}$$

$$\overline{Z}_T = 24\angle 0° \ \Omega = 24 + 0j \ \Omega$$

Esta impedancia esta sometida a dos fuentes de tensión contrapuestas y por lo tanto equivalentes a una de valor:

$$\overline{E} = \overline{E}_1 - \overline{E}_2 = 270\angle 90° - 360\angle 0° \ V = 270j - 360 \ V = -360 + 270j \ V = 450\angle 143,13° \ V$$

Como consecuencia:

$$\overline{I} = \frac{\overline{E}}{\overline{Z}_T} = \frac{450\angle 143,13°}{24\angle 0°} = 18,75\angle 143,13° \ A = -15 + 11,25j \ A$$

Las indicaciones, por lo tanto, de A_1 y A_2, que es obvio que son iguales, serán:

$$\boxed{A_1 = A_2 = |\overline{I}| = 18,75 \ A}$$

La corriente que circulará por $\overline{Z}_3$ valdrá:

$$\overline{I}_3 = \frac{\overline{E}}{\overline{Z}_3} = \frac{450\angle 143,13°}{40\angle -53,13°} = 11,25\angle 196,26° \qquad \boxed{A_3 = 11,25 \ A}$$

Igualmente:

$$\bar{I}_{1-2} = \frac{\overline{E}}{\overline{Z}_{1-2}} = \frac{450\angle143,13°}{30\angle36,87°} = 15\angle106,26°$$

Y la indicación de los amperímetros A_4 y A_5:

$$\boxed{A_4 = A_5 = \left|\bar{I}_{1-2}\right| = 15 \ \text{A}}$$

Naturalmente, se tiene que cumplir la igualdad vectorial siguiente:

$$\bar{I} = \bar{I}_{1-2} + \bar{I}_3 = -4,2 + 14,4j - 10,8 - 3,15j = -15 + 11,25j \ \text{A}$$

Que coincide con el valor hallado de $\bar{I}$.

La rama donde está intercalado el amperímetro A_6 queda abierta y por lo tanto no circula corriente, por lo que:

$$\boxed{A_6 = 0}$$

Finalmente, el voltímetro V está conectado entre dos puntos entre los que la diferencia de potencial:

$$\overline{V} = \overline{E}_1 - \overline{Z}_1 \cdot \bar{I}_{1-2} \qquad \text{o también} \qquad \overline{V} = \overline{E}_2 + \overline{Z}_2 \cdot \bar{I}_{1-2}$$

$$\overline{V} = 270\angle90° - 24\angle73,74°\cdot15\angle106,26° = 270\angle90° - 360\angle180° = 360 + 270j = 450\angle36,87° \ \text{V}$$

o también:

$$\overline{V} = 360\angle0° + 18\angle-16,26°\cdot15\angle106,26° = 360\angle0° + 270\angle90° = 360 + 270j = 450\angle36,87° \ \text{V}$$

La indicación de V será entonces:

$$\boxed{V = \left|\overline{V}\right| = 450 \ \text{V}}$$

Segundo método de resolución:

Por aplicación de las leyes de Kirchhoff al circuito siguiente:

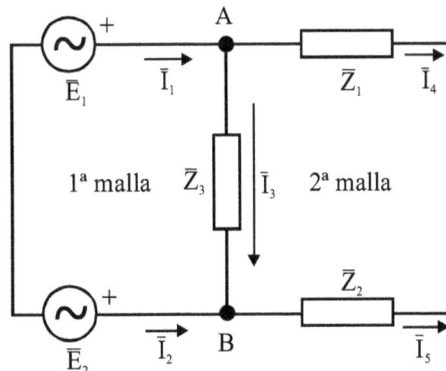

Figura 59.3

Se cumplen en este circuito las igualdades siguientes:

$$\bar{I}_1 = -\bar{I}_2$$

$$\bar{I}_4 = -\bar{I}_5$$

$$\bar{I}_1 = \bar{I}_3 + \bar{I}_4 \qquad\qquad \text{por aplicación de la 1ª ley en el nudo A}$$

$$\bar{E}_1 - \bar{E}_2 = \bar{Z}_3 \cdot \bar{I}_3 \qquad\qquad \text{por aplicación de la 2ª en la malla de la izquierda}$$

$$\bar{Z}_1 \cdot \bar{I}_4 + \bar{Z}_2 \cdot \bar{I}_4 - \bar{Z}_3 \cdot \bar{I}_3 = 0 \quad \text{por aplicación de la 2ª en la malla de la derecha}$$

De las dos últimas igualdades, se obtiene:

$$\left(\bar{Z}_1 + \bar{Z}_2\right)\bar{I}_4 = \bar{Z}_3 \bar{I}_3 = \bar{E}_1 - \bar{E}_2$$

$$\boxed{\bar{I}_4 = \frac{\bar{E}_1 - \bar{E}_2}{\bar{Z}_1 + \bar{Z}_2} = \frac{450\angle 143,13°}{30\angle 36,87°} = 15\angle 106,26° \ \text{A}}$$

$$\boxed{\bar{I}_3 = \frac{\bar{E}_1 - \bar{E}_2}{\bar{Z}_3} = \frac{450\angle 143,13°}{40\angle -53,13°} = 11,25\angle 196,26° \ \text{A}}$$

De la tercera igualdad:

$$\bar{I}_1 = \bar{I}_3 + \bar{I}_4 = 11,25\angle 196,26° + 15\angle 106,26° = -10,8 - 3,15j - 4,2 + 14,4j = -15 + 11,25j \ \text{A}$$

$$\boxed{\bar{I}_1 = 18,75\angle 143,13° \ \text{A}}$$

valores que coinciden con los hallados por el primer método, y por lo tanto las indicaciones de los aparatos

serán las dadas en ese método:

$$\bar{V} = \bar{E}_1 - \bar{Z}_1 \cdot \bar{I}_4 = 270\angle 90° - 24\angle 73,74° \cdot 15\angle 106,26° = 270\angle 90° - 360\angle 180°$$

$$\boxed{\bar{V} = 360 + 270j = 450\angle 36,87° \ \text{V}} \qquad\qquad \text{valor que coincide con el primer método.}$$

Tercer método de resolución:

Por transformación del triángulo de impedancias que constituyen las $\bar{Z}_1$, $\bar{Z}_2$ y $\bar{Z}_3$ en su estrella equivalente según el esquema siguiente:

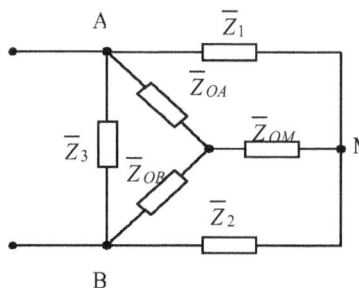

Figura 59.4

Las impedancias equivalentes en estrella valdrán:

$$\overline{Z}_{OA} = \frac{\overline{Z}_1 \cdot \overline{Z}_3}{\overline{Z}_1 + \overline{Z}_2 + \overline{Z}_3} \qquad \overline{Z}_{OB} = \frac{\overline{Z}_2 \cdot \overline{Z}_3}{\overline{Z}_1 + \overline{Z}_2 + \overline{Z}_3} \qquad \overline{Z}_{OM} = \frac{\overline{Z}_1 \cdot \overline{Z}_2}{\overline{Z}_1 + \overline{Z}_2 + \overline{Z}_3}$$

Empezamos por calcular $\overline{Z}_1 + \overline{Z}_2 + \overline{Z}_3$ que es inmediato al conocer todos los valores:

$$\overline{Z}_1 + \overline{Z}_2 + \overline{Z}_3 = (6{,}72 + 23{,}04\,\mathrm{j}) + (17{,}28 - 5{,}04\,\mathrm{j}) + (24 - 32\,\mathrm{j}) = 48 - 14\,\mathrm{j} = 50\angle -16{,}26° \ \Omega$$

Los valores de las impedancias en estrella serán pues:

$$\overline{Z}_{OA} = \frac{24\angle 73{,}74° \cdot 40\angle -53{,}13°}{50\angle -16{,}26°} = \frac{960\angle 20{,}61°}{50\angle -16{,}26°} = 19{,}2\angle 36{,}87° = 15{,}36 + 11{,}52\,\mathrm{j} \ \Omega$$

$$\overline{Z}_{OB} = \frac{18\angle -16{,}26° \cdot 40\angle -53{,}13°}{50\angle -16{,}26°} = \frac{720\angle -69{,}39°}{50\angle -16{,}26°} = 14{,}4\angle -53{,}13° = 8{,}64 - 11{,}52\,\mathrm{j} \ \Omega$$

$$\overline{Z}_{OM} = \frac{24\angle 73{,}74° \cdot 18\angle -16{,}26°}{50\angle -16{,}26°} = \frac{432\angle 57{,}48°}{50\angle -16{,}26°} = 8{,}64\angle 73{,}74° = 2{,}4192 + 8{,}2944\,\mathrm{j} \ \Omega$$

El circuito equivalente se tendrá que transformar en el siguiente:

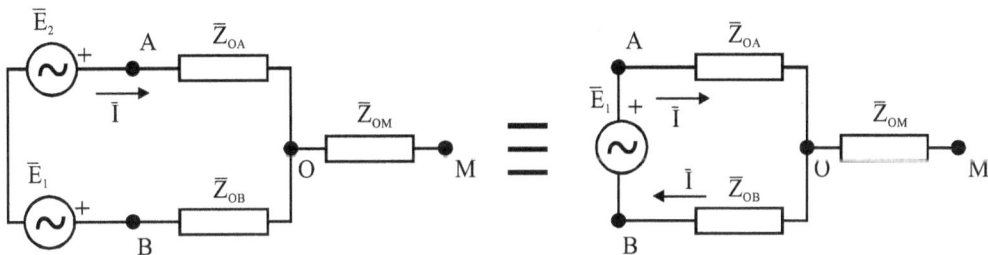

Figura 59.5

en el que $\overline{E} = \overline{E}_1 - \overline{E}_2 = 450\angle 143{,}13° \ \mathrm{V}$

El valor de la corriente $\overline{I}$ es ahora inmediato:

$$\overline{I} = \frac{\overline{E}}{\overline{Z}_{OA} + \overline{Z}_{OB}}$$

donde

$$\overline{Z}_{OA} + \overline{Z}_{OB} = 15{,}36 + 11{,}52\,\mathrm{j} + 8{,}64 - 11{,}52\,\mathrm{j} = 24 + 0\,\mathrm{j} \ \mathrm{A} = 24\angle 0° \ \mathrm{A}$$

$$\overline{I} = \frac{450\angle 143{,}13°}{24\angle 0°} = 18{,}75\angle 143{,}13° \ \mathrm{A}$$

$$\boxed{A_1 = A_2 = \left| \overline{I} \right| = 18{,}75 \ \mathrm{A}}$$

La lectura del voltímetro V será $V = \left| \overline{U} \right|$ y por lo tanto se tiene que calcular $\overline{U}$:

$$\overline{U} = \overline{E}_1 - \overline{Z}_{OA}\,\overline{I} = 270\angle 90° - 19,2\angle 36,87°\cdot 18,75\angle 143,13° = 270\angle 90° - 360\angle 180° = 360 + 270j = 450\angle 36,87° \quad A$$

La lectura es entonces: $\boxed{V = 450 \ V}$

También como antes se podría haber planteado $\overline{V} = \overline{E}_2 - \overline{Z}_{OB}\,\overline{I}$ llegando al mismo valor de $\overline{V}$.

Se omite este cálculo por no ser demasiado reiterativo.

b) En la segunda posición del conmutador, el circuito a resolver será el indicado a continuación:

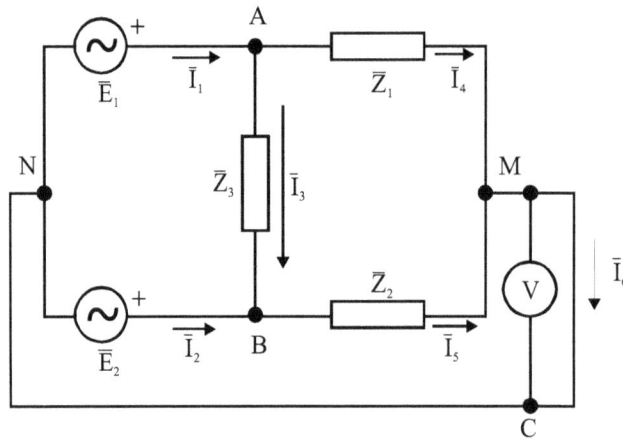

Figura 59.6

Primer método de resolución:

Por aplicación de las leyes de Kirchhoff, se podrán determinar todas las corrientes en las ramas del circuito. Así pues, se puede plantear:

$\overline{I}'_1 = \overline{I}'_3 + \overline{I}'_4$ por aplicación de 1ª ley en el nudo A

$\overline{I}'_6 = \overline{I}'_4 + \overline{I}'_5$ por aplicación de 1ª ley en el nudo M

$\overline{I}'_6 = \overline{I}'_1 + \overline{I}'_2$ por aplicación de 1ª ley en el nudo N

$\overline{E}_1 - \overline{E}_2 = \overline{Z}_3 \cdot \overline{I}'_3$ por aplicación de 2ª ley en la malla NABN

$\overline{E}_1 = \overline{Z}_1 \cdot \overline{I}'_4$ por aplicación de 2ª ley en la malla NAMCN

$\overline{E}_2 = \overline{Z}_2 \cdot \overline{I}'_5$ por aplicación de 2ª ley en la malla NBMCN

Y de forma inmediata ya tendremos los siguientes valores:

$$\overline{I}'_3 = \frac{\overline{E}_1 - \overline{E}_2}{\overline{Z}_3} = \frac{450\angle 143,13°}{40\angle -53,13°} = 11,25\angle 196,26° \quad A = -10,8 - 3,15j \ A$$

$$A_3 = \left| \overline{I}'_3 \right| = 11,25 \text{ A}$$

$$\overline{I}'_4 = \frac{\overline{E}_1}{\overline{Z}_1} = \frac{270\angle 90°}{24\angle 73,74°} = 11,25\angle 16,26° \text{ A} = 10,8 + 3,15j \text{ A}$$

$$A_4 = \left| \overline{I}'_4 \right| = 11,25 \text{ A}$$

$$\overline{I}'_5 = \frac{\overline{E}_2}{\overline{Z}_2} = \frac{360\angle 0°}{18\angle -16,26°} = 20\angle 16,26° \text{ A} = 19,2 + 5,6j \text{ A} \qquad \boxed{A_5 = \left| \overline{I}'_5 \right| = 20 \text{ A}}$$

El resto de valores de I ya se podrán calcular por resolución de las tres primeras ecuaciones:

$$\overline{I}'_1 = \overline{I}'_3 + \overline{I}'_4 = (-10,8 - 3,15j) + (10,8 + 3,15j) = 0 + 0j \text{ A} = 0 \text{ A}$$

$$A_1 = \left| \overline{I}'_1 \right| = 0 \text{ A}$$

$$\overline{I}'_6 = \overline{I}'_4 + \overline{I}'_5 = (10,8 + 3,15j) + (19,2 + 5,6j) = 30 + 8,75j \text{ A} = 31,25\angle 16,26° \text{ A}$$

$$A_6 = \left| \overline{I}'_6 \right| = 31,25 \text{ A}$$

$$\overline{I}'_2 = \overline{I}'_6 - \overline{I}'_1 = (30 + 8,75j) - (0 + 0j) = 30 + 8,75j \text{ A} = 31,25\angle 16,26° \text{ A}$$

$$A_2 = \left| \overline{I}'_2 \right| = 31,25 \text{ A}$$

Es obvio que al no haber ningún elemento pasivo entre M y C no hay caída de tensión entre estos dos puntos y por lo tanto $\boxed{V' = 0 \text{ V}}$.

Segundo método de resolución:

Por transformación del triángulo de impedancias en estrella equivalente, iremos a parar al circuito siguiente:

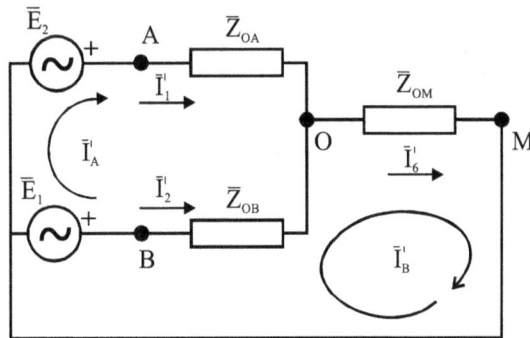

Figura 59.7

$$\overline{Z}_{AO} = 19,2\angle 36,87° \ \Omega$$

$$\overline{Z}_{BO} = 14,4\angle -53,13° \ \Omega$$

$$\overline{Z}_{OM} = 8,64\angle 73,74° \ \Omega$$

Circuito que se puede resolver con el método de las mallas para determinar las corrientes $\overline{I}'_1$, $\overline{I}'_2$ e $\overline{I}'_6$.

Como se cumple:

$$\overline{Z}_{11} = \overline{Z}_{AO} + \overline{Z}_{BO} = 19,2\angle 36,87°+14,4\angle 36,87° = (15,36+11,52\mathrm{j})+(8,64-11,52\mathrm{j}) = 24+0\mathrm{j} \ \Omega = 24\angle 0° \ \Omega$$

$$\overline{Z}_{22} = \overline{Z}_{BO} + \overline{Z}_{OM} = 14,4\angle -53,13°+8,64\angle 73,74° = (8,64-11,52\mathrm{j})+(2,4192+8,294\mathrm{j}) =$$
$$= 11,0592 - 3,2256\mathrm{j} \ \Omega = 11,52\angle -16,26° \ \Omega$$

$$\overline{Z}_{12} = \overline{Z}_{21} = -\overline{Z}_{BO} = -14,4\angle -53,13° = 14,4\angle 126,87° \ \Omega$$

Y por lo tanto, al aplicar la expresión matricial siguiente, ya podremos determinar las corrientes:

$$\begin{bmatrix} \overline{Z}_{11} & \overline{Z}_{12} \\ \overline{Z}_{21} & \overline{Z}_{22} \end{bmatrix}\begin{bmatrix} \overline{I}'_A \\ \overline{I}'_B \end{bmatrix} = \begin{bmatrix} \overline{E}_1 - \overline{E}_2 \\ \overline{E}_2 \end{bmatrix}$$

$$\overline{I}'_A = \frac{\begin{bmatrix} \overline{E}_1 - \overline{E}_2 & \overline{Z}_{12} \\ \overline{E}_2 & \overline{Z}_{22} \end{bmatrix}}{\begin{bmatrix} \overline{Z}_{11} & \overline{Z}_{12} \\ \overline{Z}_{21} & \overline{Z}_{22} \end{bmatrix}} \qquad \overline{I}'_B = \frac{\begin{bmatrix} \overline{Z}_{11} & \overline{E}_1 - \overline{E}_2 \\ \overline{Z}_{21} & \overline{E}_2 \end{bmatrix}}{\begin{bmatrix} \overline{Z}_{11} & \overline{Z}_{12} \\ \overline{Z}_{21} & \overline{Z}_{22} \end{bmatrix}}$$

Pasando a calcular, en primer lugar, el determinante de la matriz de impedancias:

$$\Delta = \begin{bmatrix} \overline{Z}_{11} & \overline{Z}_{12} \\ \overline{Z}_{21} & \overline{Z}_{22} \end{bmatrix} = \begin{bmatrix} 24\angle 0° & 14,4\angle 126,87° \\ 14,4\angle 126,87° & 11,52\angle -16,26° \end{bmatrix} = 24\angle 0°·11,52\angle -16,26°-14,4\angle 126,87°·14,4\angle 126,87°$$

$$\Delta = 276,48\angle -16,26°-207,36\angle 253,74° = 265,4208 - 77,4144,+58,0608+199,0656\mathrm{j}$$

$$\Delta = 324,4816 + 121,6512\mathrm{j} = 345,6\angle 20,61°$$

Y sustituyendo valores en las expresiones $\overline{I}'_A$ e $\overline{I}'_B$:

$$\overline{I}'_A = \frac{\begin{bmatrix} 450\angle 143,13° & 14,4\angle 126,87° \\ 360\angle 0° & 11,52\angle -16,26° \end{bmatrix}}{345,6\angle 20,61°} = \frac{5184\angle 126,87°-5184\angle 126,87°}{345,6\angle 20,61°} = 0 \ \mathrm{A}$$

$$\boxed{A_1 = \left|\overline{I}'_1\right| = \left|\overline{I}'_A\right| = 0 \ \mathrm{A}}$$

$$\overline{I}'_B = \frac{\begin{bmatrix} 24\angle 0° & 450\angle 143,13° \\ 14,4\angle 126,87° & 360\angle 0° \end{bmatrix}}{345,6\angle 20,61°} = \frac{8640\angle 0°-6480\angle 270°}{345,6\angle 20,61°} = \frac{8640+6480\mathrm{j}}{345,6\angle 20,61°} = \frac{10800\angle 36,87°}{345,6\angle 20,61°}$$

$$\overline{I}'_B = 31,25\angle 16,26° \ \mathrm{A}$$

$$\overline{I}'_B = \overline{I}'_6$$

$$\boxed{A_6 = \left|\overline{I}'_6\right| = \left|\overline{I}'_B\right| = 31,25 \ \mathrm{A}}$$

Y como,

$$\overline{I}'_2 = \overline{I}'_6 - \overline{I}'_1 = \overline{I}'_6 \quad \text{porque} \quad \overline{I}'_1 = 0$$

$$\boxed{A_2 = \left|\overline{I}'_6\right| = 31,25A}$$

Resultados idénticos, como es lógico, a los obtenidos por el método anterior. El resto, por lo tanto, ya se obtendrían de forma inmediata.

Tercer método de resolución:

Por aplicación del teorema de Millman y determinación de la f.e.m proporcionada por el generador equivalente a ambos en paralelo en el circuito transformado (impedancias en triangulo pasado a estrella equivalente).

El circuito inicial será, pues, el mismo que en el segundo método; la $\overline{E}$ de ambos generadores en paralelo valdrá:

$$\overline{E} = \frac{\overline{E}_1 \cdot \overline{Y}_{AO} + \overline{E}_2 \cdot \overline{Y}_{BO}}{\overline{Y}_{AO} + \overline{Y}_{BO}}$$

y al ser las admitancias las inversas de las impedancias:

$$\overline{E} = \frac{\dfrac{\overline{E}_1}{\overline{Z}_{AO}} + \dfrac{\overline{E}_2}{\overline{Z}_{BO}}}{\dfrac{1}{\overline{Z}_{AO}} + \dfrac{1}{\overline{Z}_{BO}}} = \frac{\overline{E}_1 \cdot \overline{Z}_{BO} + \overline{E}_2 \cdot \overline{Z}_{AO}}{\overline{Z}_{BO} + \overline{Z}_{AO}} = \frac{270\angle 90° \cdot 14,4\angle -53,13° + 360\angle 0° \cdot 19,2\angle 36,87°}{14,4\angle -53,13° + 19,2\angle 36,87°}$$

$$\overline{E} = \frac{3888\angle 36,87° + 6912\angle 36,87°}{8,64 - 11,52j + 15,36 + 11,52j} = \frac{10800\angle 36,87°}{24 + 0j} = \frac{10800\angle 36,87°}{24 + 0j} = \frac{10800\angle 36,87°}{24\angle 0°} = 450\angle 36,87° \text{ V}$$

La admitancia de este generador de Millman vale:

$$\overline{Y}_{MILL} = \overline{Y}_{OA} + \overline{Y}_{OB} = \frac{1}{\overline{Z}_{OA}} + \frac{1}{\overline{Z}_{OB}} = \frac{\overline{Z}_{OA} + \overline{Z}_{OB}}{\overline{Z}_{OA} \cdot \overline{Z}_{OB}}$$

y su impedancia interna:

$$\overline{Z}_{MILL} = \frac{1}{\overline{Y}_{MILL}} = \frac{\overline{Z}_{OA} \cdot \overline{Z}_{OB}}{\overline{Z}_{OA} + \overline{Z}_{OB}} = \frac{19,2\angle 36,87° \cdot 14,4\angle -53,13°}{24\angle 0°} = \frac{276,48\angle -16,26°}{24\angle 0°}$$

$$\overline{Z}_{MILL} = 11,52\angle -16,26° \ \Omega = 11,0592 - 3,2256j \ \Omega$$

De esta manera, el circuito equivalente que se tendrá es el siguiente:

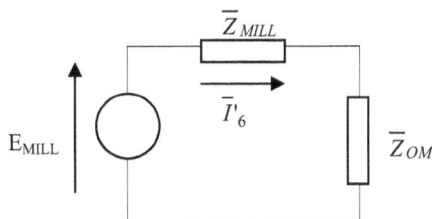

Figura 59.8

en el que es inmediato el càlculo de la intensidad:

$$\overline{I}'_6 = \frac{\overline{E}_{MILL}}{\overline{Z}_{MILL} + \overline{Z}_{OM}} = \frac{450\angle 36,87°}{11,52\angle -16,26° + 8,64\angle 73,74°} = \frac{450\angle 36,87°}{14,4\angle 20,61°} = 31,25\angle 16,26° \text{ A}$$

valor que coincide con los hallados por otros métodos, como era de esperar.

Para hallar el resto de valores, calculamos primero la caída de tensión entre O y M:

$$\overline{U}_{OM} = \overline{I}_6 \cdot \overline{Z}_{OM} = 31,25\angle 16,26° \cdot 8,64\angle 73,74° = 270\angle 90° \text{ V}$$

Conociendo $\overline{U}_{OM}$, podemos trabajar con el circuito inicial transformado en que podemos escribir:

$$\overline{E}_1 = \overline{Z}_{AO} \cdot \overline{I}'_1 + \overline{U}_{OM} \quad \text{y por lo tanto:} \quad \overline{E}_1 - \overline{U}_{OM} = \overline{Z}_{AO} \cdot \overline{I}'_1$$

$$\overline{E}_2 = \overline{Z}_{BO} \cdot \overline{I}'_2 + \overline{U}_{OM} \quad \text{y por lo tanto:} \quad \overline{E}_2 - \overline{U}_{OM} = \overline{Z}_{BO} \cdot \overline{I}'_2$$

y sustituyendo valores;

$$270\angle 90° - 270\angle 90° = \overline{Z}_{AO} \cdot \overline{I}'_1 \quad \text{o sea que:} \qquad \boxed{\overline{I}'_1 = 0 \text{ A}}$$

$$360\angle 0° - 270\angle 90° = 14,4\angle -53,13° \cdot \overline{I}_2{}'$$

$$\boxed{\overline{I}_2{}' = \frac{360 - 270j}{14,4\angle -53,13°} = \frac{450\angle -36,87°}{14,4\angle -53,13°} = 31,25\angle 16,26° \text{ A}}$$

valores que también coinciden con los obtenidos por métodos anteriores.

c) En la tercera posición del conmutador y haciendo también la transformación del triángulo de impedancias en estrella equivalente, el circuito es el siguiente:

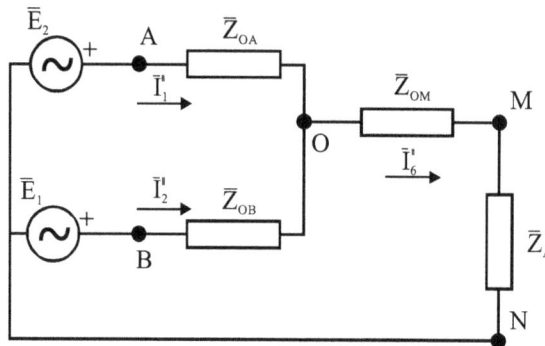

Figura 59.9

Recordando los valores ya obtenidos de:

$$\overline{Z}_{AO} = 19,2\angle 36,87° \ \Omega$$

$$\overline{Z}_{BO} = 14,4\angle -53,13° \ \Omega$$

$$\overline{Z}_{AO} + \overline{Z}_{BO} = 24\angle 0° \ \Omega$$

$$\overline{Z}_{OM} = 8,64\angle 73,74° \ \Omega$$

Resolveremos el problema utilizando el teorema de Thevenin aplicado a la impedancia $\overline{Z}_4$.

La corriente de circulación entre los dos generadores se puede calcular directamente por la fórmula:

$$\overline{I}' = \frac{\overline{E}_1 - \overline{E}_2}{\overline{Z}_{AO} + \overline{Z}_{BO}} = \frac{450\angle143,13°}{24\angle0°} = 18,75\angle143,13° \quad A$$

La tensión a circuito abierto entre N y M, que será igual a la tensión entre N y O, valdrá:

$$\overline{U}_{NM}(\text{vacío}) = \overline{U}_{NO}(\text{vacío}) = \overline{E}_1 - \overline{Z}_{AO} \cdot \overline{I}' = 270\angle90° - 19,2\angle36,87° \cdot 18,75\angle143,13° =$$
$$= 270\angle90° - 360\angle180° = 360 + 270j = 450\angle36,87° \quad V$$

También se habría llegado al mismo valor considerando la rama $\overline{E}_2$:

$$\overline{U}_{NO}(\text{vacío}) = \overline{E}_2 - \overline{Z}_{BO} \cdot \left(-\overline{I}'\right) = \overline{E}_2 + \overline{Z}_{BO} \cdot \overline{I}' = 360\angle0° + 14,4\angle-53,13° \cdot 18,75\angle143,13° =$$
$$= 360\angle0° + 270\angle90° = 360 + 270j = 450\angle36,87° \quad V$$

Por lo tanto la f.e.m. del generador de Thevenin equivalente, vale $\overline{E}_{THEV} = 450\angle36,87°$ V y como es lógico, es idéntica a la f.e.m. del generador de Millman equivalente calculado antes.

Solo queda calcular la impedancia interna del generador de Thevenin que será la que se obtenga entre terminales de M y N al hacer pasar el circuito pasivo como se muestra a continuación:

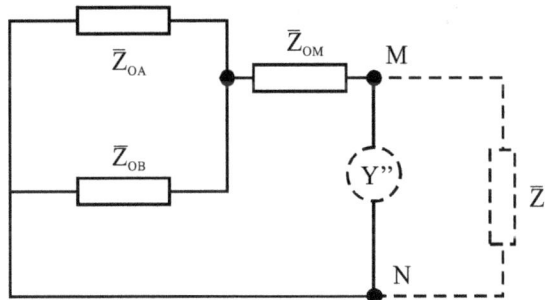

Figura 59.10

$$\overline{Z}_{THEV} = \overline{Z}_{OM} + \frac{\overline{Z}_{AO} \cdot \overline{Z}_{BO}}{\overline{Z}_{AO} + \overline{Z}_{BO}} = 8,64\angle73,74° + \frac{19,2\angle36,87° \cdot 14,4\angle-53,13°}{19,2\angle36,87° + 14,4\angle-53,13°}$$

pero $\overline{Z}_{AO} + \overline{Z}_{BO} = 24\angle0°$ Ω

como ya se ha calculado antes:

$$\overline{Z}_{THEV} = 8,64\angle73,74° + \frac{276,48\angle-16,26°}{24\angle0°} = 8,64\angle73,74° + 11,52\angle-16,26°$$

$$\overline{Z}_{THEV} = 2,4192 + 8,2944j + 11,0592 - 3,2256j = 13,4784 + 5,0688j = 14,4\angle20,61° \quad \Omega$$

El circuito equivalente con generador de Thevenin será:

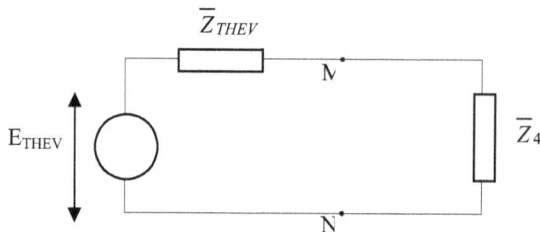

Figura 59.11

del que se deduce que:

$$\overline{I}' = \frac{\overline{E}_{THEV}}{\overline{Z}_{THEV} + \overline{Z}_4} = \frac{450\angle36,87°}{14,4\angle20,65°+19,2\angle-69,39} = \frac{450\angle36,87°}{13,4784+5,0688,+6,7584-17,9712,} =$$

$$= \frac{450\angle36,87°}{20,2368-12,9024j} = \frac{450\angle36,87°}{24\angle-32,53°} = 18,75\angle69,39° \quad A$$

Por otro lado el voltímetro indicará la tensión entre terminales de $\overline{Z}_4$:

$$V'' = \overline{Z}_4 \cdot \overline{I}''_6 = 19,2\angle-69,39°\cdot18,75\angle69,39 = 360\angle0°$$

y por lo tanto,

$$\boxed{V = |V''| = 360 \quad V}$$

Problema 60

El circuito de la figura trabaja en régimen permanente. Conocemos la lectura del voltímetro V=80 V

Se pide:
a) Lecturas de los siguientes aparatos: A_G, V_G, W, A_1 y A_2
b) Potencia aparente del generador en forma binómica y polar

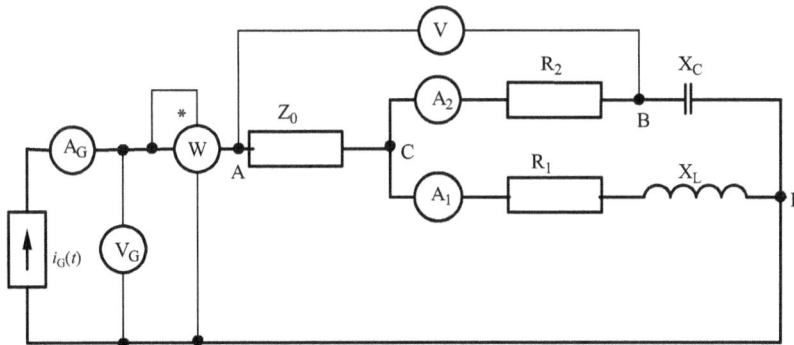

Figura 60.1

Datos: $i_G = I_{Gmax} \cdot \sqrt{2} \cdot sen 100 \cdot \pi \cdot t$ A $\overline{Z}_0 = 2 \cdot \sqrt{2} \angle 45°$ Ω $R_1 = 4$ Ω $R_2 = 18$ Ω

$X_L = 4$ Ω $X_C = 15$ Ω

Resolución:

$i_G \rightarrow \overline{I}_G = |\overline{I}_G| \angle 0° = |\overline{I}_G|$ A, $\overline{Z}_0 = R_0 + j \cdot X_0 = 2 + j \cdot 2 = 2 \cdot \sqrt{2} \angle 45°$ Ω

$\overline{Z}_1 = R_1 + j \cdot X_L = 4 + j \cdot 4 = 4 \cdot \sqrt{2} \angle 45°$ Ω, $\overline{Z}_2 = R_2 - j \cdot X_C = 18 - j \cdot 15 = 23,43 \angle -39,80°$ Ω

$\overline{Z}_p = \dfrac{\overline{Z}_2 \cdot \overline{Z}_1}{\overline{Z}_2 + \overline{Z}_1} = 4,582 + j \cdot 2,836 = 5,389 \angle 31,76°$ Ω, $\overline{Z}_T = \overline{Z}_0 + \overline{Z}_p = 3,491 + j \times 14,836 = 15,241 \angle 76,76°$ Ω

$\overline{U}_{AC} = \overline{I}_G \cdot \overline{Z}_0 = 2 \cdot |\overline{I}_G| \cdot \sqrt{2} \angle 45°$ V, $\overline{U}_{CD} = \overline{I}_G \cdot \overline{Z}_p = 5,388 \cdot |\overline{I}_G| \angle 31,759°$ V,

$\overline{U}_{CB} = \dfrac{\overline{U}_{CD} \cdot \overline{R}_1}{\overline{Z}_1} = 3,81 \cdot |\overline{I}_G| \angle -13.24°$ V $\overline{U}_{AB} = \overline{U}_{AC} + \overline{U}_{CB} = (5,709 + j \cdot 1,127) \cdot |\overline{I}_G| = 5,819 \times |\overline{I}_G| \angle 11,17°$ V

$|\overline{U}_{AB}| = 5,819 \cdot |\overline{I}_G| = 80 \Rightarrow |\overline{I}_G| = 13,747$ A

la lectura del amperímetro $\boxed{A_G = 13,747 \text{ A}}$

$\overline{U}_G = \overline{U}_{AC} + \overline{U}_{CD} = 90,482 + j \cdot 66,487 = 112,283 \angle 36,31°$ V

La lectura del voltímetro $\boxed{V_G = 112,283 \text{ V}}$

$\boxed{\overline{S}_G = \overline{U}_G \cdot \overline{I}_G = 1243,889 + j \cdot 914,018 = 1543,596 \angle 36,31° \text{ VA}}$

La lectura del vatímetro $\boxed{W=1243,889 \text{ W}}$

$$\overline{U}_{CD}=\overline{I}_G \cdot \overline{Z}_p=62,987+j\cdot 38,992=74,080\angle 31,759° \text{ V}$$

$$\overline{I}_1=\frac{\overline{U}_{CD}}{\overline{Z}_1}=12,748-j\cdot 3=13,095\angle -13,24° \text{ A}$$

La lectura de amperímetro $\boxed{A_1=13,095 \text{ A}.}$

$$\overline{I}_2=\frac{\overline{U}_{CD}}{\overline{Z}_2}=1-j\cdot 3=3,161\angle 71,56° \text{ A}$$

La lectura de amperímetro $\boxed{A_2=3,161 \text{ A}.}$

Problema 61

El circuito de la figura trabaja en régimen permanente con corriente alterna. Conocemos los valores de la resistencia R_0=0,1 Ω y K=0,025 $Ω^{-1}$ de la fuente dependiente, presentado un factor de potencia capacitivo en bornes del generador real de tensión (bornes A-B). Las lecturas de los aparatos de medida que conocemos son las siguientes:

A_G=59,45 A A_1=20,5 A   V=259,307 V

W_1=5043 W W_2=4874,9 W

Se pide :

a) Valor de R_1, X_1 y de $\overline{Z}$

b) Las lecturas de los aparatos V_G y A_2

c) Potencia aparente del generador independiente y del dependiente

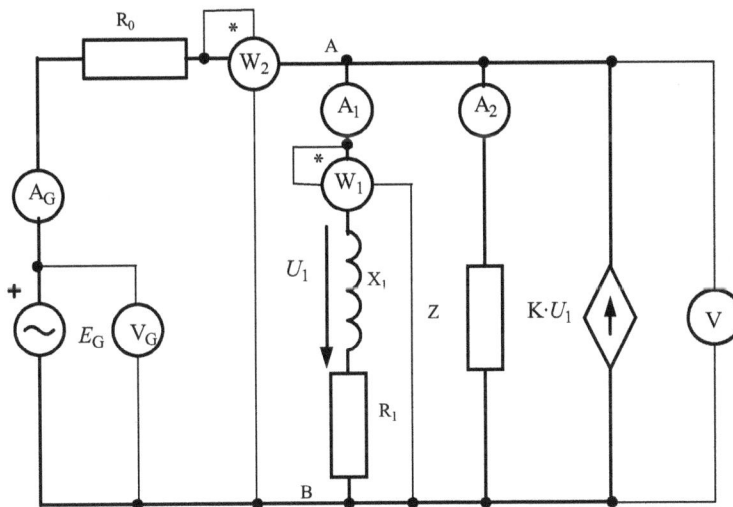

Figura 61.1

Resolución:

$$\boxed{W_1 = R_1 \cdot \left|\overline{I}_1\right| \Rightarrow R_1 = \frac{5043}{20,5^2} = 12 \ Ω}$$

$$\left|\overline{Z}_1\right| = \frac{\left|\overline{U}\right|}{\left|\overline{I}_1\right|} = \frac{259,307}{20,5} = 12,649 \ Ω$$

$$\boxed{X_1 = \sqrt{\left|\overline{Z}_1\right|^2 - R_1^{\ 2}} \Rightarrow X_1 = \sqrt{12,649^2 - 12^2} = 4 \ Ω}$$

$$\overline{Z}_1 = R_1 + j \cdot X_1 = 12 + j \cdot 4 = 12,649 \angle 18.435° \ Ω$$

$$W_2 = \Re\left(\overline{V}\cdot \overline{I}_G^*\right) = \left|\overline{V}\right|\cdot\left|\overline{I}_G\right|\cdot\cos\left(\overline{V}\overline{I}_G\right) \Rightarrow \cos\alpha = \cos\left(\overline{V}\overline{I}_G\right) = \frac{W_2}{\left|\overline{V}\right|\cdot\left|\overline{I}_G\right|} =$$

$$\frac{4874,9}{259,307\cdot 59,45} = 0,3162 \Rightarrow \alpha = \pm 71,56°$$

Tomo como referencia:

$$\overline{U} = 259,307\angle 0° = 259,30 \text{ A}$$

$$\overline{I}_G = 59,45\angle 71,565° = 18,8 + j\cdot 56,40 \text{ A}$$

$$\overline{I}_1 = 20,50\angle 18,435° = 19,448 + j\cdot 6,482 \text{ A}$$

$$\overline{U}_X = \frac{\overline{U}\cdot\overline{X}_1}{\overline{Z}_1} = \frac{259,30\angle 0°\cdot 4\angle 90°}{12,649\angle 18,43°} = 82\angle 71,56° = 25,934 + j\cdot 77,792 \text{ V}$$

$$\overline{I}_{dep} = K\cdot\overline{U}_X = 0,025\cdot 82\angle 71,56° = 2,05\angle 71,56°0 = 0,648 + j\cdot 1,944 \text{ A}$$

Aplicando la primera ley de Kirchhoff tenemos :

$$\overline{I}_G + \overline{I}_{dep} = \overline{I}_1 + \overline{I}_Z \Rightarrow \overline{I}_Z = \overline{I}_G + \overline{I}_{dep} - \overline{I}_1 = 64,826\angle 90° = j\cdot 64,826 \text{ A}$$

La lectura del amperímetro <u>A$_2$=64,826 A</u>

$$\overline{Z} = \frac{\overline{U}}{\overline{I}_Z} = 4\angle -90° = -j\cdot 4 \ \Omega$$

$$\overline{U}_G = \overline{R}_0.\overline{I}_G + \overline{U} = 261,2476\angle 1,237° = 261,186 + j\cdot 5,640 \text{ V}$$

La lectura del voltímetro <u>V$_G$=261,24 V</u>

$$\boxed{\overline{S}_{dep} = \overline{U}\cdot\overline{I}_{dep}^* = 531,584\angle -71,56° = 168,103 - j\cdot 504,304 \ \text{VA}}$$

$$\boxed{\overline{S}_G = \overline{U}_G\cdot\overline{I}_G^* = 15531,185\angle -70,32° = 5228,330 - j\cdot 14624,714 \ \text{VA}}$$

Problema 62

El circuito de la figura trabaja en régimen permanente, conociéndose las expresiones temporales de:

$$i = 12 \cdot \cos(100 \cdot \pi \cdot t + 8{,}13°) \, A \qquad\qquad u = 60 \cdot \sqrt{2} \cdot \cos(100 \cdot \pi \cdot t) \, V$$

y las lecturas de los siguientes aparatos de medida:

$$A_1 = 6 \, A \qquad\qquad\qquad A_2 = 6 \, A$$

Se pide:

a) Valor de R_1, R_2, L_1 y C_2

b) Lecturas W, V_G, A_G, A_3

c) Potencia aparente en forma binómica del generador y factor de potencia del generador

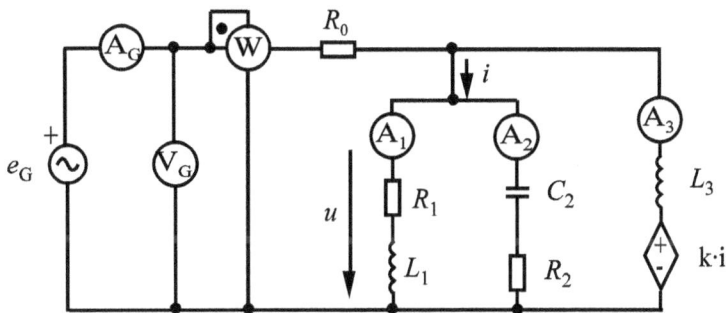

Figura 62.1

Datos:

$$R_0 = 0{,}2 \, \Omega \qquad\qquad L_3 = \frac{160}{\pi} \, mH \qquad\qquad k = 0{,}1 \, \Omega$$

Resolución:

$$I_{12} = \frac{12}{\sqrt{2}} \angle 8{,}13° \, A \qquad\qquad U = 60 \angle 0° \, V$$

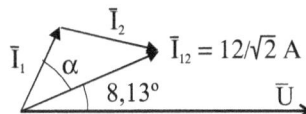

Figura 62.2

$$\cos\alpha = \frac{I_{12}/2}{I_2} \quad \boxed{\cos\alpha = \frac{\sqrt{2}}{2}} \quad \Rightarrow \quad \alpha = 45°$$

$$\bar{I}_2 = 6\angle 53{,}13° \, A \qquad \bar{Z}_2 = \frac{\bar{U}}{\bar{I}_2} = 10\angle -53{,}13° \, \Omega = 6 - j \cdot 8 \, \Omega \qquad \boxed{R_2 = 8\Omega}$$

$$\bar{I}_1 = 6\angle -36{,}87° \text{ A} \qquad \bar{Z}_1 = \frac{\bar{U}}{\bar{I}_1} = 10\angle 36{,}87°\ \Omega = 8 + j\cdot 6\ \Omega \qquad \boxed{R_1 = 6\,\Omega}$$

$$L_1 = \frac{X_{L1}}{\omega} = \frac{6\cdot 10^3}{100\cdot \pi} \qquad \boxed{L_1 = \frac{60}{\pi}\ \text{mH}}$$

$$C_2 = \frac{1}{\omega\cdot X_C} = \frac{10^6}{100\pi\cdot 8} \qquad \boxed{C_2 = \frac{1250}{\pi}\ \mu F}$$

$$k\cdot \bar{I}_{12} = 0{,}1\cdot \frac{12}{\sqrt{2}}\angle 8{,}13\ \text{V} \qquad\qquad \bar{Z}_3 = j\cdot L_3\cdot \omega = 16\angle 90°\ \Omega$$

$$\bar{I}_3 = \frac{\bar{U} - k\cdot \bar{I}_{12}}{Z_3} = 3{,}698\angle -90{,}116°\quad \text{A}$$

$$\bar{I}_0 = \bar{I}_{12} + \bar{I}_3 = 8{,}756\angle -16{,}572°\quad \text{A}$$

$$\bar{E}_G = \bar{I}_0\cdot \bar{R}_0 + \bar{U} = 61{,}680\angle -0{,}464°\quad \text{V}$$

$$\boxed{A_3 = 3{,}698\ \text{A}} \qquad \boxed{A_G = 8{,}756\ \text{A}} \qquad \boxed{V_G = 61{,}680\ \text{A}}$$

$$\bar{S}_G = \bar{E}_G\cdot \bar{I}_0^{\,*} = 540{,}088\angle 16{,}108°\quad \text{VA}$$

$$\boxed{\bar{S}_G = \bar{E}_G\cdot \bar{I}_0^{\,*} = 518{,}884 + j\cdot 149{,}85\quad \text{VA}}$$

$$W_G = \text{Re}(S_G)$$

$$\boxed{W_G = 518{,}884\ \text{W}}$$

Problema 63

El circuito de la figura trabaja en régimen permanente. La bobina L_1 está constituida de manera que su coeficiente de autoinducción es variable.

Se modifica el valor de L_1, de manera que la lectura del amperímetro A_1 sea cero.

Se pide:

a) Valor de L_1 para que cumpla dicha condición

b) Valor de las resistencia R_1 y R_2

c) La lectura del voltímetro V_G

d) Valor de L_2

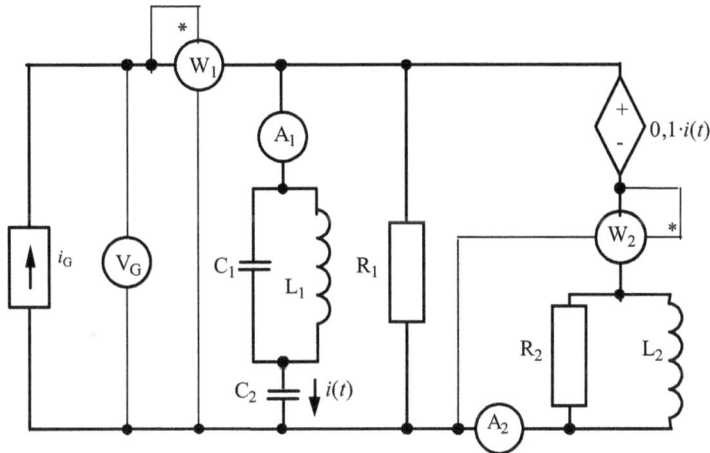

Figura 63.1

Datos:

$$i_G = 24 \cdot \sqrt{2} \cdot \mathrm{sen}\,100 \cdot \pi \cdot t \ \mathrm{A} \quad W_1 = 600 \ \mathrm{W} \quad W_2 = 300 \ \mathrm{W} \quad C_1 = 33 \ \mathrm{mF} \quad A_2 = 15 \ \mathrm{A}$$

Resolución:

De i_G sabemos que: $\bar{I}_G = 24\mathrm{A}$ i $\omega = 100\pi$ rad/s

a) Condición para $A_1 = 0$

$$\frac{\dfrac{1}{C_1\omega}\angle - 90° \cdot L_1\omega \angle 90°}{L_1 j - \dfrac{1}{C_1\omega} j} = \infty \ \rightarrow \ L_1\omega = \frac{1}{C_1\omega} \ \rightarrow \ \boxed{L_1 = \frac{1}{C_1\omega^2} = \frac{10}{33\pi} = 307\mu\mathrm{H}}$$

como $i(t) = 0 \rightarrow 0{,}1i(t) = 0$

Por lo tanto, el circuito queda de la siguiente manera:

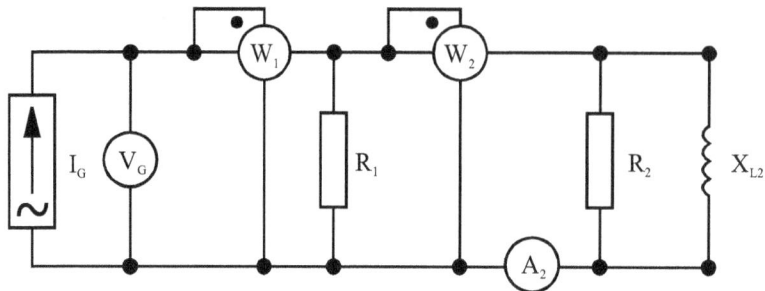

Figura 63.2

Donde:

$$W_1 - W_2 = P_{R1} = 300 \text{ W} \qquad P_{R2} = W_2 = 300 \text{ W}$$

$$P_{R1} = P_{R2} = \frac{V_G^2}{R_1} = \frac{V_G^2}{R_2} \rightarrow R_1 = R_2 = \left|\bar{I}_{R1}\right| = \left|\bar{I}_{R2}\right| = \left|I_R\right|$$

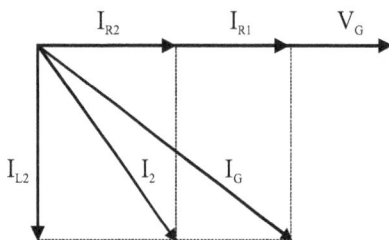

Por Pitágoras:

$$\left|\bar{I}_{L2}\right|^2 + \left|\bar{I}_R\right|^2 = \left|\bar{I}_2\right|^2 = A_2^2$$

$$\left|\bar{I}_{L2}\right|^2 + \left|2\bar{I}_R\right|^2 = \left|\bar{I}_G\right|^2$$

$$\left.\begin{array}{l} \left|\bar{I}_{L2}\right|^2 + \left|\bar{I}_R\right|^2 = 15^2 \\ \left|\bar{I}_{L2}\right|^2 + 4\left|\bar{I}_R\right|^2 = 24^2 \end{array}\right\} \rightarrow \left|\bar{I}_R\right| = 11,547 \text{ A} \quad \left|\bar{I}_{L2}\right| = 9,574 \text{ A}$$

$$\boxed{R_1 = R_2 = \frac{W_2}{\left|\bar{I}_R\right|^2} = \frac{300}{11,547^2} = 2,25 \, \Omega}$$

$$\left|\bar{V}_G\right| = \left|\bar{R}_1\right|\cdot\left|\bar{I}_R\right| = 25,98 \text{V} \rightarrow \boxed{V_G = 25,98 \text{ V}} \text{ (La lectura del Voltímetro)}$$

$$\left|\bar{X}_{L2}\right| = \frac{\left|\bar{V}_G\right|}{\left|\bar{I}_{L2}\right|} = 2,713\,\Omega \rightarrow \boxed{L_2 = \frac{X_{L2}}{\omega} = 8,637 \text{ mH}}$$

Problema 64

El circuito de la figura trabaja en régimen permanente.

Se pide:

a) Equivalente de Thevenin

b) Equivalente de Norton

c) La impedancia a colocar en bornes de A-B para transferir la máxima potencia

d) Potencia máxima transferida

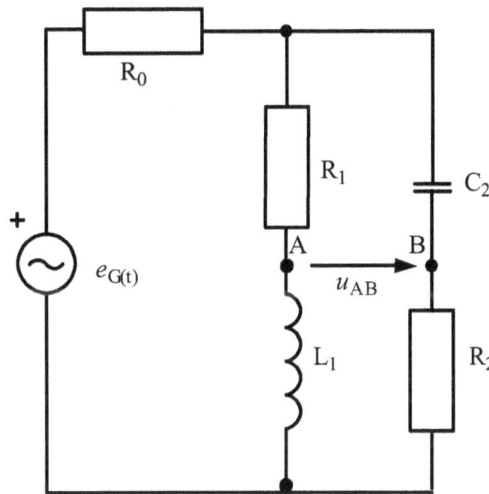

Figura 64.1

Datos:

$$e_G = 240 \cdot \sqrt{2} \cdot \operatorname{sen} 100 \cdot \pi \cdot t \ V \qquad R_0 = 2 \ \Omega \qquad R_1 = 2 \ \Omega$$

$$R_2 = 6 \ \Omega \qquad L_1 = 60/\pi \ mH \qquad C_2 = 5/2\pi \ mF.$$

Resolución:

Cálculo de E_{Th}:

$$\overline{X}_{L1} = L_1 \omega j = j6 = 6\angle 90° \ \Omega \qquad \overline{X}_{C2} = \frac{-j}{C_2 \omega} = -j4 = 4\angle -90° \ \Omega \qquad \overline{Z}_0 = 2\angle 0° \ \Omega$$

$$\overline{Z}_1 = R_1 + X_{L1} = 2 + j6 \ \Omega = 6{,}324\angle 71{,}56° \ \Omega \qquad \overline{Z}_2 = R_2 + \overline{X}_{C2} = 6 - 4j = 7{,}211\angle -33{,}69° \ \Omega$$

$$\overline{Z}_P = \frac{\overline{Z}_1 \cdot \overline{Z}_2}{\overline{Z}_1 + \overline{Z}_2} = 5{,}531\angle 23{,}838° \ \Omega = 5{,}059 + j2{,}235 \ \Omega$$

$$\overline{Z}_T = \overline{Z}_0 + \overline{Z}_P = 7{,}059 + j2{,}235 \ \Omega = 7{,}404\angle 17{,}57° \ \Omega$$

$$\bar{I}_T = \frac{\overline{E}_G}{\overline{Z}_T} = 32,41\angle -17,57°\,A = 30,90 - j9,78\,A$$

$$\overline{U}_P = \bar{I}_T \cdot \overline{Z}_P = 179,27\angle 6,26°\,V = 178,19 + j19,53\,V$$

$$\overline{U}_{A0} = \frac{\overline{U}_P}{\overline{Z}_1}\cdot \overline{X}_{L1} = 170,0\angle 24,70°\,V = 154,50 + j71,07\,V$$

$$\overline{U}_{B0} = \frac{\overline{U}_P}{\overline{Z}_2}\cdot R_2 = 149,16\angle 39,957°\,V = 114,33 + j95,70\,V$$

$$\boxed{\overline{U}_{AB} = \overline{U}_{A0} - \overline{U}_{B0} = 40,17 - j24,72\,V = 47,17\angle -31,607°\,V} = \overline{E}_{th}$$

Cálculo Z_{th}

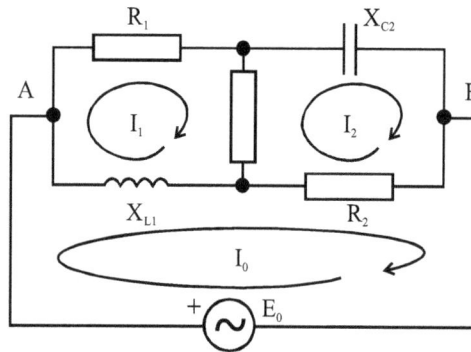

Figura 64.2

Aplicando mallas:

$$\left.\begin{array}{l} E_0 = X_{L1}(I_0 - I_1) + R_2(I_0 - I_2) \\ 0 = R_1\cdot I_1 + R_0(I_1 - I_2) + X_{L1}(I_1 - I_0) \\ 0 = X_{C2}\cdot I_2 + R_2(I_2 - I_0) + R_0(I_2 - I_1) \end{array}\right\} \quad [E] = [Z][I] \;\rightarrow\; [Z]^{-1}\cdot [E] = [I]$$

$$\overline{E}_0 = 4,3238\angle -31,607°\cdot \bar{I}_0 \;\rightarrow\; \boxed{\overline{Z}_{th} = 4,3238\angle -31,607° = 3,682 - j2,266\ \Omega}$$

Cálculo de I_N:

$$\boxed{\bar{I}_N = \frac{\overline{E}_{th}}{\overline{Z}_{th}} = 10,909\angle 0°\,A} \quad e \quad \boxed{\overline{Y}_N = \frac{1}{\overline{Z}_{th}} = 0,196969 + j0,121212\,\Omega^{-1} = 0,23127\angle 31,607\ \Omega^{-1}}$$

La Z a colocar para P_{max} será:

$$\boxed{\overline{Z} = \overline{Z}_{th}^{*} = 4,3238\angle 31,607\,\Omega = 3,682 + j2,266\,\Omega} \;\rightarrow\; \boxed{P_{max} = \frac{\left|\overline{E}_{th}\right|^2}{4R_{th}} = 151,049\,W}$$

Problema 65

El circuito de la figura trabaja en régimen permanente.

Se pide:

a) Corriente que circula por la resistencia R_3

b) Potencia consumida por esta resistencia

c) Potencia aparente de cada generador en forma binómica y polar

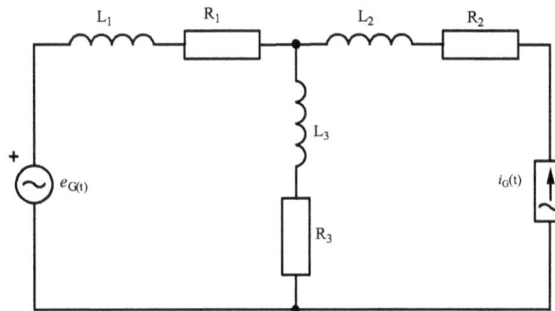

Figura 65.1

Datos: $e_G = 240 \cdot \sqrt{2} \cdot \operatorname{sen} 100 \cdot \pi \cdot t$ V $i_G = 10 \cdot \sqrt{2} \cdot \cos 100 \cdot \pi \cdot t$ A $R_1 = 2\ \Omega$ $R_2 = 2\ \Omega$

$R_3 = 6\ \Omega$ $L_1 = 60/\pi$ mH $L_2 = 40/\pi$ mH $L_3 = 70/\pi$ mH

Resolución:

$$\overline{E}_G = 240\angle 0°\,\text{V} \qquad \overline{I}_G = 10\angle 90°\,\text{A}$$

Calculo de las impedancias:

$$\overline{X}_{L1} = 4\omega j = j6 = 6\angle 90°\,\Omega \qquad \overline{X}_{L2} = 7\angle 90°\,\Omega$$

$$\overline{Z}_1 = \overline{R}_1 + \overline{X}_{L1} = 2 + 6j = 6{,}324\angle 71{,}56°\,\Omega$$

$$\overline{Z}_2 = \overline{R}_2 + \overline{X}_{L2} = 2 + 4j = 4{,}472\angle 63{,}43°\,\Omega$$

$$\overline{Z}_3 = \overline{R}_3 + \overline{X}_{L3} = 6 + 7j = 9{,}219\angle 49{,}40°\,\Omega$$

Por el teorema de Millman:

$$\overline{U}_P = \dfrac{\dfrac{\overline{E}_G}{\overline{Z}_1} + \overline{I}_G}{\dfrac{1}{\overline{Z}_1} + \dfrac{1}{\overline{Z}_3}} = 109{,}387\angle -2{,}653°\,\text{V} = 109{,}270 - j5{,}064\,\text{V}$$

$$\overline{I}_3 = \frac{\overline{U}_P}{\overline{Z}_3} = 11{,}864\angle - 52{,}05^\circ \, A = 7{,}296 - j9{,}356 \, A$$

$$\overline{I}_1 = \frac{\overline{E}_G - \overline{U}_P}{\overline{Z}_1} = 20{,}685\angle - 69{,}35^\circ \, A = 7{,}296 - j19{,}356 \, A$$

$$\overline{U}_G = \overline{U}_P + \overline{I}_G \cdot \overline{Z}_2 = 69{,}270 + j14{,}935 V = 70{,}862\angle 12{,}17^\circ \, V$$

$$P_{R1} = R_1 \cdot \left|\overline{I}_1\right|^2 = 855{,}794 \ W$$

$$P_{R2} = R_2 \cdot \left|\overline{I}_G\right|^2 = 200 \, W$$

$$P_{R3} = R_3 \cdot \left|\overline{I}_3\right|^2 = 844{,}636 \ W$$

$$P_{R1} + P_{R2} + P_{R3} = 1900{,}430 W$$

$$\overline{S}_{IG} = \overline{U}_G \cdot \overline{I}_G^* = 149{,}357 - j692{,}704 VA = 708{,}622\angle - 77{,}83 \, VA$$

$$\overline{S}_{EG} = \overline{E}_G \cdot \overline{I}_1^* = 1751{,}073 + j4645{,}494 VA = 4964{,}561\angle 69{,}35 \, VA$$

$$P_{EG} + P_{IG} = 1900{,}430 \ W$$

Problema 66

El circuito de la figura trabaja en régimen permanente.

Se pide:

a) Con el interruptor k abierto, intensidades de las corrientes que circulan por cada resistencia y caída de tensión entre A y B

b) Con el interruptor k cerrado, intensidades de las corrientes que circulan por cada resistencia y caída de tensión entre A y B

c) Potencia aparente de cada uno de los generadores en ambos casos.

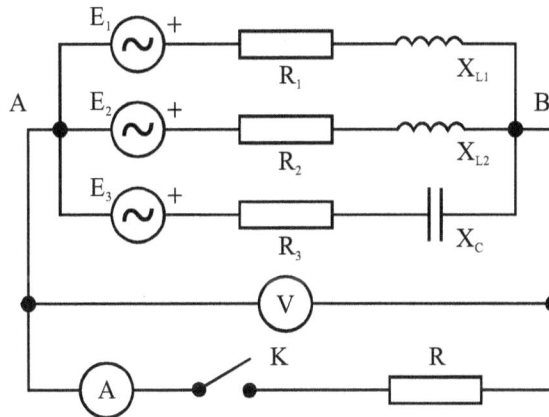

Figura 66.1

Datos:

$$\overline{E}_{G1} = 100\angle 0° \text{ V} \qquad \overline{E}_{G2} = 150\angle 45° \text{ V} \qquad \overline{E}_{G3} = 200\angle -45° \text{ V} \qquad R_1 = R_2 = R_3 = 4\Omega$$

$$\overline{X}_{L1} = 7\angle 90°\,\Omega \qquad \overline{X}_{L2} = 5\angle 90°\,\Omega \qquad \overline{X}_C = 2\angle -90°\,\Omega \qquad R = 15\ \Omega$$

Resolución:

con K abierto:

$$\overline{U} = \frac{\left(\dfrac{\overline{E}_{G1}}{\overline{Z}_1}\right) + \left(\dfrac{\overline{E}_{G2}}{\overline{Z}_2}\right) + \left(\dfrac{\overline{E}_{G3}}{\overline{Z}_3}\right)}{\left(\dfrac{1}{\overline{Z}_1}\right) + \left(\dfrac{1}{\overline{Z}_2}\right) + \left(\dfrac{1}{\overline{Z}_3}\right)} = 201,538\angle -1,08° = 201,502 - j3,828 \text{V}$$

lectura del voltímetro $\boxed{V = 201,538\text{V}}$

$$\overline{I}_1 = \frac{\overline{E}_{G1} - \overline{U}}{\overline{Z}_1} = 12,599\angle 117,58° = -5,834 + j11,662 \text{ A}$$

$$\bar{I}_2 = \frac{\overline{E}_{G2} - \overline{U}}{\overline{Z}_2} = 22{,}731\angle 79{,}63° = 4{,}090 + j22{,}36 \text{ A}$$

$$\bar{I}_3 = \frac{\overline{E}_{G3} - \overline{U}}{\overline{Z}_3} = 33{,}572\angle 87{,}02° = 1{,}743 + j33{,}526 \text{ A}$$

las lecturas son $\boxed{I_{R1} = 12{,}599 \text{ A}}$ $\boxed{I_{R2} = 22{,}731 \text{ A}}$ $\boxed{I_{R3} = 33{,}572 \text{ A}}$ $\boxed{I_R = 0 \text{ A}}$

con K cerrado:

$$\overline{U}' = \frac{\left(\dfrac{\overline{E}_{G1}}{\overline{Z}_1}\right) + \left(\dfrac{\overline{E}_{G2}}{\overline{Z}_2}\right) + \left(\dfrac{\overline{E}_{G3}}{\overline{Z}_3}\right)}{\left(\dfrac{1}{\overline{Z}_1}\right) + \left(\dfrac{1}{\overline{Z}_2}\right) + \left(\dfrac{1}{\overline{Z}_3}\right) + \left(\dfrac{1}{R}\right)} = 172{,}883\angle -4{,}00\text{A} = 172{,}46 - j12{,}072 \text{ A}$$

La lectura del voltímetro es: $\boxed{V = 172{,}883 \text{ V}}$

$$\bar{I}_1' = \frac{\overline{E}_{G1} - \overline{U}'}{\overline{Z}_1} = 9{,}112\angle 110{,}28° = -3{,}159 + j8{,}546 \text{ A}$$

$$\bar{I}_2' = \frac{\overline{E}_{G2} - \overline{U}'}{\overline{Z}_2} = 21{,}164\angle 67{,}996° = -7{,}929 - j19{,}623 \text{ A}$$

$$\bar{I}_3' = \frac{\overline{E}_{G3} - \overline{U}'}{\overline{Z}_3} = 29{,}744\angle -76{,}93° = -6{,}727 + j28{,}973 \text{ A}$$

$$\bar{I}_4' = \frac{\overline{U}'}{R} = 11{,}525\angle -4{,}04° = -11{,}497 + j0{,}805\text{A}$$

las lecturas son: $\boxed{I_{R1} = 9{,}112 \text{ A}}$ $\boxed{I_{R2} = 21{,}164 \text{ A}}$ $\boxed{I_{R3} = 29{,}744 \text{ A}}$ $\boxed{I_R = 11{,}525\text{A}}$

Potencias con K abierto:

$$\boxed{\overline{S}_{EG1} = \overline{E}_{G1}\cdot\bar{I}_1^* = 1259{,}877\angle -117{,}58° = -583{,}399 - j1116{,}663 \text{ VA}}$$

$$\boxed{\overline{S}_{EG2} = \overline{E}_{G2}\cdot\bar{I}_2^* = 3409{,}674\angle -34{,}63° = 2805{,}545 - j1937{,}73 \text{ VA}}$$

$$\boxed{\overline{S}_{EG3} = \overline{E}_{G3}\cdot\bar{I}_3^* = 6714{,}385\angle 42{,}02° = 4987{,}89 + j4494{,}877 \text{ VA}}$$

Potencias con K cerrado:

$$\boxed{\overline{S}_{EG1}' = \overline{E}_{G1}\cdot\bar{I}_1'^* = 911{,}157\angle -110{,}29° = -315{,}907 - j854{,}640 \text{ VA}}$$

$$\boxed{\overline{S}_{EG2}' = \overline{E}_{G2}\cdot\bar{I}_2'^* = 3174{,}635\angle -23{,}00° = 2922{,}346 - j1240{,}243 \text{ VA}}$$

$$\boxed{\overline{S}_{EG3}' = \overline{E}_{G3}\cdot\bar{I}_3'^* = 5948{,}90\angle 31{,}92° = 5048{,}857 + j3146{,}181 \text{ VA}}$$

2 Circuitos eléctricos: régimen transitorio

Problema 67

El circuito de la figura trabaja en régimen permanente con el interruptor K cerrado:

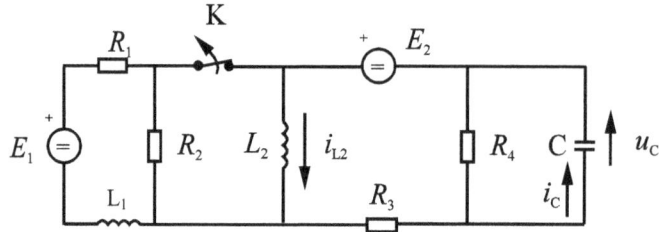

Figura 67.1

Se conocen los valores de:

$R_1=4\ \Omega$ $\qquad$ $R_2=12\ \Omega$ $\qquad$ $R_3=40\ \Omega$ $\qquad$ $R_4=20\ \Omega$ $\qquad$ $C=1$ mF

$L_1=3$ mH $\qquad$ $L_2=4$ mH $\qquad$ $E_1=32$ V $\qquad$ $E_2=60$ V

En el instante t=0 se abre el interruptor K; se pide:

a) Valor de la tensión en bornes del condensador en el instante $t = 0^+$

b) Valor de la intensidad de corriente que circula por la bobina L_2 en $t = 0^+$

c) Valor de la intensidad de corriente que circula por la bobina L_1 en régimen permanente

Resolución:

a) $\qquad u_C\left(0^+\right)=u_C\left(0^-\right)=\dfrac{E_2}{R_3+R_4}\cdot R_4=\dfrac{60}{40+20}\cdot 20$

$\qquad \boxed{u_C\left(0^+\right)=20\text{V}}$

b) $\qquad i_{L_2}\left(0^+\right)=i_{L_2}\left(0^-\right)=\dfrac{E_2}{R_3+R_4}+\dfrac{E_1}{R_1}=1+\dfrac{32}{4}=1+8$

$\qquad \boxed{i_{L_2}\left(0^+\right)=9\text{A}}$

c) $\qquad i_{L_1}\left(\infty\right)=\dfrac{E_1}{R_1+R_2}=\dfrac{32}{4+12}$

$\qquad \boxed{i_{L_1}\left(\infty\right)=2\text{A}}$

Problema 68

El circuito de la figura trabaja en régimen permanente. En t=0 se cambia de posición el conmutador. ¿Cuál es la variación de energía almacenada en el condensador C desde t=0 a t=∞?

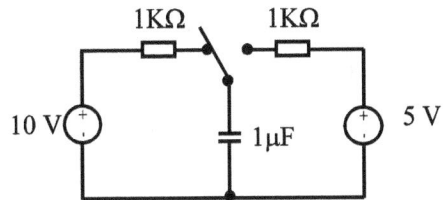

Figura 68.1

Resolución:

Para   t=0⁻ $u_C(0) = 10$ V

Para   t=∞ $u_C(\infty) = 5$ V

$$\Delta w = w_C(\infty) - w_C(0)$$

$$\Delta w = \frac{1}{2} \cdot C \cdot \left[u_C^2(\infty) - u_C^2(0) \right]$$

$$\boxed{\Delta w = -0.375 \cdot 10^{-4} \, J}$$

Problema 69

El circuito de la figura lleva funcionando durante un brevísimo instante de tiempo.

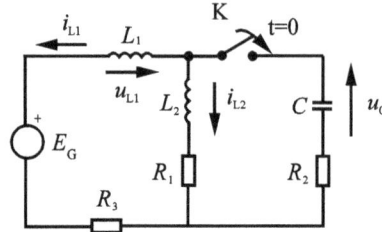

Figura 69.1

Se conocen los valores de los siguientes elementos:

$L_1 = 3$ mH	$L_2 = 1$ mH	$C = 1$ mF	$R_1 = 2\ \Omega$
$R_2 = 5\ \Omega$	$R_3 = 4\ \Omega$	$E_G = 18$ V	

Se cierra el interruptor K, en el instante en que la energía almacenada en la bobina L_1 es 1,5 mJ, instante que se toma como $t = 0$.

a) ¿Cuánto vale la tensión en bornes de la bobina L_1 en el instante $t = 0^-$?

b) ¿Qué corriente circula por i_{L2} en el instante $t = 0^+$?

c) ¿Qué tensión hay en bornes del condensador en $t = \infty$?

Resolución:

$$i_{L1}\left(0^-\right) = \sqrt{\frac{2 \cdot W_{L1}}{L_1}} = \sqrt{\frac{3 \cdot 10^{-3}}{3 \cdot 10^{-3}}} = \pm 1 \text{ A}$$

$$i_{L1}\left(0^-\right) = -1 \text{A}$$

$$\boxed{i_{L2}\left(0^-\right) = i_{L2}\left(0^+\right) = 1 \text{ A}}$$

$$u_L = E_G - i_{L1}\left(0^-\right) \cdot \left(R_1 + R_3\right) = 18 - \left(2 + 4\right) = 12 \text{ V}$$

$$u_{L1}\left(0^-\right) = \frac{u_L}{L_1 + L_2} \cdot L_1 = \frac{12}{3 + 1} \cdot 3 = 9 \text{ V}$$

$$\boxed{u_{L1}\left(0^-\right) = 9 \text{ V}}$$

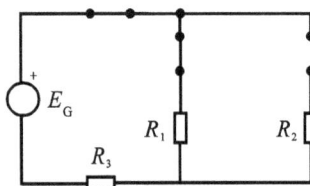

$$u_C\left(\infty\right) = \frac{E_G}{R_1 + R_3} \cdot R_1 = -\frac{18}{2 + 4} \cdot 2$$

$$\boxed{u_C\left(\infty\right) = -6 \text{ V}}$$

Figura 69.2

Problema 70

Del circuito de la figura se conocen los siguientes datos:

$I_G = 17$ A $E_G = 170$ V $L_1 = 9$ mH $L_2 = 18$ mH

$R_0 = 3\ \Omega$ $R_1 = 4\ \Omega$ $R_2 = 5\ \Omega$ $R_3 = 2\ \Omega$

Con el interruptor k abierto el circuito se halla en régimen permanente. Se cierra el interruptor k, instante que se toma como t = 0 s.

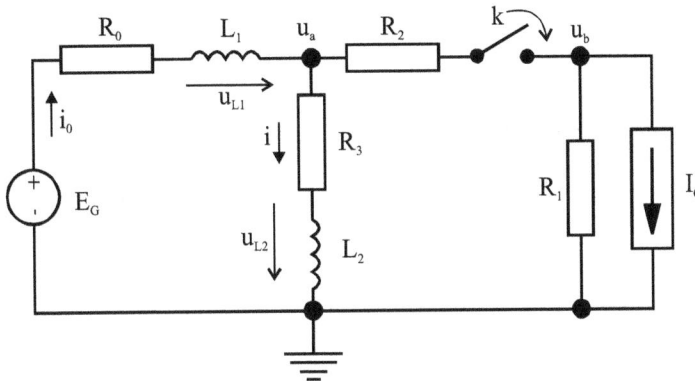

Figura 70.1

a) Determinar el valor de la energía almacenada en L_2 en $t = 0^+$

b) Determinar el valor de la tensión en bornes de la bobina u_{L2} en $t = 0^+$

c) Determinar el valor de la tensión u_A en $t = \infty$

Resolución:

a) Circuito equivalente en $t = 0^-$

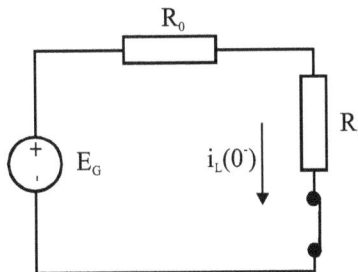

Figura 70.2

$$i(0^-) = \frac{170}{3+2} = 34 \text{ A}$$

$$\boxed{W_{L2}(0^-) = \frac{1}{2} 18 \cdot 10^{-3} \cdot 34^2 = 10,404 \text{ J}}$$

b) En $t = 0^+$

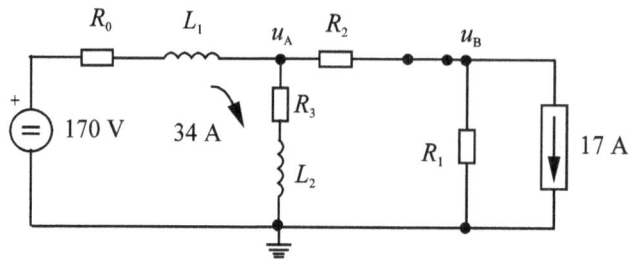

Figura 70.3

Dado que $i_{L1}(0^+) = i_{L2}(0^+) = 34$ A $\rightarrow$ $i_{R2}(0^+) = 0$

$$u_B\left(0^+\right) = -4 \cdot 17 = -68 \text{ V} \qquad u_{R3}\left(0^+\right) = 34 \cdot 2 = 68 \text{ V} \qquad u_{L2}\left(0^+\right) = u_B\left(0^+\right) - u_{R3}\left(0^+\right)$$

$$\boxed{u_{L2}\left(0^+\right) = -136 \text{ V}}$$

c) En $t = \infty$

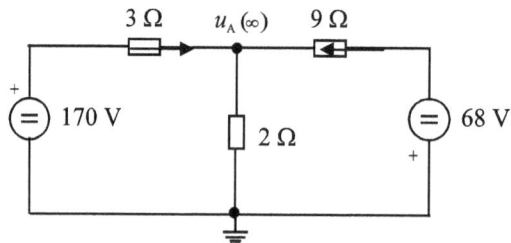

Figura 70.4

$$\frac{170 - u_A\left(\infty\right)}{3} + \frac{-68 - u_A\left(\infty\right)}{9} = \frac{u_A\left(\infty\right)}{2}$$

$$\boxed{u_A\left(\infty\right) = 52 \text{ V}}$$

Problema 71

Del circuito de la figura se conocen los siguientes datos:

$E_G = 12\ V$ $\qquad$ $R_1 = 2\ \Omega$ $\qquad$ $R_2 = 4\ \Omega$ $\qquad$ $R_3 = 6\ \Omega$

$L = 2\ mH$ $\qquad$ $C_1 = 1\ mF$ $\qquad$ $C_2 = 3\ mF$

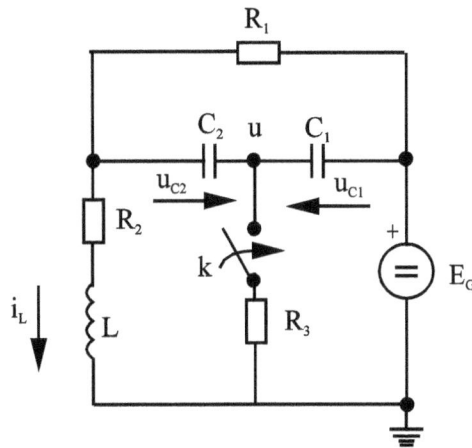

Figura 71.1

El circuito se halla en régimen permanente. Se cierra el interruptor k, instante que se toma como t = 0 s.

a) ¿Cuál es la corriente i_L que circula por la bobina L en $t = 0^|$?

b) ¿Cuál es la tensión en bornes del condensador u_{C2} en $t = 0^+$ y en $t = \infty$?

Resolución:

Circuito equivalente para $t = 0^-$

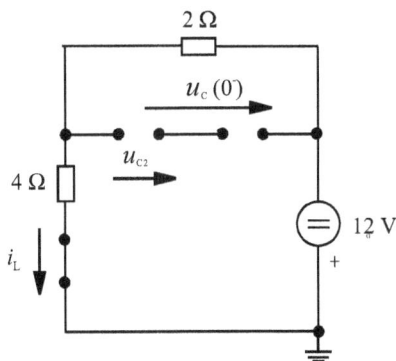

$$\boxed{i_L\left(0^-\right) = \frac{-12}{4+2} = -2A = i_L\left(0^+\right)}$$

$$u_C\left(0^-\right) = 2 \cdot 2 = 4V = u_C\left(0^+\right)$$

$$\boxed{u_{C2}\left(0^-\right) = u_C\left(0^+\right) = \frac{4}{1+3}\cdot 1 = 1\,V}$$

Figura 71.2

Circuito $\qquad\qquad$ equivalente para $t = \infty$

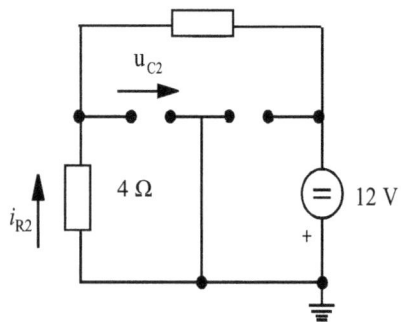

Figura 71.3

$$u_{C2}(\infty) = i_{R2} \cdot R_2 = 2 \cdot 4 = 8 \text{ V}$$

$$\boxed{u_{C2}(\infty) = -8 \text{ V} - 0 \text{ V} = -8 \text{ V}}$$

Problema 72

El circuito de la figura trabaja en régimen permanente. En el instante t = 0 se cierra el interruptor K_1 y se cambia de posición el conmutador K_2. Se pide la expresión temporal de la corriente $i_L(t)$ para t > 0.

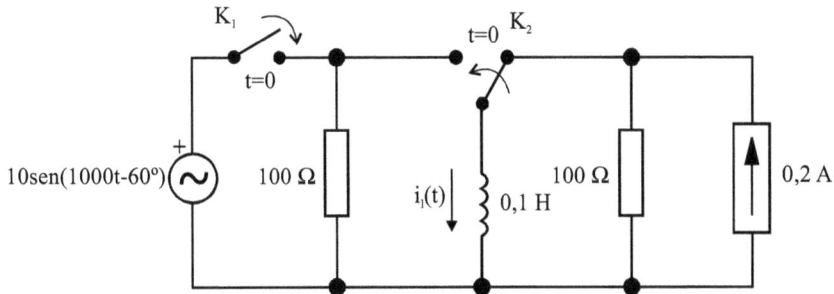

Figura 72.1

Resolución:

Circuito equivalente para t < 0⁻

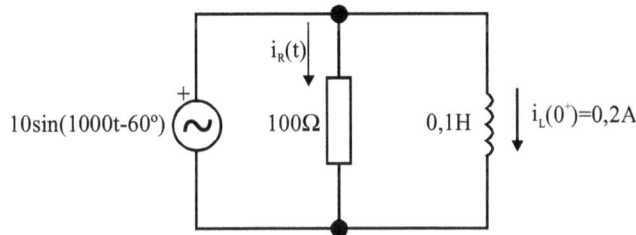

Figura 72.2

$$i_R(t) \cdot 100 = 0,1 \cdot \frac{di_L}{dt} \qquad 10 \cdot \text{sen}\left(1000t - \frac{\pi}{3}\right) = 0,1 \cdot \frac{di_L}{dt} \qquad 100 \cdot \text{sen}\left(1000t - \frac{\pi}{3}\right) \cdot dt = di_L$$

$$i_L(t) = i_L(0) + \int_0^t 100 \cdot \text{sen}\left(1000t - \frac{\pi}{3}\right) dt\, A \Rightarrow i_L(t) = 0,2 - 0,1 \cdot \cos\left(1000t - \frac{\pi}{3}\right) + 0,1 \cdot \cos\left(-\frac{\pi}{3}\right) A$$

$$i_L(t) = 0,25 - 0,1 \cdot \cos\left(1000t - \frac{\pi}{3}\right) \ A$$

$$\boxed{i_L(t) = 0,25 - 0,1 \cdot \cos(1000t - 60°) = 0,25 + 0,1 \cdot \text{sen}(1000 \cdot t - 150°) \ A}$$

Problema 73

En el circuito pasivo de la figura todas las resistencias son de 2 Ω. La constante de tiempo del circuito entre A y B es de 0,2s. ¿Cuál es el valor de la capacidad C?

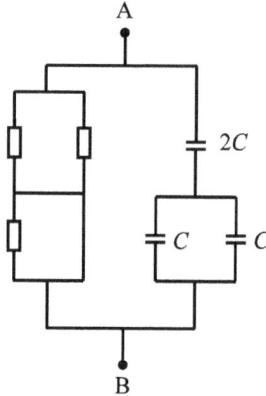

Figura 73.1

Resolución:

Circuito RC: $\tau = R \cdot C$ $0,2 = R_{eq} \cdot C_{eq}$

Para hallar R_{eq} :

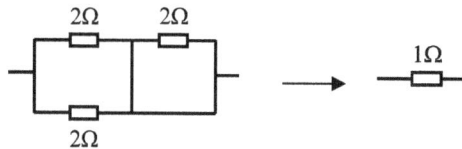

$\left. \begin{array}{l} 0,2 = R_{eq} \cdot C_{eq} \\ R_{eq} = 1\Omega \end{array} \right\} \Rightarrow C_{eq} = 0,2F$

Para hallar C_{eq} :

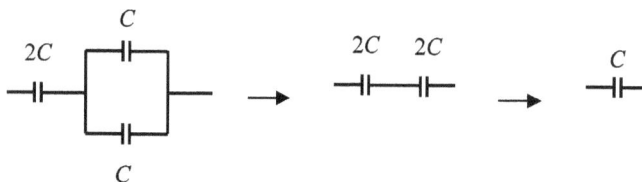

$C_{eq} = C = 0,2 \text{ F}$ $\boxed{C_{eq} = 200 \text{ mF}}$

Problema 74

El circuito de la figura trabaja en régimen permanente con el interruptor K_1 cerrado y el K_2 abierto. En t=0, se abre el interruptor K_1 y cerramos K_2. ¿Cuál es la expresión de V_A para a t > 0?

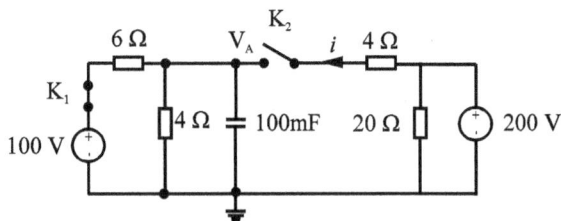

Figura 74.1

Resolución:

Para t = 0⁻

$$u_C(0^-) = 100 \cdot \frac{4}{10} = 40 \ V$$

Para t > 0

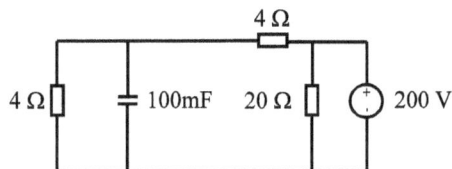

Figura 74.2

$$u_C(t) = u_{C\infty}(t) - [u_{C\infty}(0) - u_C(0)] \cdot e^{-t/\tau}$$

$$\tau = R_{eq} \cdot C_{eq} = \frac{4 \cdot 4}{4 + 4} \cdot 100 \cdot 10^{-3} = 0,2 \ s$$

$$u_{C\infty}(t) = 100 \, V \qquad u_{C\infty}(0) = 100 \, V \qquad u_C(0) = 40 \, V$$

$$u_C(t) = 100 - [100 - 40] \cdot e^{-t/0,2}$$

$$\boxed{u_C(t) = 100 - 60 \cdot e^{-5t} \ V}$$

Problema 75

El circuito de la figura trabaja en régimen permanente. En el instante t=0 se cambia de posición el conmutador K. Se pide la expresión temporal de la caída de tensión $u_C(t)$ en bornes del condensador para t>0.

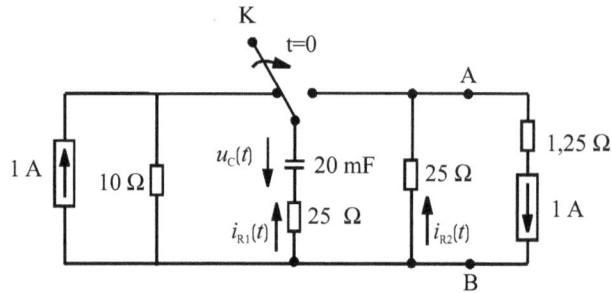

Figura 75.1

Resolución:

Para t<0⁻   Para t=0⁻

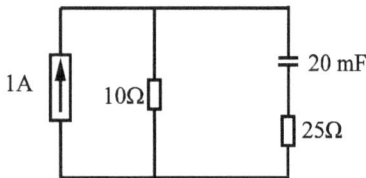

Figura 75.2

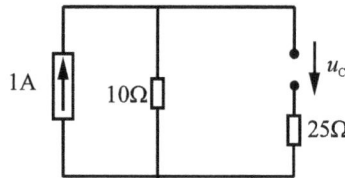

Figura 75.3

$$u_C\left(0^-\right) = 1 \cdot 10 = 10V$$

Para t=∞

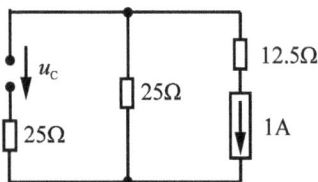

$$u_C\left(\infty\right) = -1 \cdot 25 = -25V$$

Figura 75.4

Cálculo de la constante de tiempo:

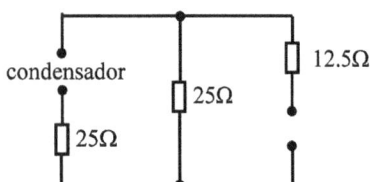

$$R_{eq} = 25 + 25 = 50\Omega$$

$$C = 0,02F$$

$$\tau = R_{eq} \cdot C = 50 \cdot 0,02 = 1 \text{ s}$$

Figura 75.5

Método de las condiciones iniciales y finales:

$$u_C(t) = u_{C\infty}(t) - [u_{C\infty}(0) - u_C(0)] \cdot e^{-t/\tau}$$

$$u_C(t) = -25 - [-25 - 10] \cdot e^{-t} \Rightarrow \qquad \boxed{u_C(t) = -25 + 35 \cdot e^{-t} \quad V}$$

Problema 76

El circuito de la figura trabaja en régimen permanente. En t=0 se cambia de posición el conmutador K. Se pide la expresión temporal de la tensión del punto A para t > 0.

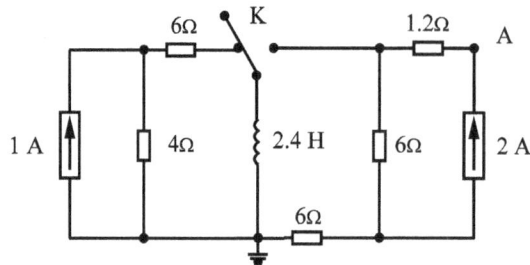

Figura 76.1

Resolución:

Para t=0-

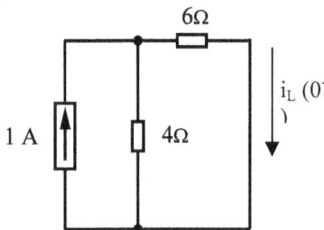

Figura 76.2

$$i_L\left(0^-\right)=\frac{1}{6+4}\cdot 4 = 0,4A = i_L\left(0^+\right)$$

Para t>0$^+$

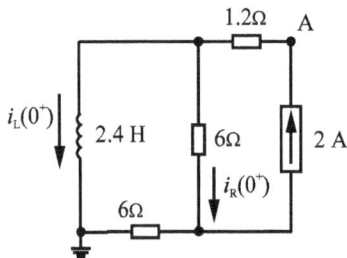

Figura 76.3

$$i_R\left(0^+\right)= 2 - 0,4 = 1,6A$$

$$u_R\left(0^+\right)= 1,6\cdot 6 = 9,6V$$

$$u_A\left(0^+\right)= 2\cdot 1,2 + 9,6 - 0,4\cdot 6 = 9,6 \ V$$

Para t=∞

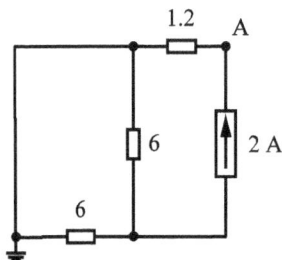

Figura 76.4

$$u_{A\infty}\left(t\right)= 1,2\cdot 2 = 2,4 \ V$$
$$u_{A\infty}\left(0\right)= 2,4V$$

$$\tau = \frac{L_{eq}}{R_{eq}} = \frac{2,4}{6+6} = 0,2 \ s$$

$$u_A(t) = u_{A\infty}(t) - \left[u_{A\infty}(0) - u_A(0)\right] \cdot e^{-t/t} = 2,4 - \left[2,4 - 9,6\right]e^{-t/0,2}$$

$$\boxed{u_A(t) = 2,4 + 7,2e^{-5t} \quad V}$$

Problema 77

El circuito de la figura trabaja en régimen permanente. Se conoce que la fuente de corriente, con el interruptor abierto, cede una potencia de 2 W. En el instante t=0 se cierra el interruptor K. Pasados 0.5885 s la tensión que hay entre los puntos A y B es de 1V.

Así mismo se sabe que cuando se ha conseguido el nuevo régimen permanente la fuente de tensión que hay en el circuito absorbe una potencia de 0,1 W.

Se pide el valor de la capacidad del condensador C.

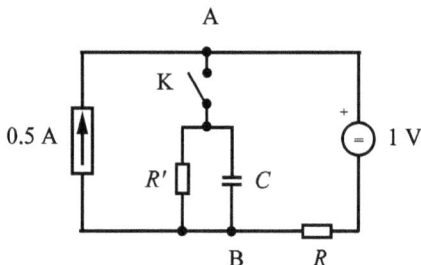

Figura 77.1

Resolución:

Antes de cerrar K y en régimen permanente:

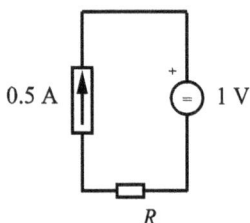

$$2 = 0,5 \cdot 1 + 0,5^2 \cdot R$$

$$R = 6 \ \Omega$$

Figura 77.2

En el nuevo régimen permanente, con el interruptor K cerrado, se tiene el siguiente circuito equivalente:

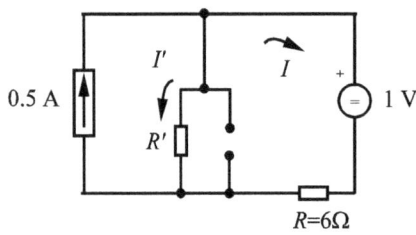

$$0,1W = I \cdot 1$$

$$I = 0,1 \ A$$

$$I' = 0,5 - 0,1 = 0,4 \ A$$

$$1 + 6 \cdot 0,1 = I' \cdot R'$$

$$R' = \frac{1,6}{0,4} = 4 \ \Omega$$

Figura 77.3

Durante el transitorio: $u_C(t) = u_{C\infty}(t) - [u_{c\infty}(0) - u_C(0)]e^{-t/\tau}$ $\quad \begin{cases} u_{C\infty}(t) = RT' = 4 \cdot 0,4 = 1,6V \\ u_C = 0V \end{cases}$

Circuito pasivo:

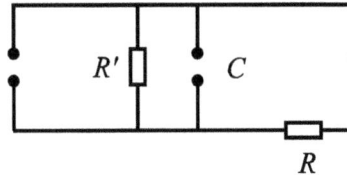

Figura 77.4

$$\tau = R_{eq} \cdot C_{eq} = \frac{4 \cdot 6}{4+6} \cdot C_{eq} = 2,4 \cdot C$$

$$1 = 1,6 - [1,6 - 0]e^{-t/2,4C}$$

$$0,6 = 1,6 \cdot e^{-t/2,4C}$$

$$\frac{t}{2,4 \cdot C} = 0,98$$

Pero en t=0,5885:

$$C = \frac{0,5885}{2,4 \cdot 0,98}$$

$$\boxed{C = 0,25F}$$

Problema 78

El circuito de la figura trabaja en régimen permanente. En t=0 se abre el interruptor K. La tensión que soporta el condensador para t>0 vale: $u_C(t) = 1,5 - e^{-500t}$ V .

Se piden los valores de las resistencias R_1 y R_3 y del condensador C.

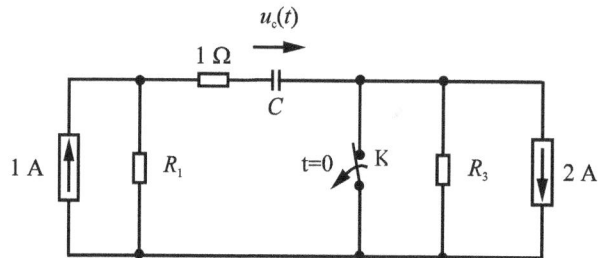

Figura 78.1

Resolución:

Para t=0⁻

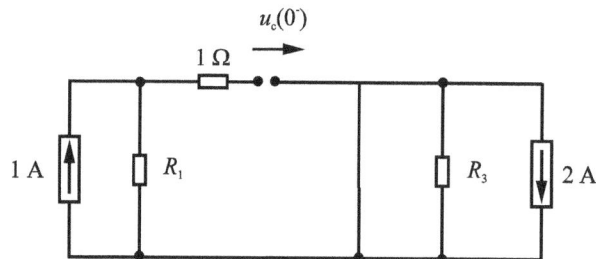

Figura 78.2

$$u_C(0-) = 1 \cdot R_1$$

Cuando t=0⁺

$$u_C(0^+) = u_C(0^-) = 1 \cdot R_1 = 0,5$$

$$\boxed{R_1 = 0,5 \ \Omega}$$

Para t=∞

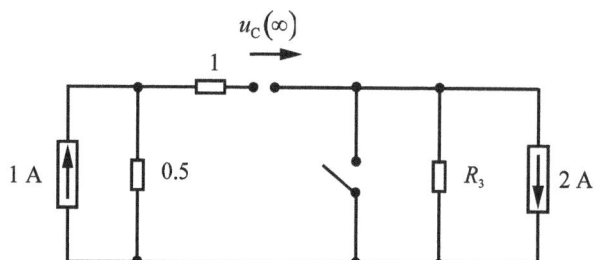

Figura 78.3

$$u_C(\infty) = 1 \cdot 0{,}5 - (-2 \cdot R_3) = 0{,}5 + 2 \cdot R_3 \\ u_C(\infty) = 1{,}5 - e^{-500 \cdot \infty} = 1{,}5 \left.\right\}$$

$1{,}5 = 0{,}5 + 2 \cdot R_3$

$\boxed{R_3 = 0{,}5 \ \Omega}$

Por otro lado:

$$\tau = \frac{1}{500} \, \text{s} \qquad R_{eq} = (0{,}5 + 1 + 0{,}5) = 2 \, \Omega$$

Pasivamos el circuito:

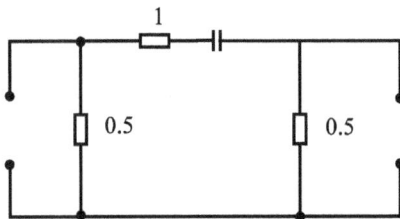

Figura 78.4

$$\tau = R_{ef} \cdot C$$

$$C = \frac{\tau}{R_{eq}} = \frac{1}{500 \cdot 2}$$

$$\boxed{C = 10^{-3} \ \text{F}}$$

Problema 79

El circuito de la figura, al cambiar de posición el conmutador K, alimenta a un circuito pasivo constituido exclusivamente por dos elementos ideales desconocidos.

El valor de la fuente de corriente aplicada i(t) es de 0,4 A. Se sabe que la tensión u(t) toma la siguiente expresión:

$$u(t) = 0,8 - 0,6 \cdot e^{-0,5t} \text{ V}$$

Por otro lado se conoce que uno de los elementos pasivos que forman el circuito dispone de condiciones iniciales.

Se pide:

a) Valor de les condiciones iniciales del elemento pasivo

b) Si i(t) = t, calcular el valor de la tensión u(t) para el mismo circuito anterior y con las mismas condiciones iniciales anteriores.

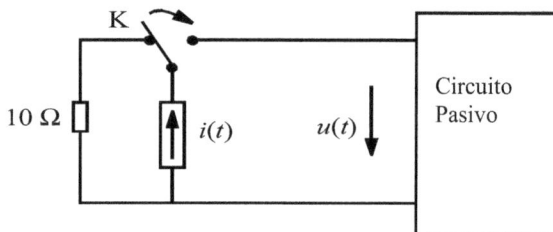

Figura 79.1

Resolución:

a) Hay cuatro posibilidades:

| No es de primer orden al estar en serie con la fuente de corriente | (a) | No es de primer orden al estar en serie con la fuente de corriente | (b) |

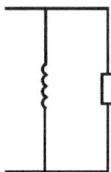

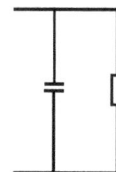

Para ver si es (a) o (b), cabe pensar que para t=∞ la bobina es un cortocircuito y el condensador circuito abierto ⟹ (b)

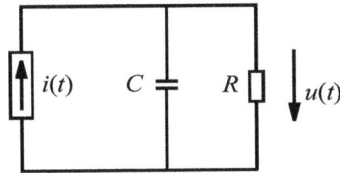

Figura 79.2

$$u(t) = 0,8 - 0,6 \cdot e^{-0,5t} \text{ V} \quad \Rightarrow \quad \tau = \frac{1}{0,5} = 2 \qquad u(t) = \underbrace{u_\infty(t)}_{0,8} - \underbrace{[u_\infty(0) - u(0)]}_{0,6} \cdot e^{-0,5 \cdot t}$$

$$u_\infty(0) = 0,8 \quad \Rightarrow \quad 0,6 = u_\infty(0) - u(0) \qquad \boxed{u(0) = 0,2 \text{ V}}$$

Para t=∞ toda la corriente pasa por la resistencia:

$$R_{eq} = \frac{0,8}{0,4} = 2\Omega \qquad \tau = R_{eq} \cdot C_{eq} \qquad C_{eq} = \frac{2}{2} = 1F$$

b) Si i(t)=t

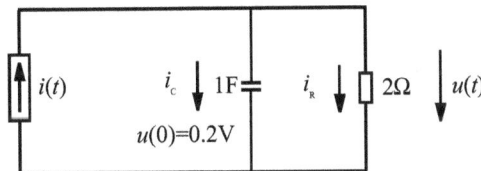

Figura 79.3

$$t = i_R + i_C = \frac{u}{2} + 1 \cdot \frac{du}{dt} \qquad \frac{du}{dt} + 0,5 \cdot u = t \qquad \alpha = -0,5$$

$$u(t) = k \cdot e^{-0,5 \cdot t} + u_p(t) \qquad u_p(t) = A + B \cdot t \qquad \frac{du_p}{dt} = B$$

Substituyendo en la ecuación diferencial resulta B+0.5(A+B·t)=t

$$\left. \begin{array}{l} B + 0,5 \cdot A = 0 \\ 0,5 \cdot B = 1 \end{array} \right\} \quad \left. \begin{array}{l} B = 2 \\ A = -4 \end{array} \right\} \quad u_p(t) = -4 + 2 \cdot t$$

$$u(t) = k \cdot e^{-0,5 \cdot t} - 4 + 2 \cdot t$$

Para t=0

$$u(0) = 0,2 = k - 4 \quad \Rightarrow \quad k = 4,2 \qquad \boxed{u(t) = 4,2 \cdot e^{-0,5 \cdot t} - 4 + 2 \cdot t}$$

Problema 80

En el circuito de la figura, en t=0 se cierran simultáneamente los interruptores K_1 y K_2. Se pide el tiempo (en ms) que tendrá que transcurrir desde que se han accionado los interruptores hasta conseguir que la corriente i_1 que pasa por el condensador de 2mF valga $3.2749 \cdot 10^{-2}$ A.

Nota: No hay condiciones iniciales en los condensadores.

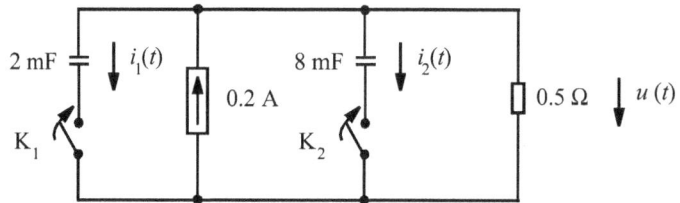

Figura 80.1

Resolución:

$$\tau = R_{eq} \cdot C_{eq} = 0,5 \cdot (2+8) \cdot 10^{-3} = 5 \cdot 10^{-3} \ \text{ms} \qquad\qquad i_1(t) = C_1 \cdot \frac{du}{dt}$$

$$u(t) = u_\infty(t) - [u_\infty(0) - u(0)] \cdot e^{-t/\tau}$$

Para t=∞

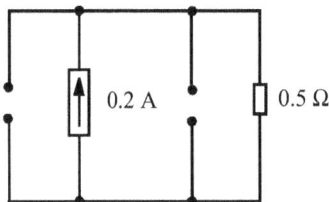

$$u_\infty(t) = 0,2 \cdot 0,5 = 0,1 \ \text{V}$$

Figura 80.2

$$u_\infty(0) = 0,1 \ \text{V}$$

$$u(0) = 0 \ \text{V}$$

$$u(t) = 0,1 - [0,1 - 0] \cdot e^{-t/5 \cdot 10^{-3}} = 0,1 - 0,1 \cdot e^{-200 \cdot t}$$

$$i_1(t) = C_1 \cdot \frac{du}{dt} = 2 \cdot 10^{-3} \cdot \left[-0,1 \cdot (-200) \cdot e^{-200 \cdot t} \right] = 4 \cdot 10^{-2} \cdot e^{-200 \cdot t}$$

Si $\qquad i_1(t_1) = 3.2749 \cdot 10^{-2} = 4 \cdot 10^{-2} \cdot e^{-200 \cdot t_1}$

$$t_1 = -\frac{1}{200} \ln 0,818725 = 1 \cdot 10^{-3} = 1 \text{ms} \qquad \boxed{t_1 = 1 \ \text{ms}}$$

Problema 81

En el circuito de la figura, en t=0 se cierra el interruptor K. Se pide:

a) Determinar el tiempo t_1 que tendrá que transcurrir hasta conseguir que la tensión u(t) valga la mitad de la que tomaría en régimen permanente

b) Si se abriera el interruptor K en el instante $t=t_1$, calcular la energía disipada en cada una de les resistencias desde $t=t_1$ hasta a $t=\infty$

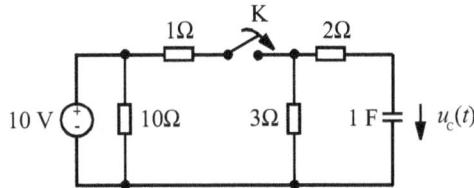

Figura 81.1

Resolución:

Régimen permanente

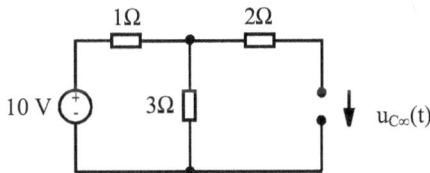

Figura 81.2

$$u_{C\infty}(t) = 10 \cdot \frac{3}{1+3} = 7,5 \text{ V}$$

Cálculo de τ:

$$\tau = R_{eq} \cdot C_{eq} = \left(2 + \frac{3 \cdot 1}{3+1}\right) \cdot 1 = 2,75\,\text{s}$$

$$u_C(t) = u_{C\infty}(t) - [u_{C\infty}(0) - u_C(0)] \cdot e^{-t/\tau} = 7,5 - [7,5 - 0] \cdot e^{-t/2,75} = 7,5 - 7,5 \cdot e^{-t/2,75}$$

$$u_C(t_1) = \frac{7,5}{2} = 7,5 - 7,5 \cdot e^{-t_1/2,75}$$

$$7.5 \cdot e^{-t_1/2,75} = 3,75 \qquad e^{-t_1/2,75} = 0,5 \qquad -\frac{t_1}{2,75} = \ln 0,5 \qquad \boxed{t_1 = 1,906\,\text{s}}$$

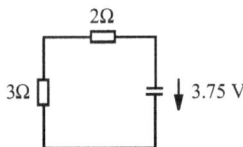

Figura 81.3

$$W_C = \frac{1}{2} C \cdot u^2 = \frac{1}{2} \cdot 1 \cdot 3.75^2 = 7.03125\,\text{J}$$

$$W_R = \int_{t_1}^{\infty} R \cdot i^2 \cdot dt$$

$$\left.\begin{array}{l} \dfrac{W_{3\Omega}}{W_{2\Omega}} = \dfrac{R_1}{R_2} = \dfrac{3}{2} \\[2mm] W_1 + W_2 = 7,0312\,\text{J} \end{array}\right\}$$

$$\boxed{W_{3\Omega} = 4,2188 \text{ J}} \qquad \boxed{W_{2\Omega} = 2,8125 \text{ J}}$$

Problema 82

El circuito de la figura trabaja en régimen permanente. En el instante en que la corriente de la bobina i_L es máxima, se cambia de posición el conmutador K (instante que tomaremos como nuevo origen de tiempo t'=0).

Se pide:

a) Valor de la resistencia R_2, sabiendo que para t' = 4 ms la corriente de la bobina i_L vale 1 A

b) Valor de la tensión en bornes de la bobina u_L (0^+)

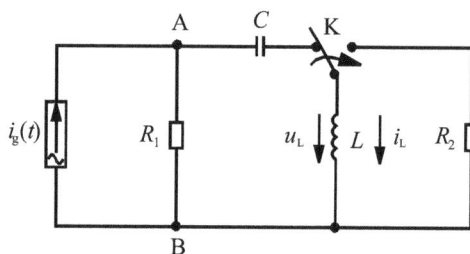

Figura 82.1

Datos:

$$R_1 = 4 \ \Omega \qquad C = \frac{5}{3\cdot\pi}\cdot 10^{-3} \ F \qquad L = \frac{1}{10\cdot\pi} H \qquad i_g(t) = 1.5\cdot\sqrt{2}\cdot\cos\left(100\cdot\pi\cdot t + \frac{\pi}{4}\right) A$$

Resolución:

a) $\qquad X_L = L\cdot\omega = \frac{1}{10\,\pi}\cdot 100\pi = 10 \ \Omega \qquad\qquad X_C = \frac{1}{C\cdot\omega} = \frac{1}{\dfrac{5}{3\cdot\pi}\cdot 10^{-3}\cdot 100\cdot\pi} = 6 \ \Omega$

$$\overline{X}_L = 10\angle 90° \ \Omega \qquad\qquad\qquad \overline{X}_C = 6\angle -90° \ \Omega$$

$$\overline{Z} = \overline{X}_L + \overline{X}_C = 10\angle 90° + 6\angle -90° = 4\angle 90° \ \Omega$$

$$\overline{Z}_p = \frac{4\angle 0°\cdot 4\angle 90°}{4\angle 0° + 4\angle 90°} = \frac{16\angle 90°}{4\sqrt{2}\angle 45°} = 2{,}8284\angle 45° \ \Omega$$

$$\overline{U}_{AB} = \overline{I}_g\cdot\overline{Z}_p$$

Se toma como origen de fases la corriente $\overline{I}_g = 1{,}5\angle 0°$

$$\overline{I}_L = \frac{\overline{U}_{AB}}{\overline{Z}} = \frac{\overline{I}_g\cdot\overline{Z}_p}{\overline{Z}} = \frac{1.5\angle 0°\cdot 2.8284\angle 45°}{4\angle 90°} = 1.06065\angle -45° \ A$$

$$\overline{U}_L = \overline{I}_L\cdot\overline{X}_L = 1{,}06065\angle -45°\cdot 10\angle 90° = 10{,}6065\angle 45° \ V$$

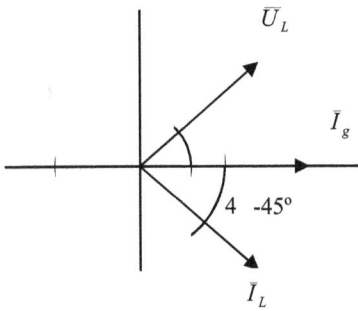

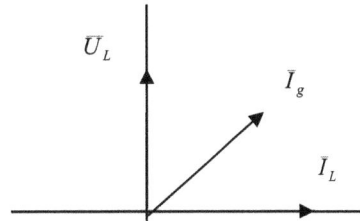

Disposición vectorial que cumple que la i_L es máxima

$$i_{L\,max} = 1,06065 \cdot \sqrt{2} = 1,5\,A$$

Para t >0⁺ el circuito disponible es el siguiente:

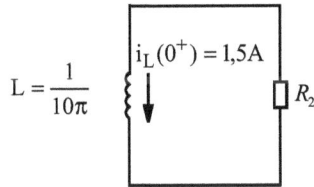

Figura 82.2

$$i_L(t) = i_{L\infty}(t) - \left[i_{L\infty}(0) - i_L(0) \right] \cdot e^{-t/\tau} \qquad \text{en donde} \qquad i_{L\infty}(t) = 0 \qquad i_{L\infty}(0) = 0$$

$$i_L(t) = 1,5 \cdot e^{-t/\tau}$$

$$1 = 1.5 \cdot e^{-0.004t/\tau}$$

$$0,666 = e^{-0.004t/\tau}$$

$$\frac{0,004}{\tau} = 0,4054 \quad \tau = \frac{0,004}{0,4054} = 9,80 \cdot 10^{-3} = \frac{L}{R}$$

$$R_2 = \frac{L}{9,86 \cdot 10^{-3}} = \frac{\frac{1}{10\pi}}{9,86 \cdot 10^{-3}} = \frac{10^3}{10 \cdot \pi \cdot 9,86} = 3,228\ \Omega$$

$$\boxed{R_2 = 3,228\ \Omega}$$

b)

$$u_L(0^+) = -i_{R2}(0^+) \cdot R_2 = -1,5 \cdot 3,228 \qquad \boxed{u_L(0^+) = -4,84\,V}$$

Problema 83

El circuito de la figura trabaja en régimen permanente. En t=0 se cierra el interruptor K_2 y se abre K_1. Transcurridos 1,5 s se cierra K_3, instante que tomaremos como nuevo origen de tiempo t′.

Se pide:

a) Expresión temporal de la tensión $u_C(t)$ para 0<t<1,5s

b) Valor de la tensión u_C para t=1,5s

c) Expresión temporal de la tensión $u_C(t′)$ para t>1,5s, es decir, para t′>0

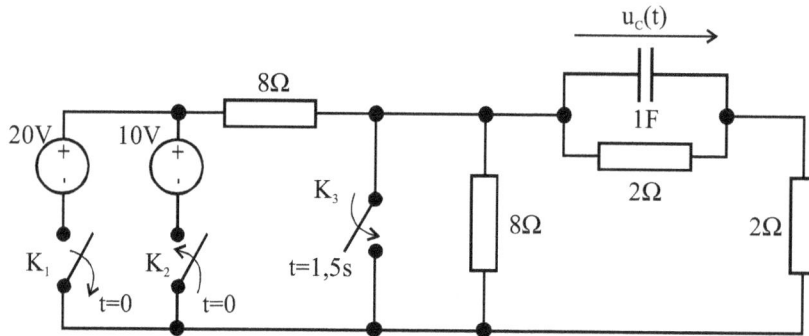

Figura 83.1

Resolución:

Para t=0⁻

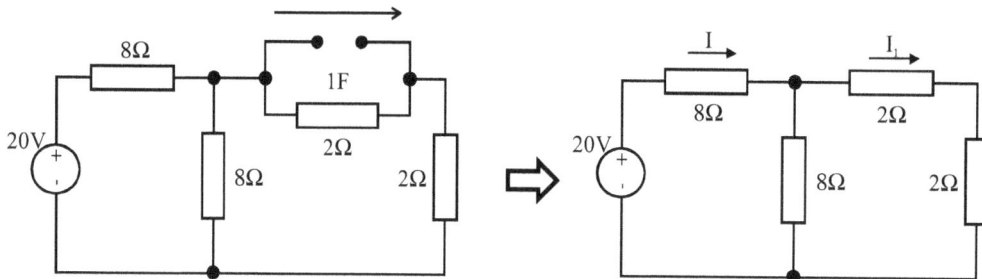

Figura 83.2

$$Req = 8 + \frac{8 \cdot 4}{8+4} = 8 + \frac{32}{12} = \frac{128}{12} \ \Omega \qquad\qquad I = \frac{20}{\frac{128}{12}} = \frac{240}{128} \ A$$

$$I_1 = I\frac{8}{8+4} = \frac{240}{128}\cdot\frac{8}{12} = \frac{240}{128}\cdot\frac{2}{3} = \frac{480}{384} \ A$$

$$u_c(0^-) = 2\cdot\frac{480}{384} = 2,5 \ V$$

Para t≥0⁺

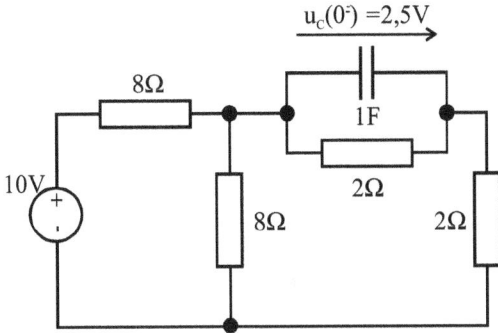

$$u_c(0^-) = 2,5\,V$$

$$Req = \frac{\left[\left(\dfrac{8\cdot 8}{8+8}\right)+2\right]\cdot[2]}{\left[\left(\dfrac{8+8}{8+8}\right)+2\right]+[2]} = 1,5\;\Omega$$

$$\tau = Req\cdot Ceq = 1,5\cdot 1 = 1,5\;s$$

$$u_C(t) = u_{C\infty}(t) - \left[u_{C\infty}(0) - u_C(0)\right]e^{-t/\tau}$$

Figura 83.3

Para t=∞

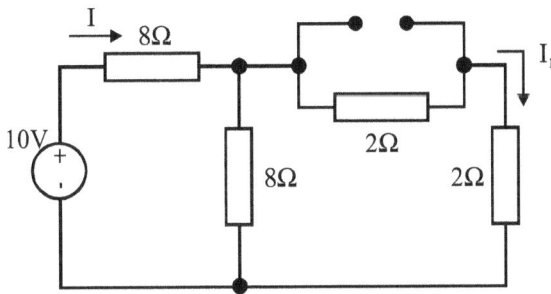

$$I = \frac{10}{8+\dfrac{8\cdot 4}{8+4}} = \frac{10}{8+\dfrac{32}{12}} = \frac{10}{\dfrac{128}{12}} = \frac{120}{128}\;A$$

$$I_1 = I\frac{8}{12} = \frac{120}{128}\cdot\frac{8}{12} = \frac{80}{128}\;A$$

$$u_{C\infty}(t) = \frac{80}{128}\cdot 2 = \frac{160}{128} = 1,25\;V$$

$$u_C(t) = 1,25 - \left[1,25 - 2,5\right]e^{-t/1,5}$$

$$\boxed{u_c(t) = 1,25 + 1,25e^{-t/1,5}\;V}$$

Figura 83.4

Para t=1,5s

$$u_C(1.5) = 1,25 - 1,25e^{-1,5/1,5}$$

$$\boxed{u_C(t) = 1,709\;V}$$

Para t≥1.5s, t′≥0

$$u_C(t'=0)=1{,}709$$

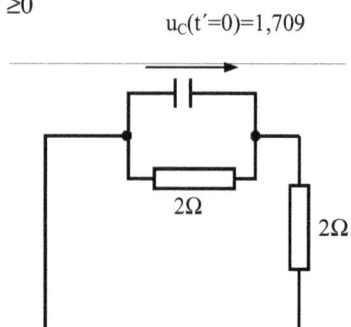

Figura 83.5

$$u_C(t') = u_{C\infty}(t') - \left[u_{C\infty}(0) - u_C(o)\right]e^{-t'/\tau'}$$

$$\tau' = \text{Req·Ceq} = \frac{2 \cdot 2}{2 + 2} \cdot 1 = 1 \ s$$

$$u_C(t') = 0 - \left[0 - 1{,}709\right]e^{-t'} \ V$$

$$\boxed{u_C(t') = 1{,}709 \cdot e^{-t'} \ V}$$

Problema 84

El circuito de la figura trabaja en régimen permanente. En el instante en que la tensión en bornes de la bobina es máxima se cambia de posición el conmutador (instante que se toma como t' = 0).

Datos:

$$C=10/3\pi \text{ mF} \quad L=50/\pi \text{ mH} \quad e_0 = 30 \cdot \sqrt{2} \cdot \cos 100\pi t \text{ V} \quad R=7,5 \text{ }\Omega \quad R'=30 \text{ }\Omega$$

Se pide:

a) Valor de la tensión en bornes del condensador en $t=0^+$

b) Valor de la tensión en bornes de la bobina en $t=0^+$

c) Expresión temporal de la corriente que circula por la resistencia R después de cambiar de posición el conmutador

d) Expresión temporal de la corriente que circula por la resistencia R' después de cambiar de posición el conmutador

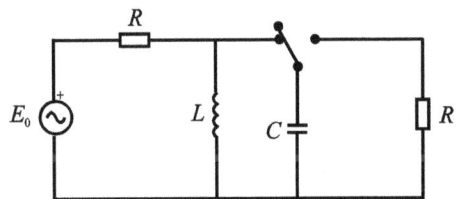

Figura 84.1

Resolución:

$$\omega = 100\pi \text{ rad / s} \qquad X_C = \frac{1}{\omega C} = 3 \text{ }\Omega \qquad X_L = \omega L = 5 \text{ }\Omega$$

$$Z_p = \frac{3\angle -90^0 \cdot 5\angle 90^0}{-3j + 5j} = \frac{15}{2}\angle -90^0 \text{ }\Omega$$

$$\overline{Z}_T = \overline{R} + \overline{Z}_p = \frac{15}{2} + \frac{15}{2}\angle -90^0 = \frac{15}{2}\sqrt{2}\angle -45^0 \Omega$$

$$\overline{E}_0 = 30\sqrt{2}\angle 0^0 \text{ V (origen de fases, y se trabaja con valores máximos)}$$

$$\overline{I}_T = \frac{\overline{E}_0}{\overline{Z}_T} = \frac{30\sqrt{2}\angle 0^0}{\frac{15}{2}\sqrt{2}\angle -45^0} = 4\angle 45^0 \text{ A}$$

$$\overline{U}_C = \overline{I}_T \cdot \overline{Z}_p = 4\angle +45^0 \cdot \frac{15}{2}\angle -90^0 = 30\angle -45^0 \text{ V}$$

$$\overline{I}_L = \frac{\overline{U}_C}{\overline{X}_L j} = \frac{30\angle -45^0}{5\angle 90^0} = 6\angle -135^0 \text{ A}$$

Se dibuja el diagrama vectorial para el instante en que la tensión en bornes de la bobina es máxima (la tensión en bornes del condensador) como origen en t' = 0⁻

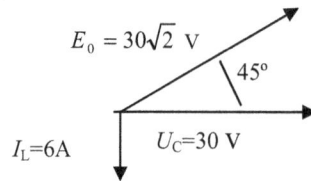

$E_0 = 30\sqrt{2}$ V

45°

I_L=6A

U_C=30 V

$$\tau_a = R'C = 30 \cdot \frac{10}{3\pi} \cdot 10^{-3} = \frac{10^{-1}}{\pi} = \frac{1}{10\pi} s \quad \Rightarrow \quad i_{R'} = \frac{u_C(0^+)}{R'} \cdot e^{-t/\tau_a} = \frac{30}{30} \cdot e^{-10\pi t}$$

$$\boxed{i_{R'} = e^{-10\pi t} \text{ A}}$$

$$e_0(0^-) = i_L(0^-) \cdot R + u_L(0^-)$$

Para t=0⁺ se tiene,

$$e_0(0^+) = i_L(0^+) \cdot R + u_L(0^+)$$

$$e_0(0^+) = u_L(0^+)$$

$$u_C(0^-) = 30V = u_L(0^-), \quad \boxed{u_C(0^+) = 30V}$$

$$i_L(0^-) = 0A = i_L(0^+),$$

$$u_L(0^+) = E_0(0^+)$$

$$e_0(0^+) = 30\sqrt{2} \cos 45^0 = 30V \qquad e = 30\sqrt{2} \cos\left(100\pi t + \frac{\pi}{4}\right)$$

$$\boxed{u_L(0^+) = 30 \cdot \sqrt{2} \text{ V}}$$

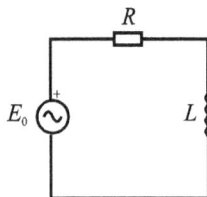

R

E_0

L

Figura 84.2

$$\tau_b = \frac{L}{R} = \frac{50}{\pi} \cdot 10^{-3} \cdot \frac{2}{15} = \frac{100 \cdot 10^{-3}}{15\pi} = \frac{1}{150\pi} s$$

$$\overline{E} = 30\sqrt{2} \angle 45^0 \text{ V}$$

$$\overline{Z}_T = R + X_L j = \frac{15}{2} + 5j = 9{,}014 \angle 33{,}69 \Omega$$

$$\bar{I}_L = \frac{\bar{E}}{\bar{Z}_T} = 3{,}328\sqrt{2}\angle 11.31°\ \text{A}$$

$$I_L = 4{,}7068\angle 11.31°\ \text{A}$$

$$i_{L\infty}(t') = 4.7068\cos\left(100\pi t' + \frac{11{,}31}{180}\cdot\pi\right)\ \text{A} \qquad\qquad i_{L\infty}(0) = 4{,}7068\cos 11{,}31 = 4{,}6154\ \text{A}$$

$$i_L\left(0^+\right) = 0\text{A} = i_R\left(0^+\right)$$

$$\boxed{i_R(t) = 4.7068\cos\left(100\pi t' + \frac{11{,}31}{180}\cdot\pi\right) - \left[4{,}6154 - 0\right]\cdot e^{-150\pi t'}\text{A}}$$

Problema 85

En el circuito de la figura se trabaja en régimen permanente. En el instante t = 0 se cierra el interruptor K_1 y cuando el valor de la corriente $i_{L1}(t)$ vale 0,095 A, se abre el interruptor K_1 e instantáneamente se cierra K_2 y se abre K_3, instante que se toma como nuevo origen de tiempos t'. Se pide el valor de la corriente $i_{L1}(t')$.

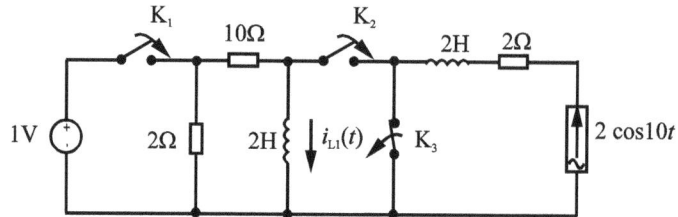

Figura 85.1

Resolución:

En t=0 se cierra K_1

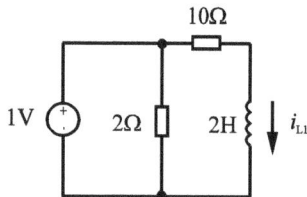

El valor de τ se halla pasivando el circuito

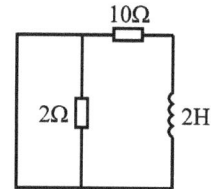

Figura 85.2

Figura 85.3

$$\tau = \frac{L_{eq}}{R_{eq}} = \frac{2}{10} = 0,2s$$

$$i_{L1\infty}(t) = \frac{1}{10} = 0,1A \qquad i_{L1\infty}(0) = 0,1 \ A \qquad i_{L1}(0) = 0$$

$$i_{L1}(t) = 0,1 - [0,1 - 0] \cdot e^{-t/0,2} = 0,1 - 0,1 \cdot e^{-5t} \ A$$

cuando $i_{L1}(t) = 0,095A$ se abre K_1 → $0,095 = 0,1 - 0,1e^{-5t_1}$ → $t_1 = 0,6 \ s$

Circuito para t>0,6$^+$

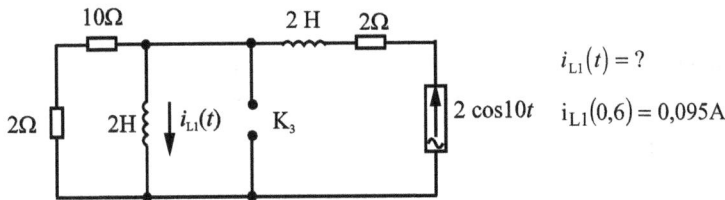

$$i_{L1}(t) = ?$$

$$i_{L1}(0,6) = 0,095A$$

Figura 85.4

Nuevo origen de tiempo t':

$$\tau = \frac{L_{eq}}{R_{eq}} = \frac{2}{2+10} = \frac{1}{6}s$$

Régimen permanente:

$$\omega \cdot t = 10 \cdot 0,6 = 6rad = 343,77°$$

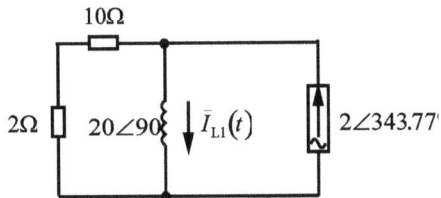

$$\overline{I}_{L1} = 2\angle 343,77 \cdot \frac{12}{12 + j20} = 1,029\angle 284,7° \ A$$

$$i_{L1\infty}(t') = 1,029\cos(10 \cdot t' + 284,7)$$

$$i_{L1\infty}(0) = 1,029\cos(-39,23) = 0,2611$$

Figura 85.5

t' > 0,6$^+$

$$i_{L1}(t') = 1,029\cos(10t' + 284,7°) - [0,2611 - 0,095]e^{-6t'}$$

$$\boxed{i_{L1}(t') = 1,029\cos(10t' - 284,7°) - 0,1661e^{-6t'} \ A}$$

Problema 86

El circuito de la figura trabaja en régimen permanente. En el instante de tiempo t=0 se cierra el interruptor K_1. En el instante en que el valor de la tensión que hay en el condensador $u_C(t)$ es de 63,212 mV, se cierra el interruptor K_2 y el interruptor K_1 vuelve a la posición inicial, instante que tomaremos como nuevo origen de tiempo t'. Se pide la expresión temporal de $u_C(t')$.

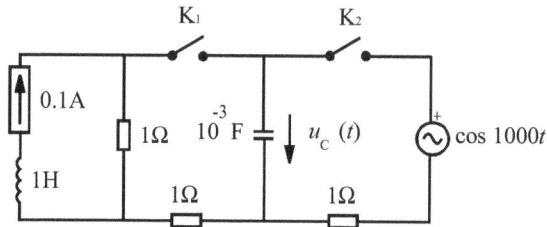

Figura 86.1

Resolución:

Cerramos K_1: Circuito de primer orden

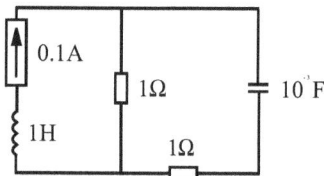

Circuito para $t \geq 0$

$$u_C(t) = u_{C\infty}(t) - [u_{C\infty}(0) - u_C(0)] \cdot e^{-t/\tau}$$

$$\tau = R \cdot C = 2 \cdot 10^{-3} \text{ s}$$

$$u_{C\infty}(t) = 0{,}1 \cdot 1 = 0{,}1 \text{ V}$$

$$u_{C\infty}(0) = 0{,}1 \text{ V}$$

$$u_C(t) = 0{,}1 - [0{,}1 - 0] \cdot e^{-t/2 \cdot 10^{-3}}$$

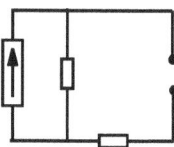

Circuito para $t = \infty$

$$63{,}212 \cdot 10^{-3} = 0{,}1 - 0{,}1 e^{-500 t_1}$$

$$e^{-500 t_1} = 0{,}36788$$

$$t_1 = -\frac{\ln 0{,}36788}{500} = 2 \cdot 10^{-3} \text{ s}$$

Para $t = 2 \cdot 10^{-3}$ s cambio de posición de los interruptores

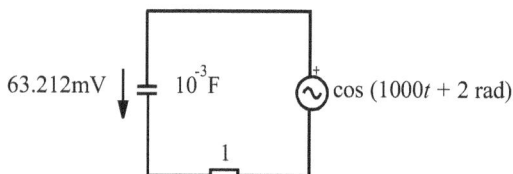

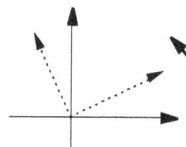

$$\varphi = \omega \cdot t = 1000 \cdot 2 \cdot 10^{3} \text{ rad}$$

$$2 \text{ rad} = 114{,}591°$$

$$\overline{X}_C = \frac{1}{C \cdot \omega} = \frac{1}{10^{-3} \cdot 1000} = 1 \angle -90° \, \Omega$$

Régimen permanente:

$$\overline{U}_C = \overline{X}_C \cdot \overline{I}_C = \overline{X}_C \cdot \frac{\overline{E}}{\overline{Z}} = 1 \angle -90° \cdot \frac{1 \angle 114,91°}{1-j} = \frac{1 \angle 24,5915°}{1,4142 \angle -45°} = 0,707 \angle 69,59° \, \text{V}$$

$$u_{C\infty}(t') = 0,707 \cos(1000t + 69,59°) \, \text{V} \qquad\qquad u_{C\infty}(t') = 0,707 \cos 69,59 = 0,2465 \, \text{V}$$

$$u_C(t') = 0,707 \cos(1000t + 69,59°) - \left[0,2465 - 63,212 \cdot 10^{-3} \right] \cdot e^{-1000t}$$

$$\boxed{u_C(t') = 0,707 \cos(1000t + 69,59°) - 0,1833 \cdot e^{-1000t} \, \text{V}}$$

Problema 87

El circuito de la figura trabaja en régimen permanente. En el instante t=0 se cierra el interruptor K_1. Pasados 0.5s se cierra el interruptor K_2 y se abre instantáneamente K_1 (instante que se toma como nuevo origen de tiempo t').

Se pide la expresión temporal de la corriente i(t') para t'>0.

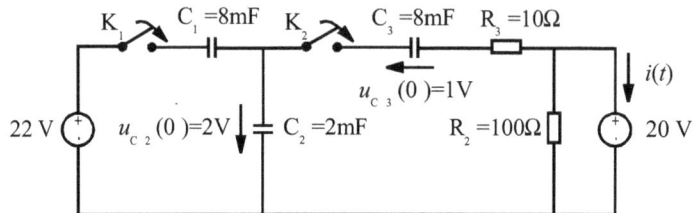

Figura 87.1

Resolución:

Para t=0$^+$

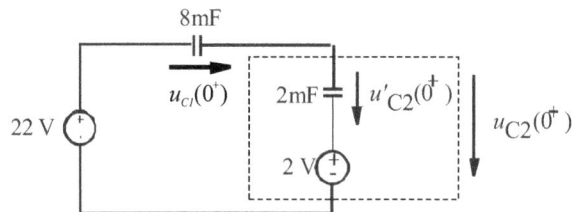

Figura 87.2

$$u'_{C2}\left(0^+\right)=(22-2)\cdot\frac{8}{8+2}=16\ \text{V} \qquad u_{C2}\left(0^+\right)=16+2=18\ \text{V} \qquad u_{C1}\left(0^+\right)=4\ \text{V}$$

$$t = t' + 0.5$$

Para t ≥ 0,5 s, es decir t' ≥ 0, se tiene:

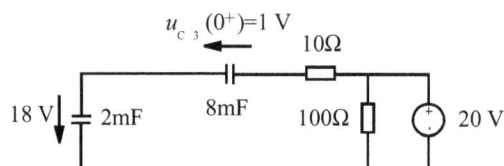

Figura 87.3

Es un circuito de primer orden

Circuito pasivo:

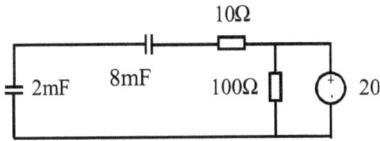

Figura 87.4

$$\tau = R_{eq} \cdot C_{eq} = 10 \cdot \frac{2 \cdot 8}{2+8} \cdot 10^{-3} = 16 \cdot 10^{-3}\,s \qquad i(t') = i_\infty(t') - [i_\infty(0) - i(0)] \cdot e^{-t'/\tau}$$

Para t=∞:

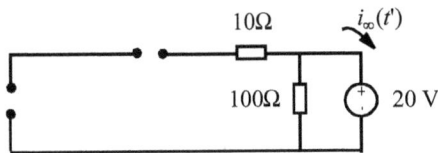

Figura 87.5

$$i_\infty(t') = -\frac{20}{100} = -0,2\,A \qquad i_\infty(0) = -0,2\,A$$

Para t'=0⁺

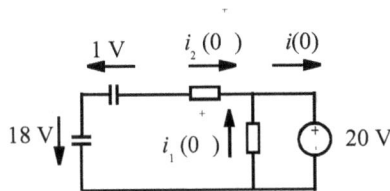

Figura 87.6

$$i(0) = i_1(0^+) + i_2(0^+) = -\frac{20}{100} - \frac{[20 - (18+1)]}{10} = -0,2 - 0,1 = -0,3\,A$$

$$i(t') = -0,2 - [-0,2 - (-0,3)] \cdot e^{-62,5t'}$$

$$\boxed{i(t') = -0,2 - 0,1 \cdot e^{-62,5 \cdot t'}\,A}$$

Problema 88

El circuito de la figura trabaja en régimen permanente con los interruptores K_1 y K_2 ocupando la posición indicada.

Cuando la energía almacenada en la bobina L_2 es máxima y siendo la tensión e(t) proporcionada por el generador positiva, se abre el interruptor K_1 y se cambia de posición K_2, instante que se toma como nuevo origen de tiempo t'.

Se pide la expresión temporal de la corriente i_2(t').

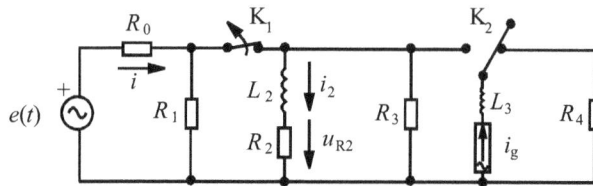

Figura 88.1

Datos: $R_0 = 8{,}446\ \Omega$ $R_1 = 54{,}64\ \Omega$ $R_2 = 10\ \Omega$ $R_3 = 54{,}64\ \Omega$

$L_2 = 0{,}1732/\pi\ H$ $L_3 = 0{,}1732/\pi\ H$

$e(t) = 220 \cdot \sqrt{2} \cdot \cos 100 \cdot \pi \cdot t \quad V$ $i_g(t) = 2 \cdot \sqrt{2} \cdot \cos 100 \cdot \pi \cdot t \quad A$

Resolución:

Con K_1 cerrado (valores eficaces).

$$\overline{Z}_2 = R_2 + j \cdot L_2 = 10 + j \cdot 100 \cdot \pi \cdot \frac{0{,}1732}{\pi} = 20\angle 60°\ \Omega$$

$\overline{E} = 220\angle 0°$ $\overline{Z}_p = \dfrac{R_1 \cdot \overline{Z}_2}{R_1 + \overline{Z}_2} = \dfrac{54{,}64 \cdot 20\angle 60°}{54{,}64 + 20\angle 60°} = 16{,}33\angle 45°\ \Omega$

$$\overline{Z}'_p = \frac{16{,}33\angle 45° \cdot 54{,}64}{16{,}33\angle 45° + 54{,}64} = \frac{892{,}27\angle 45°}{67{,}186\angle 9.9°} = 13{,}28\angle 35{,}1°\ \Omega$$

$$\overline{Z}_T = \overline{Z}'_p + R_0 = 13{,}28\angle 35{,}1° + 8{,}446 = 19{,}311 + j \cdot 7{,}636 = 20{,}765\angle 21{,}57°\ \Omega$$

$$\overline{I} = \frac{\overline{E}}{\overline{Z}_T} = \frac{220\angle 0°}{20{,}765\angle 21{,}57°}\ A \qquad \overline{U}_{AB} = \overline{I} \cdot \overline{Z}_p$$

$$I_2 = \frac{\overline{U}_{AB}}{\overline{Z}_2} = \frac{\dfrac{220\angle 0°}{20{,}765\angle 21{,}57°} \cdot 13{,}28\angle 35{,}1}{20\angle 60°} = 7{,}035\angle -46{,}47°\ A$$

Para ser máxima la energía:

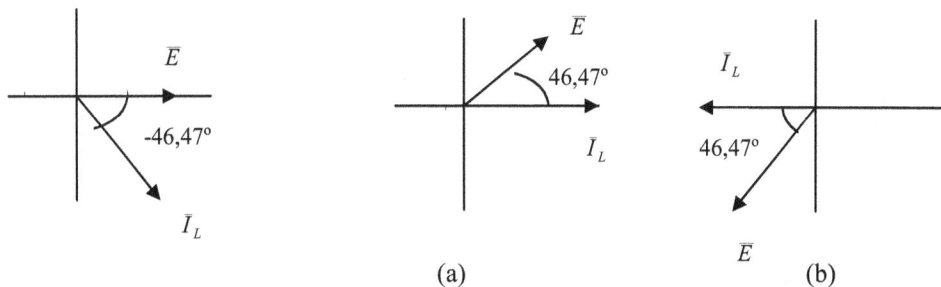

(a)   (b)

Teniendo que ser e(t) > 0 ⟹ (a)

Por lo tanto,

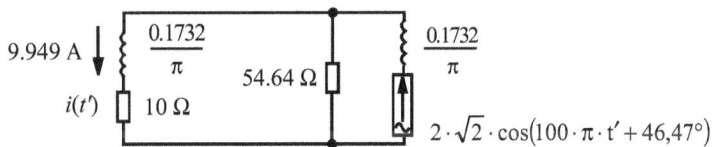

Figura 88.2

$$\tau = \frac{L_{eq}}{R_{eq}} = \frac{\dfrac{0,1732}{\pi}}{10 + 54,64} = 8,5489 \cdot 1^{-4}\,\text{s} \qquad i_2(t') = i_\infty(t') - [i_\infty(0) - i_2(0)] \cdot e^{-t'/\tau}$$

Régimen permanente

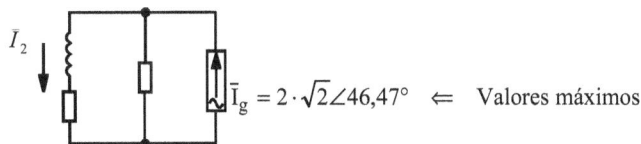

$\bar{I}_g = 2 \cdot \sqrt{2}\angle 46,47°$ ⟸   Valores máximos

Figura 88.3

$$\bar{I}_2 = \bar{I}_g \cdot \frac{R_3}{\bar{Z}_2 + R_3} = 2 \cdot \sqrt{2}\angle 46,47° \cdot \frac{54,64}{20\angle 60° + 54,64} = \frac{154,545\angle 46,47°}{66,92\angle 15°} = 2,309\angle 31,47°\ \text{A}$$

$$i_{2\infty}(t') = 2,309 \cdot \cos(100 \cdot \pi \cdot t' + 31,47)\ \text{A}$$

$$i_{2\infty}(0) = 1,97\ \text{A}$$

$$i_2(t') = 2,309 \cdot \cos(100 \cdot \pi \cdot t' + 31,47) - [1,97 - 9,949] \cdot e^{-t'/\tau}\ \text{A}$$

$$\boxed{i_2(t') = 2,309 \cdot \cos(100 \cdot \pi \cdot t' + 31,47) + 7,979 \cdot e^{-1169,7t'}\ \text{A}}$$

Problema 89

El circuito de la figura (esquema de la izquierda) equivale a un conjunto reactancia L-tubo fluorescente-cebador C.

Calcular:

a) Valores eficaces de las corrientes que circulan por la reactancia L y por el cebador C, estando este último cerrado

b) El cebador C se abrirá cuando la corriente que circula por él es máxima (instante que corresponde asimismo al valor máximo de la corriente que pasa por la inductancia L), instante que tomaremos como nuevo origen de tiempo t'. Valor de $u_{AB}(t'=0^+)$

c) Expresión temporal de la tensión $u_{AB}(t'>0^+)$

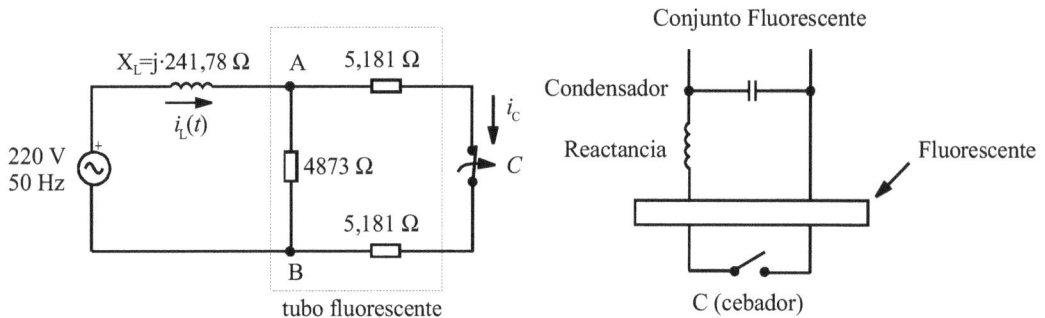

Figura 89.1

Resolución:

a)

$$R_{eq} = \frac{4873 \cdot (5,181 + 5,181)}{4873 + (5,181 + 5,181)} = 10,34\,\Omega$$

$$\overline{Z}_T = 10,34 + j \cdot 241,78 = 242\angle 87,551°$$

$$\boxed{\overline{I}_L = \frac{\overline{E}}{\overline{Z}_T} = \frac{220\angle 0^0}{242\angle 87,551} = 0,909\angle -87,551\,A}$$

$$\overline{I}_C = \frac{U_{AB}}{5,181 \cdot 2} = \frac{\overline{I}_L \cdot R_{eq}}{5,181 \cdot 2} = \frac{0,909\angle -87,551 \cdot 10,34}{5,181 \cdot 2}$$

$$\boxed{\overline{I}_C = 0,9071\angle -87,551\,A}$$

b) Se abre el cebador para I_C máxima,

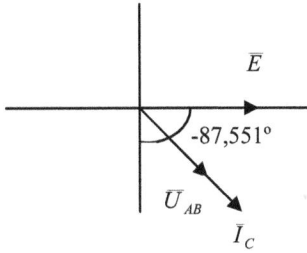

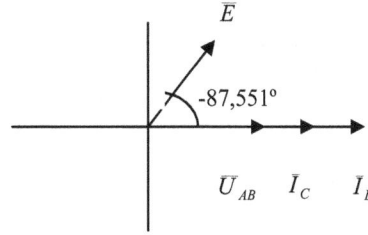

$$U_{AB} = 0,909\angle -87,551°\cdot 10,34 = 9,399\angle -87,551°$$

$$i_L(0^-) = i_L(0^+) = 0,909\cdot\sqrt{2}$$

$$u_{AB}(0^+) = i_L(0^+)\cdot 4873 = 0,909\cdot\sqrt{2}\cdot 4873$$

$$\boxed{u_{AB}(0^+) = 6264,341 \ V}$$

c) Para t'>0

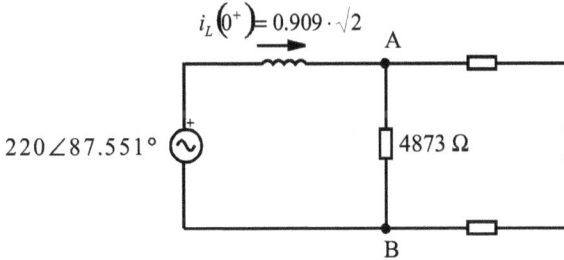

$$L = \frac{X_C}{\omega} = \frac{241,78}{2\pi\cdot 50} = 0,7696 \ H$$

Es un circuito de primer orden.

Figura 89.2

$$u_{AB}(t') = u_{AB\infty}(t') - [u_{AB\infty}(0) - u_{AB}(0)]\cdot e^{-t'/\tau}$$

$$\tau = \frac{L}{R} = \frac{0,7696}{4873} = 1579\cdot 10^{-4} \ ms \qquad \frac{1}{\tau} = 6331,78$$

Régimen permanente

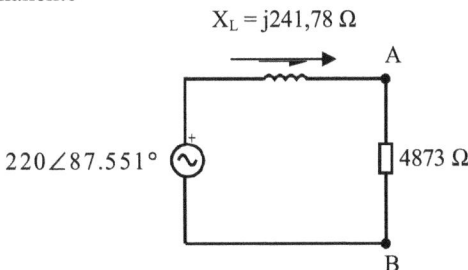

Figura 89.3

$$\overline{U}_{AB} = \frac{\overline{E}}{\overline{Z}} \cdot R = \frac{220\angle 87{,}551°}{4873 + j \cdot 241{,}78} \cdot 4873 \ \ V$$

$$\overline{U}_{AB} = \frac{220\angle 87{,}551°}{4878{,}99\angle 2{,}84°} \cdot 4873 = 219{,}73\angle 84{,}711° \ \ V$$

$$u_{AB}(t') = 219{,}73 \cdot \sqrt{2} \cdot \cos(100 \cdot \pi \cdot t' + 84{,}711°) \ \ V$$

$$u_{AB\infty}(0) = 28{,}6443 \ \ V$$

$$u_{AB}(t') = 310{,}745 \cdot \cos(100 \cdot \pi \cdot t' + 84{,}711°) - [28{,}664 - 6264]6235{,}7 \cdot e^{-t'/\tau} \ \ V$$

$$\boxed{u_{AB}(t') = 310{,}745 \cdot \cos(100 \cdot \pi \cdot t' + 84{,}711°) + 6235{,}7 \cdot e^{-6331{,}78 \cdot t'} \ \ V}$$

Problema 90

El circuito de la figura trabaja en régimen permanente. Cuando la corriente i_L es máxima se cambia de posición el conmutador K (t'=0). Transcurrido un tiempo t'=67,59 ms, se vuelve el conmutador a la posición original, tiempo que tomaremos como t''=0.

Se pide la expresión temporal de la corriente $i_L(t'')$.

Datos: $e(t) = 220\sqrt{2}\cos(100\pi t - 45°)$ V

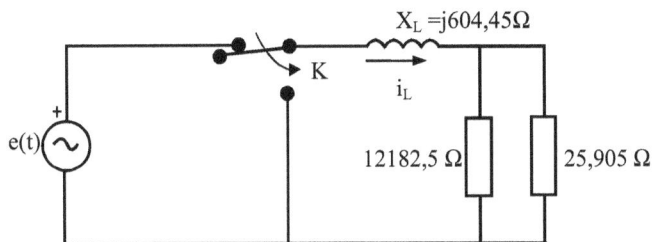

Figura 90.1

Resolución:

$$\overline{E} = 220\angle - 45° \ V$$

$$\overline{Z}_T = j604,45 + \frac{12182,5.25,905}{12182,5 + 25,905} = 25,85 + j604,45 = 605\angle 87,551° \ \Omega$$

$$\overline{I}_L - \frac{\overline{E}}{\overline{Z}_T} = \frac{220\angle - 45°}{605\angle 87,551} = 0,3636\angle \ 132,551° \ A$$

Diagrama vectorial:

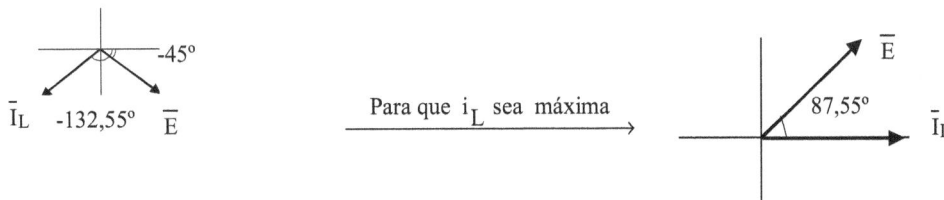

Para que i_L sea máxima

$$132,55 - 45 = 87,55°$$

$$i_{max} = 0,3636.\sqrt{2} = 0,5142 \ A$$

Para $0 \leq t' \leq 0,06759$ ms

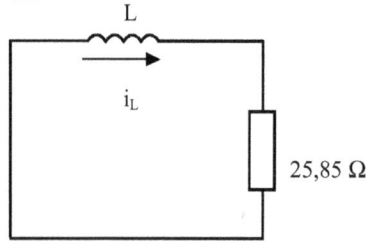

$i_L(0) = 0,5142$ A

Figura 90.2

$$L = \frac{X_L}{2\pi\,50} = \frac{604,45}{100\pi} = 1,924\,H$$

$$\tau = \frac{L}{R} = \frac{1,924}{25,85} = \frac{1}{13,435}$$

$$i_L(t') = i_{L\infty}(t') - \left[i_{L\infty}(0) - i_L(0)\right]e^{-\frac{t'}{\tau}}$$

$$i_L(t') = 0 - [0 - 0,5142]e^{-13,435t'} = 0,5142e^{-13,435t'}$$

Para t'=0,06759 s

$$i_L(0,06759) = 0,5142e^{-13,435.0,06759} = 0,207\ A$$

Pero el vector $\vec{E}$ habrá girado un ángulo: $\alpha = \omega.t' = 100\pi\,0,06759 = 21,23\text{rad}\dfrac{360°}{2\pi\ \text{rad}} = 1216,62°$

$3,37595$ vueltas $= 3$vueltas$+0,3795$vueltas $= 3$vueltas$+136,62°$

y ocupará una posición de

$$\overline{E} = 220\angle 87,551° + 136,62° = 220\angle 224,171°\ V$$

Para $\left.\begin{array}{l} t' \geq 67,59\text{ms} \\ t'' \geq 0 \end{array}\right\}$ se tiene

1,924 H   Régimen permanente

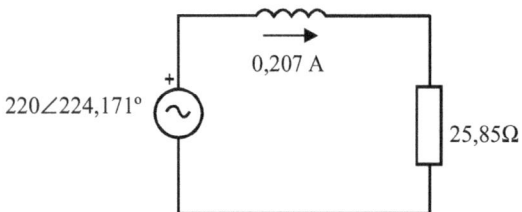

$220\angle 224,171°$

0,207 A

25,85Ω

$i_{L\infty}(t'') = 0,3636\sqrt{2}\cos(100\pi\,t''+136,62°)$

$i_{L\infty}(0) = -0,3737\ A$

Figura 90.3

$$i_L(t'') = 0,5142\cos(100\pi\, t''+136,62) - [-0,3737 - 0,207]\cdot e^{-13,435t''}$$

$$\boxed{i_L(t'') = 0,5142\cos(100\pi\, t''+2,3844\text{rad}) - 0,581e^{-13,435t''} \quad A}$$

Problema 91

El circuito de la figura trabaja en régimen permanente. En el instante de t=0,007854 s se cierra el interruptor K y se cambia de posición el conmutador K' (instante que tomaremos como a nuevo origen de tiempo t'=0).

Se pide la expresión temporal de tensión $u_{c2}(t')$.

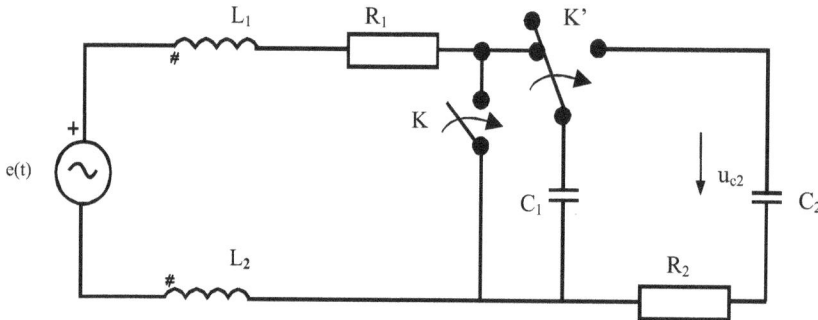

Figura 91.1

.Datos: L_1=0,04 H L_2=0,048 H   M=0,024 H R_1=200 Ω

        R_2=100 Ω C_1=100 μF C_2=25 μF $e(t) = 10\sqrt{2}\cos 500t$ V

Nota: Hay flujo magnético mutuo entre las dos bobinas.

Resolución:

Para t ≤ 0,007854 s

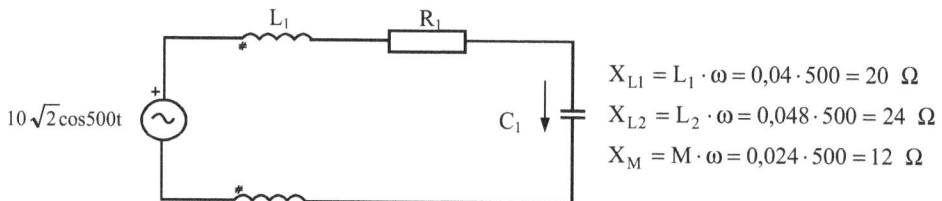

$$X_{L1} = L_1 \cdot \omega = 0,04 \cdot 500 = 20 \ \Omega$$

$$X_{L2} = L_2 \cdot \omega = 0,048 \cdot 500 = 24 \ \Omega$$

$$X_M = M \cdot \omega = 0,024 \cdot 500 = 12 \ \Omega$$

Figura 91.2

$$\overline{X}_{L_1} + \overline{X}_{L_2} - 2\overline{X}_M = 20\angle 90° + 24\angle 90° - 2.12\angle 90° = 20\angle 90° \ \Omega$$

$$\overline{X}c = \frac{1}{C\omega} = \frac{1}{100.10^{-6} \cdot 500} = 20\angle -90° \ \Omega$$

$$\overline{Z}_T = 20\angle 90° + 20\angle - 90° + 200 = 200\angle 0° \; \Omega$$

$$\overline{I}_T = \frac{\overline{E}}{\overline{Z}_T} \qquad \overline{U}_{C_1} = \overline{I} \cdot \overline{X}_{C_1} = \frac{\overline{E}}{\overline{Z}_T} \cdot \overline{X}_C = \frac{10\angle 0°}{200\angle 0°} \cdot 20\angle - 90° = 1\angle - 90° \, V$$

$$u_{C_1}(t) = 1\sqrt{2}\cos\left(500t - \frac{90 \cdot 2\pi}{360}\right) \; V$$

$$u_{C_1}(0,007854) = -1\,V$$

Para $t \geq 0,007854$ s $(t' \geq 0)$

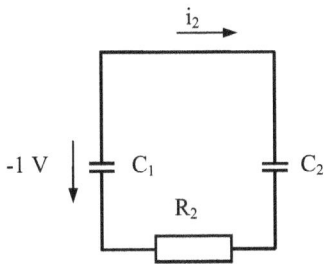

$$i_2(t') = i_{2\infty}(t') - \left[i_{2\infty}(0) - i_2(0)\right]e^{-\frac{t'}{\tau}}$$

$$\tau = 100\frac{100.25}{100+25}.10^{-6} = 2000.10^{-6} = \frac{1}{500} \; s$$

Figura 91.3

$$i_2(0) = \frac{-1}{100} = -0,01\,A \qquad i_{2\infty}(t) = 0 \qquad i_{2\infty}(0) = 0$$

$$i_2(t') = 0 - [0 + 0,01].e^{-\frac{t'}{\tau'}} = -0,01e^{-500t'} \; A$$

$$u_{C2}(t') = \frac{1}{25.10^{-6}}\int_0^t \left[-0,01.e^{-500t'}\right].dt' = \frac{-4000.0,01}{-500}\left[e^{-500t'}\right]_0^{t'} = 0,8.\left[e^{-500t} - 1\right] V$$

$$\boxed{u_{C2}(t') = -0,8 + 0,8.e^{-500t'} \; V}$$

Comprobando,

para $t' = 0$ $U_{C2}(0) = 0$

$t' = \infty$ $U_{C2}(\infty) = 0,8$

Problema 92

El circuito de la figura trabaja en régimen permanente. En t=0, se cierra el interruptor K.

a) Determinar el valor de M para poder conseguir que la corriente $i_1(t)$ tenga una respuesta correspondiente a un circuito de primer orden.

b) Determinado el valor M del apartado a), hallar la expresión temporal de $i_1(t)$ para t>0.

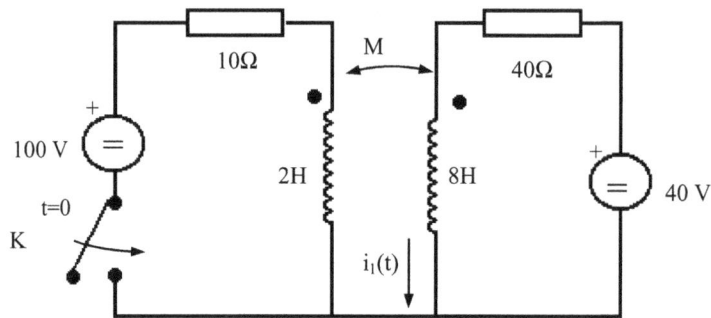

Figura 92.1

Resolución:

Para $t = 0^-$

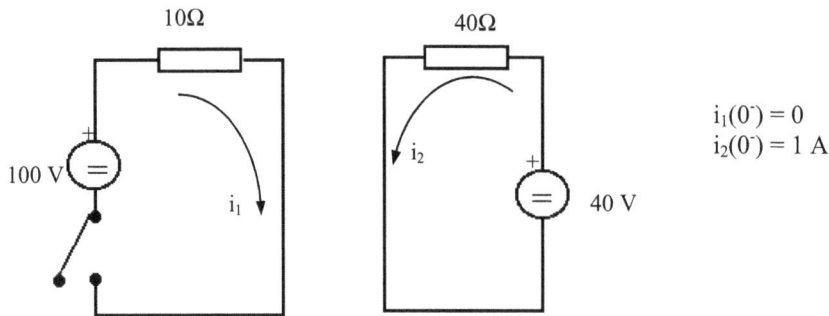

$i_1(0^-) = 0$
$i_2(0^-) = 1$ A

Figura 92.2

Para $t \geq 0^+$

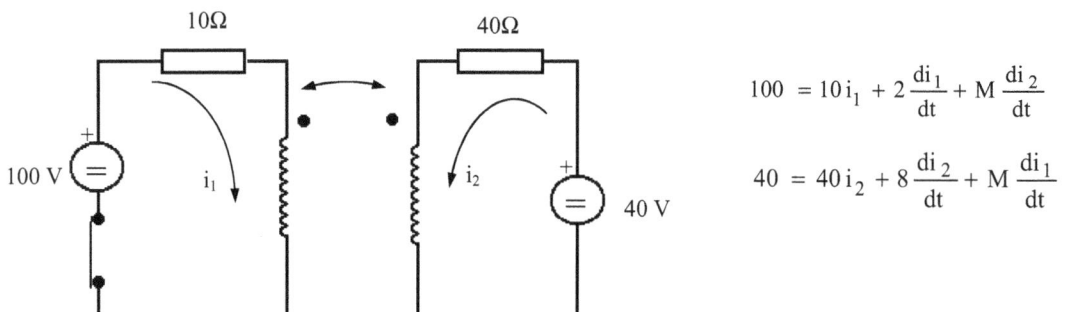

$$100 = 10\,i_1 + 2\,\frac{di_1}{dt} + M\,\frac{di_2}{dt}$$

$$40 = 40\,i_2 + 8\,\frac{di_2}{dt} + M\,\frac{di_1}{dt}$$

Despejando $\dfrac{di_2}{dt}$ de la 1a ecuación:

$$\frac{di_2}{dt} = \left[100 - 10\,i_1 + 2\frac{di_1}{dt} \right]\frac{1}{M}$$

y derivando,

$$\frac{d^2 i_2}{dt^2} = \left[-10\frac{di_1}{dt} + 2\frac{d^2 i_1}{dt^2} \right]\frac{1}{M}$$

y derivando (1), resulta:

$$0 = 40\frac{di_2}{dt} + 8\frac{d^2 i_2}{dt^2} + M\frac{d^2 i_1}{dt^2}$$

y, sustituyendo $\dfrac{di_2}{dt}$ y $\dfrac{d^2 i_2}{dt^2}$ resulta:

$$0 = 40\left[\frac{100}{M} - \frac{10}{M}i_1 - \frac{2}{M}\frac{di_1}{dt} \right] + 8\left[-\frac{10}{M}\frac{di_1}{dt} - \frac{2}{M}\frac{d^2 i_1}{dt^2} \right] + M\frac{d^2 i_1}{dt^2}$$

es decir,

$$\frac{4000}{M} - \frac{400}{M}i_1 - \frac{80}{M}\frac{di_1}{dt} - \frac{80}{M}\frac{di_1}{dt} - \frac{16}{M}\frac{d^2 i_1}{dt^2} + M\frac{d^2 i_1}{dt^2} = 0$$

Si se quiere que $i_1(t)$ sea de primer orden, el término $\dfrac{d^2 i}{dt^2}$ tiene que ser cero:

$$\boxed{M - \frac{16}{M} = 0 \Rightarrow M = 4H}$$

Para $M = 4$ resulta:

$$1000 - 100i_1 - 20\frac{di_1}{dt} - 20\frac{di_1}{dt} = 0$$

$$\frac{di_1}{dt} + 2{,}5i_1 = 25$$

Ecuación homogénea: Ecuación característica:

$$\frac{di_1}{dt} + 2{,}5i_1 = 0 \qquad\qquad \alpha + 2{,}5 = 0 \qquad \alpha = -2{,}5$$

$$i_1(t) = i_{1h}(t) + i_{1p}(t) = Ke^{-2{,}5t} + i_{1p}(t)$$

pero
$$\left.\begin{array}{l} i_{1p}(t) = K \\[4pt] \dfrac{di_{1p}}{dt} = 0 \end{array}\right\}$$
Sustituyendo en la ecuación completa resulta:
$$2{,}5K = 25 \quad\Rightarrow\quad K = 10$$

$$i_1(t) = Ke^{-2{,}5t} + 10$$

Para $t = 0$: $i_1(0) = 0 = K + 10 \Rightarrow K = -10$ $\boxed{i_1(t) = 10 - 10e^{-2{,}5t}}$

Problema 93

El circuito de la figura está alimentado por una fuente de corriente que proporciona una intensidad de valor $i_g(t) = 240{,}1t \cdot e^{-t}$ A. En t=0 se cambia de posición el conmutador. Se pide la expresión temporal de la corriente $i_L(t)$.

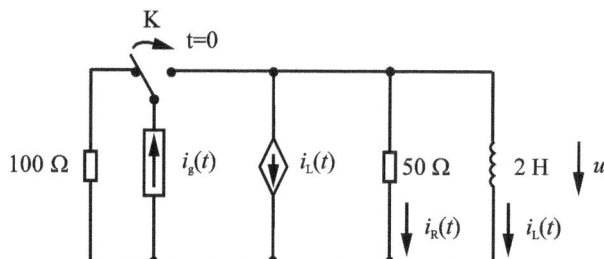

Figura 93.1

Resolución:

Para $t \geq 0$

$$i_g = i_L + i_R + i_L \qquad\qquad 240{,}1 \cdot t \cdot e^{-t} = 2i_L + i_R = 2i_L + \frac{u}{R}$$

$$240{,}1 \cdot t \cdot e^{-t} = 2i_L + \frac{1}{R}L\frac{di_L}{dt} \Rightarrow 240{,}1 \cdot t \cdot e^{-t} = 2 \cdot i_L + \frac{2}{50}\frac{di_L}{dt}$$

$$\frac{di_L}{dt} + 50 \cdot i_L = 25 \cdot 240{,}1 \cdot t \cdot e^{-t} = 6002{,}5 \cdot t \cdot e^{-t} \qquad\qquad i_h(t) = k \cdot e^{-50t}$$

$$i_p(t) = (At + B)e^{-t} \qquad\qquad \frac{di_p}{dt} = Ae^{-t} - (At + B)e^{-t}$$

Substituyendo en la completa:

$$A \cdot e^{-t} - (At + B)e^{-t} + 50(At + B)e^{-t} = 6002{,}5 \cdot t \cdot e^{-t}$$

$$A - (At + B) + 50(At + B) = 6002.5t$$

$$\left.\begin{array}{l} A - B + 50B = 0 \\ -A + 50A = 6002{,}5 \end{array}\right\} \quad \begin{array}{l} A + 49B = 0 \\ 49A = 6002{,}5 \end{array} \qquad A = 122{,}5 \qquad B = -\frac{A}{49} = -2{,}5$$

$$i_L(t) = ke^{-50t} + (122{,}5t - 2{,}5) \cdot e^{-t}$$

Pero t=0, $i_L(0)=0$; tenemos pues:

$$0 = k - 2{,}5 \qquad \text{de donde} \qquad k = 2{,}5$$

$$\boxed{i_L(t) = 2{,}5 \cdot e^{-50t} + (122{,}5t - 2{,}5)e^{-t}}$$

Problema 94

En el circuito de la figura y para el instante t=0 se abre el interruptor K. Por otro lado se conocen los siguientes datos:

I_0=1 mA   R=10 kΩ   C=0,1·10^{-6} F

τ=1,5ms (constante de tiempo del circuito resultante después de abrir el interruptor, situado a la derecha de la figura).

Se pide:

a) Valor de la tensión en bornes del condensador para t=0⁻

b) Valor del factor k_1

c) Valor de la corriente i(t)

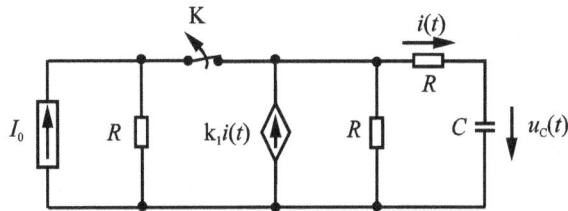

Figura 94.1

Resolución:

Circuito equivalente para t = 0⁻

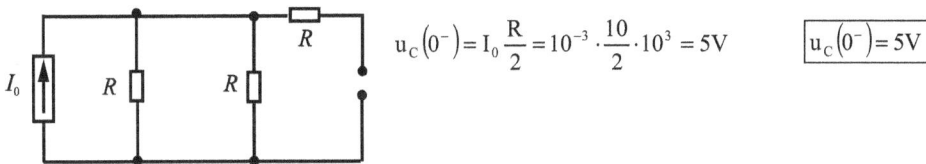

$$u_C\left(0^-\right)= I_0 \frac{R}{2}=10^{-3} \cdot \frac{10}{2} \cdot 10^3 = 5V \qquad \boxed{u_C\left(0^-\right)=5V}$$

Figura 94.2

Con K abierto, se determina el valor de k_1, a través de τ = 1,5 ms:

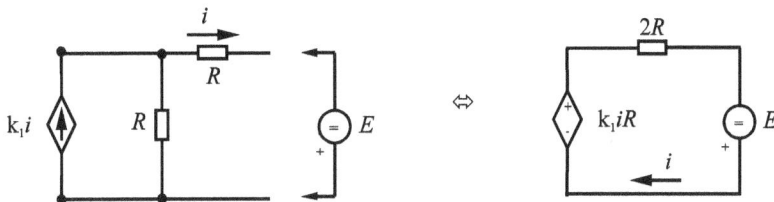

Figura 94.3

$k \cdot_1 i \cdot R + E = 2 \cdot R \cdot i$

$E = R \cdot (2 - k_1) \cdot i$

$R_T = \dfrac{E}{i} = R \cdot (2 - k_1)$

$\tau = R \cdot C \cdot (2 - k_1)$

$k_1 = 2 - \dfrac{\tau}{RC} = 2 - \dfrac{1,5 \cdot 10^{-3}}{10^3 \cdot 10 \cdot 10^{-7}}$

$\boxed{k_1 = 0,5}$

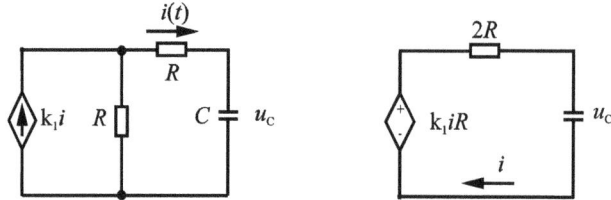

Figura 94.4

$k_1 \cdot i \cdot R = u_C + 2 \cdot R \cdot i$

$u_C + (2 \cdot R - k_1 \cdot R) \cdot i = 0$

$C \cdot (2 \cdot R - k_1 \cdot R) \cdot \dfrac{du_C}{dt} + u_C = 0$

$u_C = u_C(0^+) \cdot e^{-t/\tau}$

$i_C = C \dfrac{du_C}{dt}$

$u_C = 5 \cdot e^{-t/1,5 \cdot 10^{-3}}$ V

$i_C = -\dfrac{0,1 \cdot 10^{-6} \cdot 5}{1,5 \cdot 10^{-3}} e^{-1000t/1,5}$ A

$\boxed{i(t) = -\dfrac{1}{3} e^{-\frac{1000t}{1,5}} \text{ mA}}$

Problema 95

Dado el circuito de la figura, se sabe que el condensador tiene una energía almacenada de 0.4 J. Para t=0 se cierra el interruptor K.

Se pide el valor de la expresión temporal de la corriente i(t) para t>0.

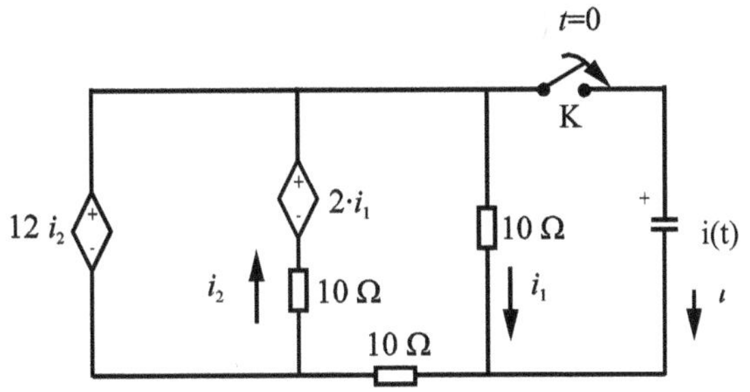

Figura 95.1

Resolución:

$$W = 0,4 = \frac{1}{2} C \cdot u_c^2 (0^-) \Rightarrow u_c (0^-) = 2V$$

Determinación de la constante de tiempo τ

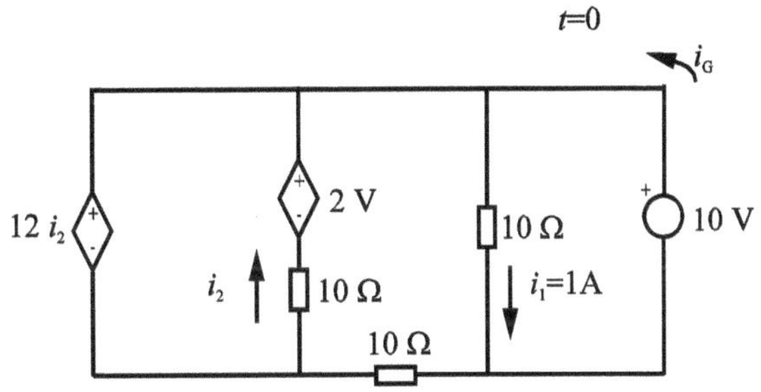

Figura 95.2

Estudiamos:

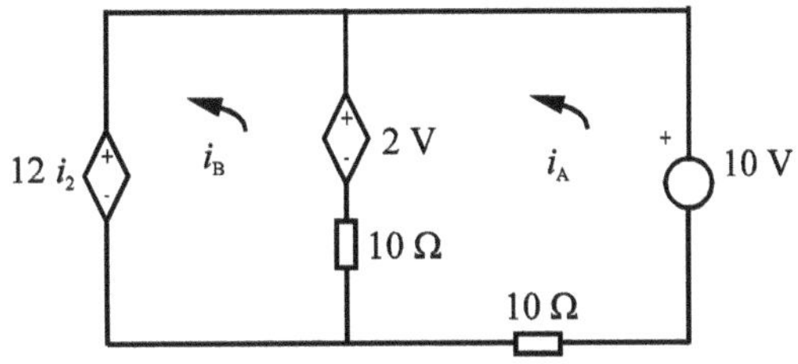

Figura 95.3

$$10 - 2 = 10(i_A - i_B) + 10i_A$$
$$2 - 12i_2 = 10(i_B - i_A)$$
$$i_2 = i_B - i_A$$

$$i_A = 0,8909 A$$
$$i_B = 0,9818 A$$
$$i_G = i_A + i_1 = 1,8909 A$$

$$R_{eq} = \frac{10}{1.8909} = 5,283 \Omega$$

$$\tau = 0,2 \cdot 5,83 = 1,057 s$$

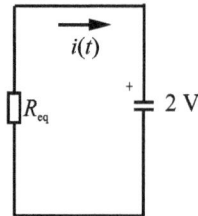

Figura 95.4

$$i(0) = -\frac{2}{5,283} = 0,3782 A$$

$$i(t) = 0 - \left[0 - \left(-\frac{2}{5,283} \right) \right] \cdot e^{-t/1,057}$$

$$\boxed{i(t) = -0,3782 e^{-0,947t} A}$$

Problema 96

En el circuito de la figura, para t=0, se cierra el interruptor K. La energía almacenada en el condensador en t<0 vale 0,08 J.

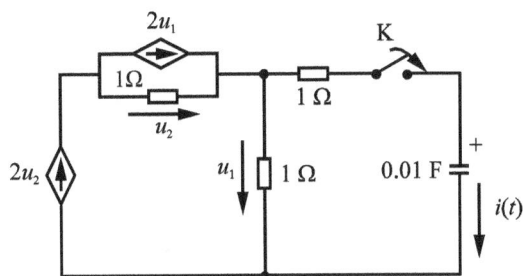

Figura 96.1

Se pide el valor de la corriente i(t).

Resolución:

$$W_C = 0,08 = \frac{1}{2} \cdot 0,01 \cdot u_C^2 \qquad u_C(0^-) = 4 \text{ V}$$

Cálculo de la constante de tiempo τ entre A y B:

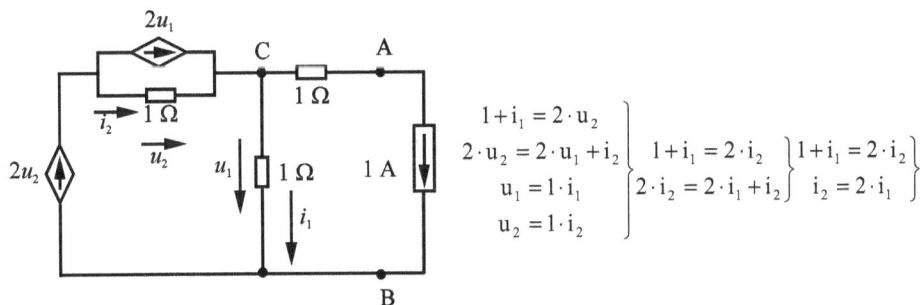

$$\left.\begin{array}{l} 1 + i_1 = 2 \cdot u_2 \\ 2 \cdot u_2 = 2 \cdot u_1 + i_2 \\ u_1 = 1 \cdot i_1 \\ u_2 = 1 \cdot i_2 \end{array}\right\} \left.\begin{array}{l} 1 + i_1 = 2 \cdot i_2 \\ 2 \cdot i_2 = 2 \cdot i_1 + i_2 \end{array}\right\} \left.\begin{array}{l} 1 + i_1 = 2 \cdot i_2 \\ i_2 = 2 \cdot i_1 \end{array}\right\}$$

Figura 96.2

$$1 + i_1 = 2 \cdot 2 \cdot i_1 \Rightarrow i_1 = \frac{1}{3} A \Rightarrow u_1 = \frac{1}{3} \text{ V} \qquad u_{CA} = 1 \cdot 1 = 1 \text{ V}$$

$$u_{AB} = u_{CB} - u_{CA} = 0.33 - 1 = -0,666 \text{ V} \qquad u_{BA} = 0,666 V \qquad R_{eq} = \frac{u_{AB}}{1} = 0,666 \ \Omega$$

$$\tau = R_{eq} \cdot C_{eq} = 0,666 \cdot 0,01 = 6,66 \cdot 10^{-3} \text{ s}$$

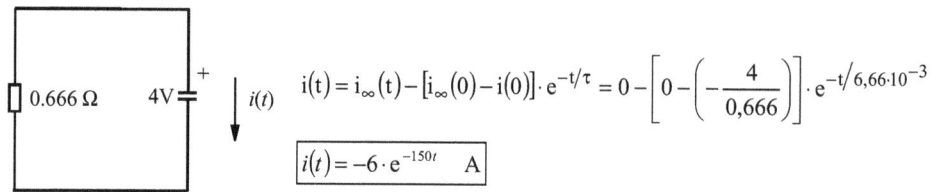

$$i(t) = i_\infty(t) - \left[i_\infty(0) - i(0)\right] \cdot e^{-t/\tau} = 0 - \left[0 - \left(-\frac{4}{0,666}\right)\right] \cdot e^{-t/6,66 \cdot 10^{-3}}$$

$$\boxed{i(t) = -6 \cdot e^{-150t} \quad \text{A}}$$

Figura 96.3

Problema 97

El circuito de la figura trabaja en régimen permanente. En el instante $t = 1,5707$ se cambia la posición del conmutador, pasando de A a B (instante que se toma como nuevo origen de tiempo $t'=0$)

Se pide la expresión temporal de la corriente $i_1(t')$.

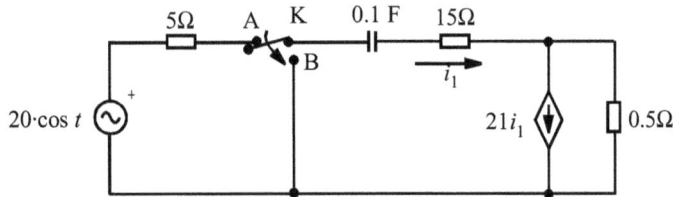

Figura 97.1

Resolución:

Cálculo de τ:

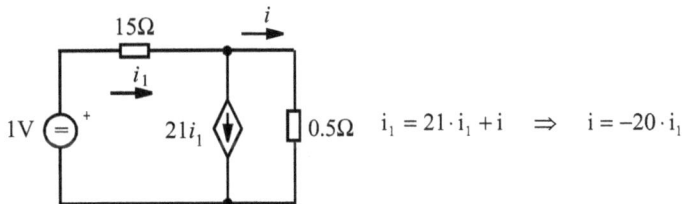

$$i_1 = 21 \cdot i_1 + i \quad \Rightarrow \quad i = -20 \cdot i_1$$

Figura 97.2

y también $1 = 15 \cdot i_1 + 0,5 \cdot i \quad \Rightarrow \quad 1 = 15 \cdot i_1 + 0,5 \cdot (-20 \cdot i_1) \quad \Rightarrow \quad 1 = 5 \cdot i_1 \qquad i_1 = \dfrac{1}{5} = 0,2 \, A$

$$R_{eq} = \frac{1}{0,2} = 5 \, \Omega \qquad\qquad \tau = R_{eq} \cdot C_{eq} = 5 \cdot 0,1 = 0,5 \, s$$

Se analiza el régimen permanente antes de cambiar K. Se trabaja con valores máximos.

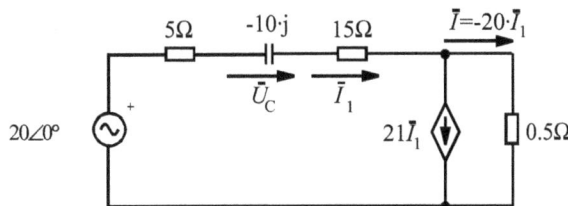

Figura 97.3

$$X_C = \frac{1}{C \cdot \omega} = \frac{1}{0.1 \cdot 1} = 10 \ \Omega$$

$$\overline{X}_C = -10 \cdot j \ \Omega$$

$$20 \angle 0° = \overline{I}_1 \cdot [5 - 10 \cdot j + 15] + 0.5 \cdot \left[-20 \cdot \overline{I}_1 \right]$$

$$20\angle 0° = \overline{I}_1 \cdot [10 - 10 \cdot j]$$

$$\overline{I}_1 = \frac{20\angle 0°}{10 - 10 \cdot j} = \frac{20}{14{,}142\angle - 45°} = 1{,}4142\angle 45° \text{ A}$$

$$\overline{U}_C = \overline{I}_1 \cdot \overline{X}_C = 1{,}4142\angle 45° \cdot 10\angle - 90° = 14{,}142\angle - 45°$$

$$u_C(t) = 14{,}142\cos\left(t - \frac{45{,}2 \cdot \pi}{360}\right)$$

$$u_C(t) = 14{,}142\cos\left(t - \frac{\pi}{4}\right)$$

Para t=1,5707 resulta:

$$u_C(1{,}5707) = 14{,}142\cos\left(1{,}5707 - \frac{\pi}{4}\right) = 10 \text{ V}$$

Para t ≥ 1,5707 (t' ≥ 0) resulta:

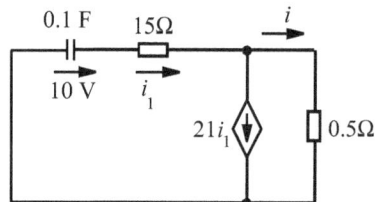

Figura 97.4

Circuito de primer orden

$$u_C(t') = u_{C\infty}(t) - [u_{C\infty}(0) - u_C(0)] \cdot e^{-t'/\tau}$$

Pero $u_{C\infty}(t)$ es cero, ya que el circuito equivalente para t = ∞ resulta el de figura 97.5.

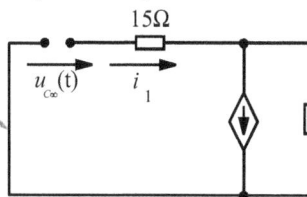

Figura 97.5

$u_{C\infty}(t) = 0$ $\qquad$ $u_{C\infty}(0) = 0$

$$u_C(t') = 0 - [0 - 10] \cdot e^{-1/0{,}5} = 10 \cdot e^{-2 \cdot t'} \qquad\qquad u_C(t') = 0 - [0 - 10] \cdot e^{-1/0{,}5} = 10 \cdot e^{-2 \cdot t'}$$

$$i_C(t') = i_1(t) = C \cdot \frac{du_C}{dt} = 0{,}1 \cdot 10 \cdot (-2) \cdot e^{-2 \cdot t'} \boxed{i_1(t') = -2 \cdot e^{-2 \cdot t'} \text{ A}}$$

$$i(t') = -20 \cdot i_1 = -20 \cdot \left[-2 \cdot e^{-2 \cdot t'}\right] \qquad\qquad \boxed{i(t') = 40 \cdot e^{-2 \cdot t'} \text{ A}}$$

Problema 98

Dado el circuito de la figura, para t=0, se cierra el interruptor K. Se pide la expresión temporal de la tensión u(t) para t>0.

Nota: El condensador no dispone de condiciones iniciales.

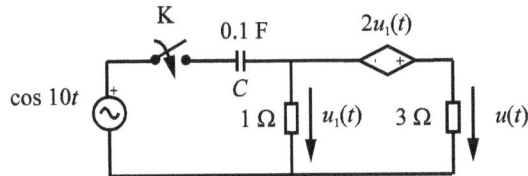

Figura 98.1

Resolución:

El circuito es de primer orden. Se halla la constante de tiempo τ, aplicando una fuente de tensión de 1 V.

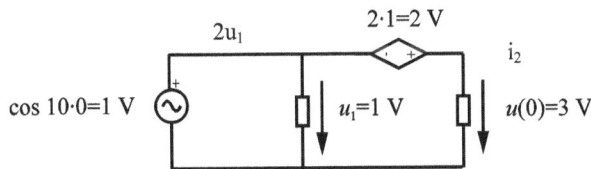

Figura 98.2

$$i_1 = \frac{1}{1} = 1A \Rightarrow u_1 = 1 \cdot 1 = 1V$$

$$1 + 2 \cdot u_1 = 3 \cdot i_2 \Rightarrow 1 + 2 \cdot 1 = 3 \cdot i_2 \quad i_2 = 1A$$

$$i = i_1 + i_2 = 1 + 1 = 2A \Rightarrow R_{eq} = \frac{1}{2} = 0,5\Omega = R_{eq} \cdot C = 0,5 \cdot 0,1 = 0,05 = \frac{1}{20} \text{ s}$$

Para t = 0 se va a determinar $u(0^+)$:

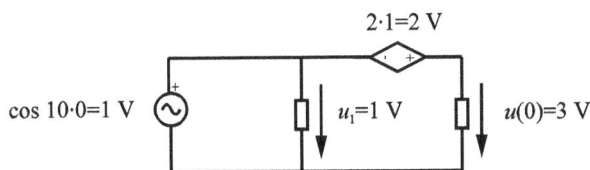

Figura 98.3

Para hallar $u_\infty(t)$:

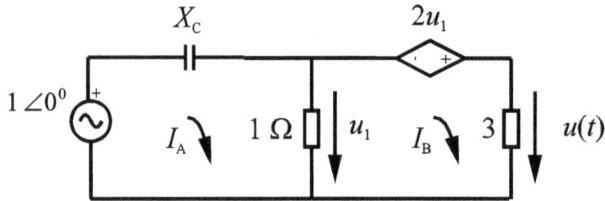

$$X_C = \frac{1}{C\omega} = \frac{1}{0,1 \cdot 10} = 1 \ \Omega$$

Figura 98.4

$$\begin{cases} 1\angle 0^0 = \bar{I}_A \cdot 1\angle -90^0 + \left(\bar{I}_A - \bar{I}_B\right) \cdot 1 \\ 2\bar{U}_1 = 3 \cdot \bar{I}_B + 1\left(\bar{I}_B - \bar{I}_A\right) \\ \text{porque } \bar{U}_1 = 1\left(\bar{I}_A - \bar{I}_B\right) \end{cases}$$

$$\left.\begin{array}{l} 1 = \bar{I}_A \cdot 1\angle -90^0 + \bar{I}_A - \bar{I}_B \\ 2\left(\bar{I}_A - \bar{I}_B\right) = 3\bar{I}_B + \bar{I}_B - \bar{I}_A \end{array}\right\} \Rightarrow 3\bar{I}_A = 6\bar{I}_B \ \bar{I}_A = \bar{I}_B$$

$$1 = \bar{I}_A + \bar{I}_A \cdot 1\angle -90 - 0,5\bar{I}_A \qquad\qquad 1 = \bar{I}_A(0,5 - j) \qquad\qquad \bar{I}_A = \frac{1}{0,5 - j} = 0,8944\angle 63,43^0 \ \text{A}$$

$$\bar{I}_B = 0,4472\angle 63,43^0 \ \text{A}$$

$$\bar{U} = \bar{I}_B \cdot 3 = 1,3417\angle 63,43^0 \ \text{V}$$

$$u_\infty(t) = 1,3417\cos(10t + 63,43) \qquad u_\infty(0) = 1,3417\cos 63,43^0 = 0,6 \ \text{V}$$

$$u(t) = u_\infty(t) - \left[u_\infty(0) - u(0)\right]e^{-1/\tau}$$

$$\boxed{u(t) = 1,3417\cos\left(10t + 63,43^0\right) + 2,4e^{-20t} \ \text{V}}$$

Problema 99

El circuito de la figura trabaja en régimen permanente. En t = 1 el conmutador K pasa de A a B. Se pide el valor de la corriente i(t) para t > 1 s.

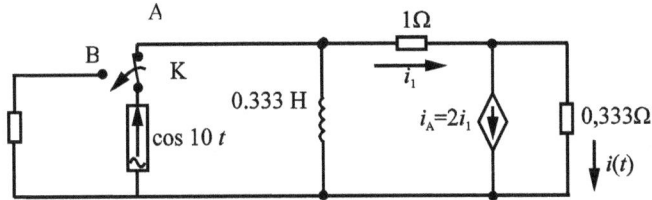

Figura 99.1

Resolución:

Cálculo de τ con K abierto:

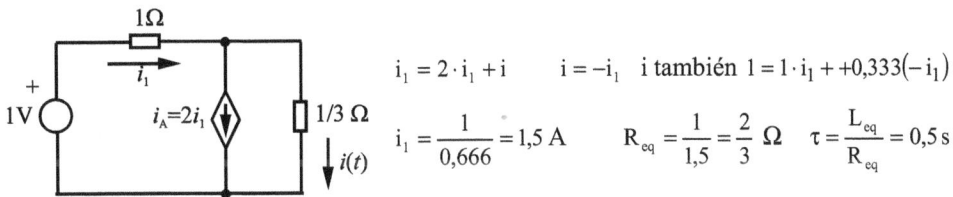

Figura 99.2

$i_1 = 2 \cdot i_1 + i \qquad i = -i_1 \qquad$ i también $1 = 1 \cdot i_1 + + 0,333(-i_1)$

$i_1 = \dfrac{1}{0,666} = 1,5 \, A \qquad R_{eq} = \dfrac{1}{1,5} = \dfrac{2}{3} \, \Omega \qquad \tau = \dfrac{L_{eq}}{R_{eq}} = 0,5 \, s$

Se analiza t<1⁻ el régimen permanente y se busca la corriente de la bobina.

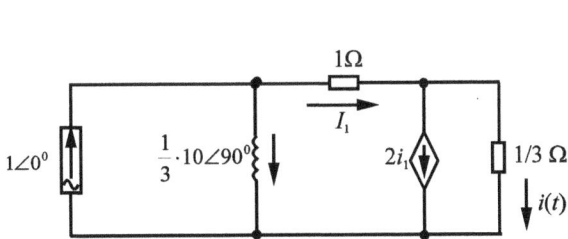

Figura 99.3

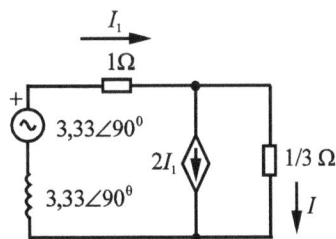

Figura 99.4

$3,33\angle 90° = (3,33\angle 90° + 1\angle 0°)\bar{I}_1 + 0,333(-\bar{I}_1)$

$\bar{I}_1 = \dfrac{3,33\angle 90}{0,66 + j3,33} = 0,98\angle 11,2°$

$\bar{I}_L = 1\angle 0° - 0,98\angle 11,3° = 0,194\angle -78,51° \, A$

$i_L(t) = 0,193\cos\left(10t - \dfrac{78,4 \cdot 2\pi}{360}\right)$

$i_L(1^-) = -0,136 A$

Para $t > 1^+$:

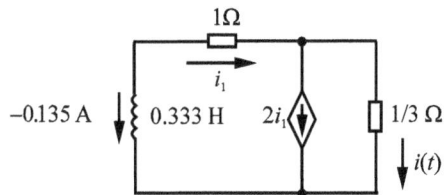

$$i_L\left(1^+\right) = 0{,}135 \ \text{A}$$

Figura 99.5

$$i_1(t) = i_{1\infty}(t) - \left[i_{1\infty}(0) - i_1(0)\right] \cdot e^{-t/\tau} = 0 - \left[0 - 0{,}135\right] \cdot e^{(t-1)/0.5} \cdot 1(t-1) = 0{,}135 \cdot e^{2(t-1)} \cdot 1(t \doteq 1)$$

$$\boxed{i(t) = -0{,}135 \cdot e^{2(t-1)} \cdot 1(t-1) \ \text{A}}$$

Problema 100

El circuito de la figura trabaja en régimen permanente. Cuando la tensión del condensador u_C es de 1,0806 V, que corresponde al instante de tiempo t = 0,01 s, se cierra el interruptor K, instante que se toma como nuevo origen de tiempo t'.

Se pide el valor de la expresión temporal de la corriente $i_1(t')$ para t'>0.

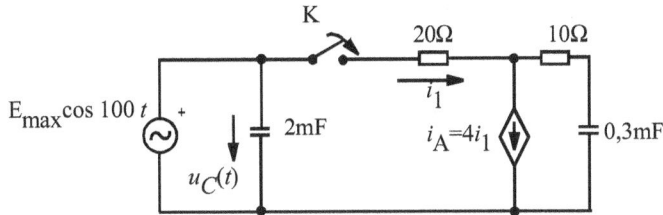

Figura 100.1

Resolución:

Si $u_C(t_1)$ =1,0806 V para t_1=0,01 s:

$$1,0806 = E_{max} \cdot \cos 100 \cdot 0,01 \qquad E_{máx} = \frac{1.0806}{\cos 1} = 2 \text{ V}$$

Para $t \geq 10^{-2}$ s, es decir t'≥0 se tiene: $\omega t = 100 \cdot 0,01 = 1 \text{ rad} = 57,296°$

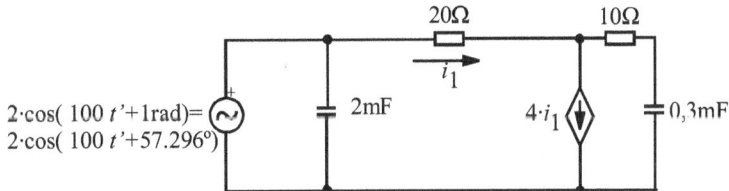

Figura 100.2

Es un circuito de primer orden

Cálculo de τ (aplicamos una tensión):

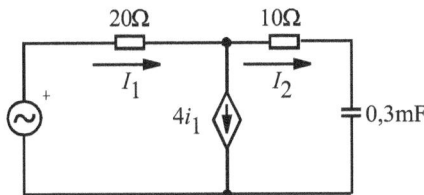

Figura 100.3

$$\left. \begin{array}{l} i_1 + i_G = 4 \cdot i_1 \\ 1 = 10 \cdot i_G - 20 \cdot i_1 \end{array} \right\} \quad \left. \begin{array}{l} i_G = 3 \cdot i_1 \\ 1 = 10 \cdot 3 \cdot i_1 - 20 \cdot i_1 \end{array} \right\} \qquad i_1 = 0,1 \text{ A} \qquad i_G = 0,3 \text{ A} \qquad R_{eq} = \frac{1}{0,3} \ \Omega$$

$$\tau = R_{eq} \cdot C_{eq} = 0,3 \cdot 10^{-3} \cdot \frac{1}{0,3} = 10^{-3} s \qquad i_1(t') = i_{1\infty}(t') - [i_{1\infty}(0) - i_1(0)] \cdot e^{-t'/\tau}$$

Cálculo de $i_{1\infty}$ (t) (régimen permanente):

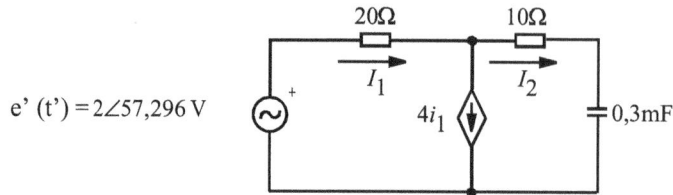

Figura 100.4

$$X_C = \frac{1}{C \cdot \omega} = \frac{1}{0,3 \cdot 10^{-3} \cdot 10^2} = \frac{10}{0,3} \ \Omega \qquad\qquad \overline{Z} = 10 - j \cdot \frac{10}{0,3} \ \Omega$$

Aplicando Kirchhoff:

$$2\angle 57,296^{\circ} = 20 \cdot \overline{I}_1 - 3 \cdot \overline{I}_1 \cdot \left(10 - i\frac{10}{0,3}\right)$$

$$\overline{I}_1 = \frac{2\angle 57,296}{-10 + j \cdot 100} = \frac{2\angle 57,296}{100,4987\angle 95,71} = 1,99 \cdot 10^{-2} \angle -38,414 \ \text{V}$$

$$i_{1\infty}(t') = 1,99 \cdot 10^{-2} \cdot \cos(100 \cdot t' - 38,414^{\circ}) \ \text{A}$$

$$i_{1\infty}(0) = 1,99 \cdot 10^{-2} \cdot \cos(-38,414^{\circ}) = 1,56 \cdot 10^{-2} \ \text{A}$$

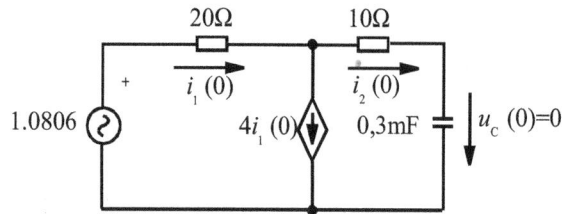

Figura 100.5

Cálculo de la $i_1(0)$:

$$1,0806 = 20 \cdot i_1(0) - 3 \cdot i_1(0) \cdot 10$$

$$i_1(0) = \frac{+1,0802}{-10} = -0,10806 = -10,8 \cdot 10^{-2} \text{A}$$

$$i_1(t') = 1,99 \cdot 10^{-2} \cos(100t' - 38,414^{\circ}) - \left[1,56 \cdot 10^{-2} + 10,8 \cdot 10^{-2}\right] \cdot e^{-t'/10^{-3}}$$

$$\boxed{i_1(t') = 1,99 \cdot 10^{-2} \cos(100t' - 38,414^{\circ}) - 12,36 \cdot 10^{-2} \cdot e^{-1000t'} \quad \text{A}}$$

Problema 101

El circuito de la figura trabaja en régimen permanente. En el instante t=0 s cerramos el interruptor K_1. Transcurridos 1ms, se cierra el interruptor K_2 y se abre instantáneamente K_1, instante que se toma como nuevo origen de tiempo t'.

Se pide la expresión temporal de la caída de tensión $u_{C2}(t)$ en el condensador C_2.

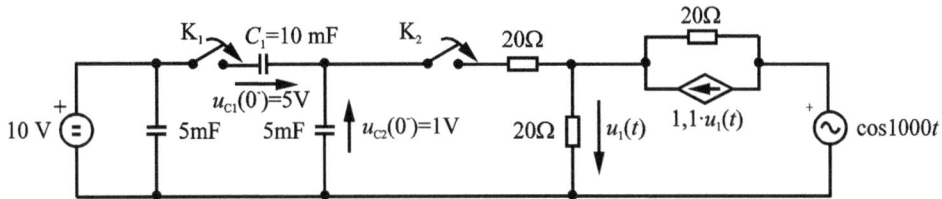

Figura 101.1

Resolución:

Para t=0⁻:   Cerramos en t=0.   Para t=0⁺.

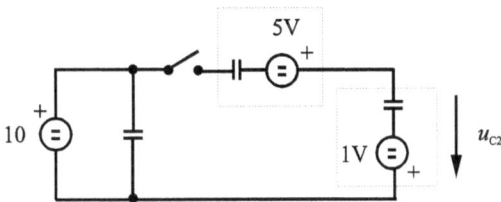

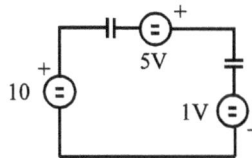

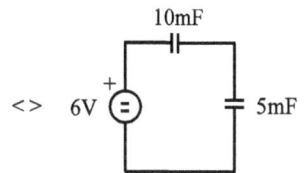

Figura 101.2   *Figura 101.3*

$$u'_{C2}(0^+) = 6 \cdot \frac{10}{10+5} = 4\,\text{V} \qquad u_{C2}(0^+) = u'_{C2}(0^+) - 1 = 3\,\text{V}$$

Por lo tanto, para t=1ms t'=0. $\omega \cdot t = 1000 \cdot 10^{-3} = 1\,\text{rad} = 57,295°$

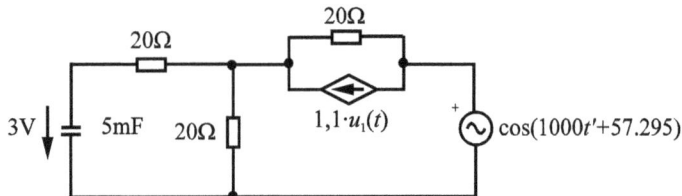

Figura 101.4

Es un circuito de primer orden

Cálculo de τ:

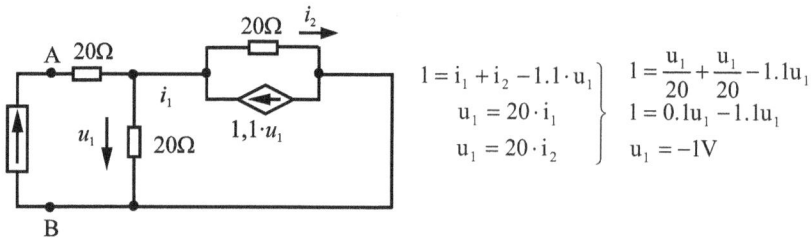

$$1 = i_1 + i_2 - 1.1 \cdot u_1 \qquad 1 = \frac{u_1}{20} + \frac{u_1}{20} - 1.1 u_1$$
$$u_1 = 20 \cdot i_1 \qquad\qquad 1 = 0.1 u_1 - 1.1 u_1$$
$$u_1 = 20 \cdot i_2 \qquad\qquad u_1 = -1 \text{V}$$

Figura 101.5 $\qquad\qquad u_{AB} = 20 \cdot 1 - 1 = 19\,\text{V}$

$$R_{eq} = \frac{u_{AB}}{i_g} = 19\ \Omega$$

$$\tau = R_{eq} \cdot C_{eq} = 19.5 \cdot 10^{-3} = 95 \cdot 10^{-3} \qquad u_{C2}(t') = 0.001\cos(1000t' + 147.55) + 3 \cdot e^{-t'/0,095}$$

Régimen permanente:

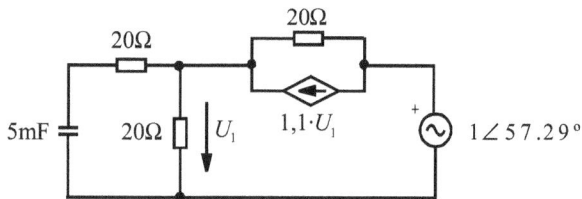

Figura 101.6

$$X_C = \frac{1}{C \cdot \omega} = \frac{1}{5 \cdot 10^{-3} \cdot 10^3} = 0,2\,\Omega$$

$$\overline{Z}_p = \frac{(20 - j \cdot 0,2) \cdot 20}{(20 - j \cdot 0,2) + 20} = \frac{400 - j \cdot 4}{40 - j \cdot 0,2} = \frac{400\angle -0,57}{40\angle -0,28} = 10\angle -0,29°\ \Omega$$

Se pasa la fuente de corriente a fuente de tensión:

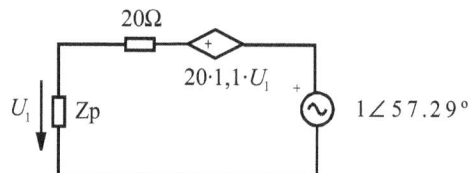

Figura 101.7

$$1\angle -57,28 + 22 \cdot \overline{U}_1 = [20 + 10\angle -0,29] \cdot \overline{I}_1 \qquad \overline{I}_1 = \frac{\overline{U}_1}{10\angle -0,29}$$
$$\overline{U}_1 = 10\angle -0,29 \cdot \overline{I}_1$$

Sustituyendo:

$$1\angle 57,28 = -22 \cdot \overline{U}_1 + (20 + 10\angle -0,29) \cdot \frac{\overline{U}_1}{10\angle -0,29}$$

$$\overline{U}_1 = \frac{1\angle 57,29}{2\angle 0,29 + 1 - 22} = \frac{1\angle 57,29}{-21 + 2\angle 0,29} = \frac{1\angle 57,29}{-21 + 2} = -0,0526\angle 237,26 \text{ V}$$

$$\overline{U}_C = \overline{U}_1 \frac{X_C}{\overline{Z}_p} = \frac{0,0526\angle 237,26}{10\angle -0,29} \cdot 0,2\angle -90 = 0,001\angle 147,55 \text{ V}$$

$$u_{C\infty}(t') = 0,001\cos(1000t' + 147,55)$$

$$u_{C\infty}(0) = 0,001\cos 147,55 = -8 \cdot 10^{-4}$$

$$\boxed{u_C(t') = 0,001\cos(1000t' + 147,55) - [8 \cdot 10^{-4} - 3] \cdot e^{-t'/95.10^{-3}} \text{ V}}$$

Problema 102

El circuito de la figura trabaja en régimen permanente. En el instante de tiempo t=0,1047 s se cambia de posición el conmutador, instante que tomaremos como nuevo origen de tiempo t'=0.

Se pide la expresión temporal de la corriente $i_R(t')$.

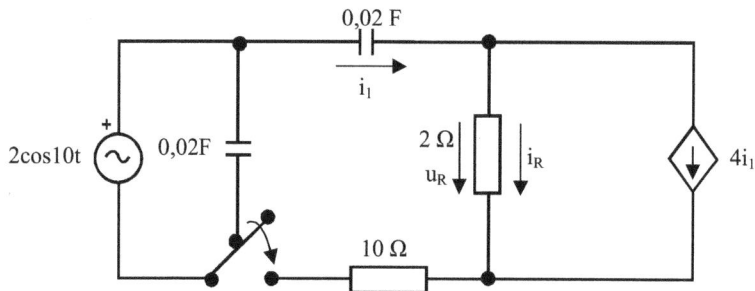

Figura 102.1

Resolución:

Para t=0,1047:

$$2\cos 10.0,1047 = 1 \text{ V}$$

Para t'=0$^+$:

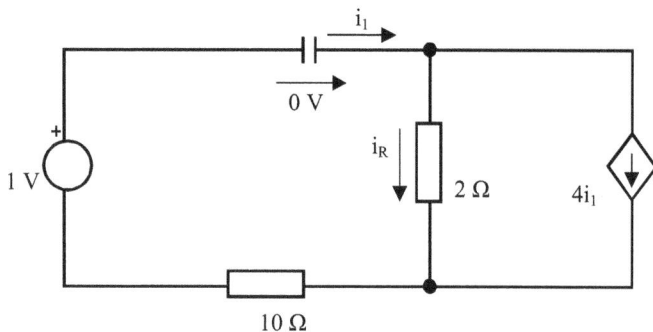

$$\left. \begin{array}{l} i_1 = 4.i_1 + i_R \\ 1 = 2i_R + 10i_1 \end{array} \right\} \quad i_R = -3i_1$$

$$1 = 2(-3i_1) + 10i_1 \Rightarrow i_1 = \frac{1}{4} = 0,25 \text{ A}$$

$$i_R = -0,75 \text{ A}$$

Figura 102.2

Régimen permanente:

$$\omega t = 10.0,1047 \cong 60°$$

$$e_g = 2\cos(10t'+60°)$$

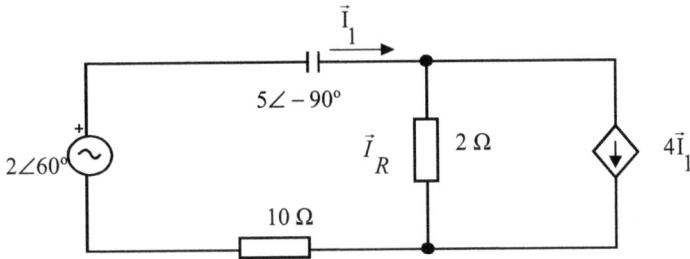

$$\frac{1}{C\omega} = \frac{1}{10 \cdot 0,02} = 5\,\Omega$$

$$\overline{X}_C = 5\angle -90^\circ\,\Omega$$

Figura 102.3

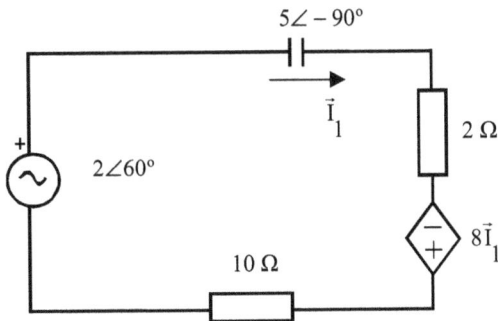

$$2\angle 60^\circ + 8\vec{I}_1 = 12\vec{I}_1 + 5\angle -90^\circ\,\vec{I}_1$$

$$\vec{I}_1 = \frac{2\angle 60^\circ}{4 - j5} = \frac{2\angle 60^\circ}{6,403\angle -51,34^\circ}$$

$$\vec{I}_1 = 0,3123\angle 111,34 = 0,9369\angle -68,66^\circ\,\text{A}$$

$$\vec{I}_R = -3\vec{I}_3 = -0,9369\angle 111,34^\circ = 0,9369\angle -68,66^\circ\,\text{A}$$

$$i_{R\infty}(t') = -0,9369\cos(10t' + 111,34^\circ) =$$
$$= 0,9369\cos(10t - 68,66^\circ)\ \ \text{A}$$

Figura 102.4

Cálculo de τ:

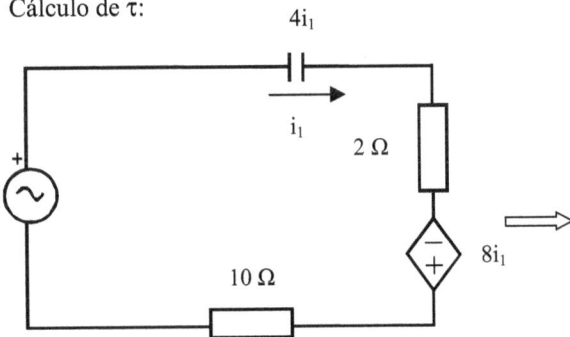

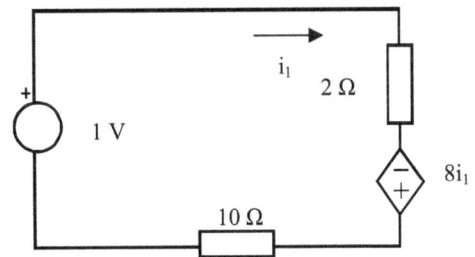

Figura 102.5

Figura 102.6

$$1 + 8i_1 = 12i_1 \qquad\qquad i_1 = \frac{1}{4} = 0,25\,\text{A} \qquad\qquad R_{eq} = \frac{1}{0,25} = 4\,\Omega$$

$$\tau = R_{eq} \cdot C = 4 \cdot 0,02 = 0,08\,\text{s}$$

$$i_R(t') = i_{R\infty}(t') - \left[i_{R\infty}(0) - i_R(0^+)\right] \cdot e^{\frac{-t}{\tau}} =$$
$$= 0,9369\cos(10t' - 68,66) - \left[0,9369\cos(-68,66) + 0,75\right] \cdot e^{-12,5t'} =$$
$$= 0,9369\cos(10t' - 68,66) - 1,0909 \cdot e^{-12,5t'}$$

$$\frac{1}{\tau} = \frac{1}{0,08} = 12,5\,\text{s}^{-1}$$

Problema 103

Dado el circuito de la figura, y para el instante t=3,08923 s, se cambia de posición el conmutador K, instante que tomaremos como nuevo origen de tiempo t'=0.

Se pide la expresión temporal de la tensión $u_L(t')$.

Dato: $i_g(t)=\cos(20t+60°)$ A

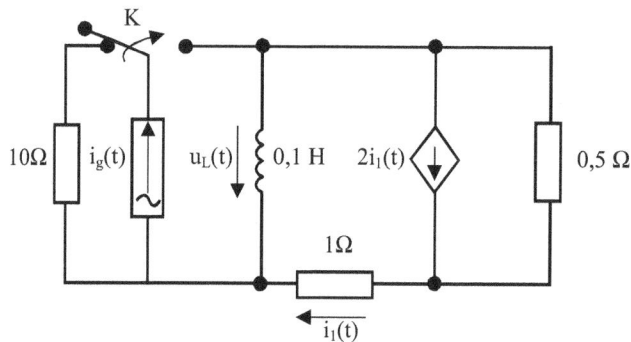

Figura 103.1

Resolución:

Para t'=0:   t=3,08923 s

$$\omega t = 20{\cdot}3{,}08923 = 61{,}7846 \text{ rad} = \frac{61{,}7846 \text{ rad}}{2\pi \text{ rad}}{\cdot}360° = 3540°$$

Por lo tanto, para t'=0:

$$\bar{I}_g = 1\angle 3540°+60° = 1\angle 0° \text{ A}$$

Cálculo del régimen permanente:

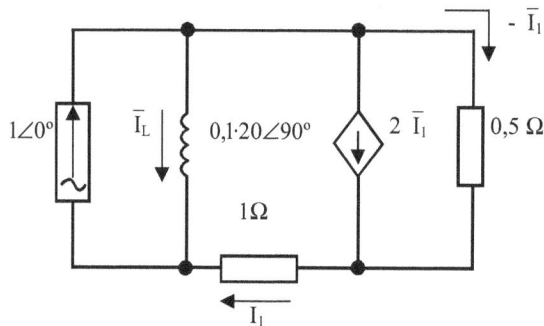

Figura 103.2

$$\left.\begin{array}{l} 1\angle 0° = \bar{I}_L + \bar{I}_1 \\ \bar{I}_L{\cdot}2\angle 90° = 0{,}5{\cdot}(-\bar{I}_1) + 1{\cdot}\bar{I}_1 \end{array}\right\} \qquad \bar{I}_1 = \frac{\bar{I}_L{\cdot}2\angle 90°}{0{,}5} = \bar{I}_L{\cdot}4\angle 90°$$

y sustituyendo:

$$1\angle 0° = \bar{I}_L + \bar{I}_L \cdot 4\angle 90° \qquad \bar{I}_L = \frac{1}{1+j4} = \frac{1}{4,1231\angle 75,96°} = 0,2425\angle -75,96°\ A$$

$$\bar{U}_L = \bar{I}_L \cdot 2\angle 90° = 0,2425\angle -75,96° \cdot 2\angle 90° = 0,4850\angle 14,036\ V$$

$$u_{L\infty}(t') = 0,4850 \cdot \cos(20t'+14,036°)\ V$$

$$u_{L\infty}(0) = 0,4705\ V$$

Cálculo de $u_L(0^+)$:

Para t'=0+:

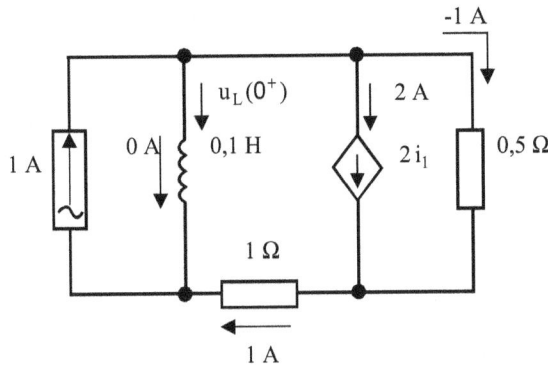

Figura 103.3

$$u_L(0^+) = 0,5 \cdot (-1) + 1 \cdot 1 = 0,5\ V$$

Cálculo de τ:

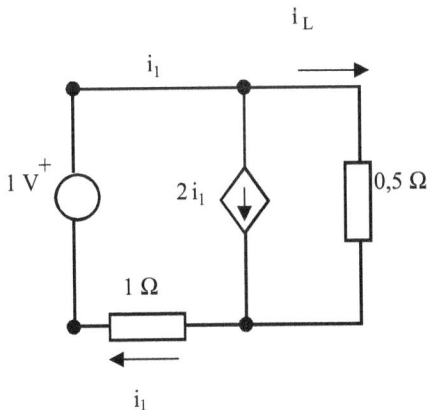

Figura 103.4

$$1 = (-i_1) \cdot 0,5 + 1 \cdot i_1$$

$$i_1 = \frac{1}{0,5} = 2\ A$$

$$R_{eq} = \frac{1}{2} = 0,5\ \Omega$$

$$\tau = \frac{L_{eq}}{R_{eq}} = \frac{0,1}{0,5} = 0,2\ s$$

$$u_L(t') = u_{L\infty}(t') - \left[u_{L\infty}(0) - u_L(0^+)\right]e^{-\frac{t'}{\tau}} = 0,4850\cos(20t'+14,0363°) - [0,4705 - 0,5] \cdot e^{-\frac{t'}{0,2}}\ V$$

$$\boxed{u_L(t') = 0,4850\cos(20t'+14,0363°) + 0,0295 \cdot e^{-5t'}\ V}$$

Problema 104

El circuito de la figura trabaja en régimen permanente. Cuando la corriente $i_L(t)$ que pasa por la bobina es máxima se cierra el interruptor K, instante que tomaremos como nuevo origen de tiempo t'=0.

Se pide la expresión temporal de la tensión $u_g(t')$, para t'>0.

Dato: $i_g(t) = 0,2 \cos(100t + 45°)$ A

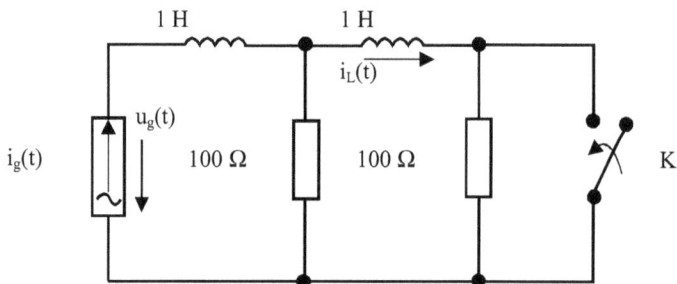

Figura 104.1

Resolución:

$$X_L = L\omega = 1 \cdot 100 = 100 \, \Omega$$

$$\overline{Z} = 100 + j100 = 141,42\angle 45° \, \Omega$$

$$\overline{I}_g = 0,2\angle 45° \, A$$

$$\overline{I}_L = 0,2\angle 45° \cdot \frac{100\angle 0°}{100 + 141,2\angle 45°} = 0,2\angle 45° \frac{100}{200 + j100} = \frac{0,2\angle 45°}{223,6067\angle 26,56°} = 0,08944\angle 18,435° \, A$$

Para ser i_L máxima

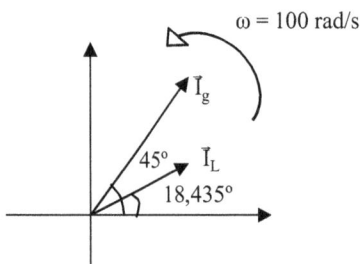

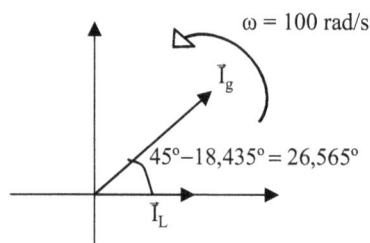

Para $t' \geq 0$ s:

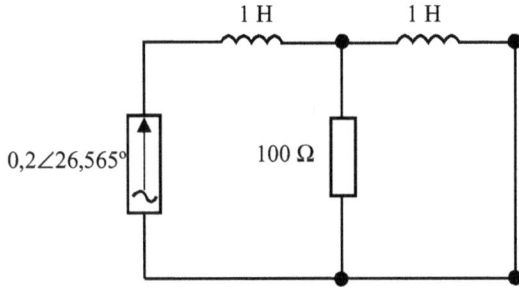

Figura 104.2

$$\tau = \frac{L_{eq}}{R_{eq}} = \frac{1}{100} \, s$$

Régimen permanente:

$$\bar{I}_R = 0,2\angle 26,565° \cdot \frac{100\angle 90°}{100 + j100} = 0,2\angle 26,565° \frac{100\angle 90°}{141,42\angle 45°} = 0,1414\angle 71,565° \, A$$

$$\bar{U}_g = \bar{I}_g \cdot \bar{X}_L + \bar{I}_R \cdot R = 0,2\angle 26,565° \cdot 100\angle 90° + 0,1414\angle 71,565° \cdot 100 =$$

$$= 20\angle 116,565° + 14,14\angle 71,565° =$$

$$= -8,9442 + j17,8855 + 4,4714 + j13,4143 =$$

$$= -4,4728 + j31,3028 =$$

$$= 31,62\angle 98,13° \, V$$

$$u_{g\infty}(t) = 31,62\cos(100t'+98,13°) \, V$$

$$u_{g\infty}(0) = -4,4726 \, V$$

Cálculo de $u_g(0)$:

$$i_L(0^+) = 0,08944 \, A$$

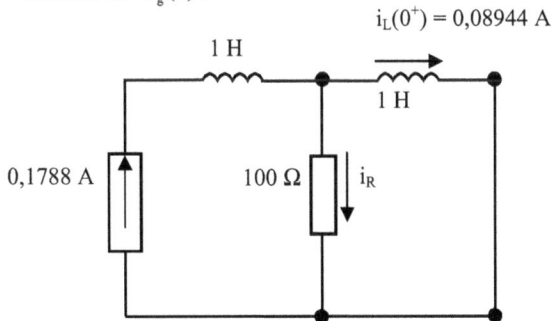

$$i_G(0^+) = 0,2 \cdot \cos 26,565 = 0,1788 \, A$$

$$i_R(0^+) = 0,1788 - 0,08944 = 0,08936 \, A$$

Figura 104.3

$$u_R(0^+) = 100 \cdot 0,08936 = 8,936 \, V$$

$$\bar{U}_L = \bar{I}_g \cdot \bar{X}_L = 0,2\angle 26,565° \cdot 100\angle 90° = 20\angle 116,565° \, V$$

$$u_L(0^+) = 20\cos 116,565° = -8,9442 \, V$$

$$u_g(0^+) = u_L(0^+) + u_R(0^+) = -8,9442 + 8,936° \cong 0 \, V$$

$$u_g(t') = 31,62\cos(100t'+98,13°) - \left[-4,4726 - 0 \right]e^{-100t'} \, V \qquad \boxed{u_g(t') = 31,62\cos(100t'+98,13°) + 4,4726 \cdot e^{-100t'} \, V}$$

Problema 105

Hallar en el circuito integrador de la figura 105.1 la variación temporal de la tensión en los terminales del condensador C cuando, por medio del conmutador K, se pase de alimentarlo con una tensión $E_0 = 2$ V, a una tensión $E_1 = 12$ V.

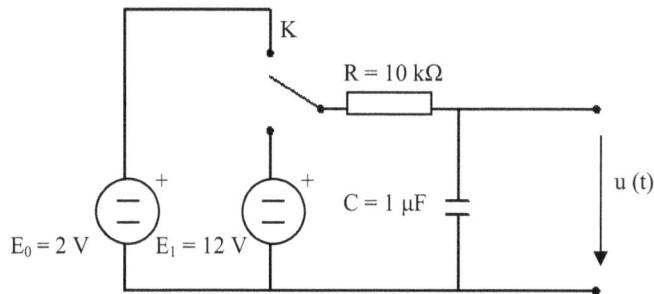

Figura 105.1

Resolución:

Suponiendo que el condensador esté cargado en el instante en que se realiza la conmutación, por lo tanto:

$$u(0^+) = E_0 = 2 \ \text{V}$$

Aplicando la 2ª ley de Kirchhoff al circuito se obtiene:

$$R \cdot i(t) + u(t) = E_1$$

Sustituyendo la corriente instantánea i(t) que atraviesa el circuito (corriente de carga del condensador) por:

$$i(t) = C \cdot \frac{du}{dt} \qquad\qquad i(t) = C \cdot u'(t)$$

Se obtiene:

$$R \cdot C \cdot u'(t) + u(t) = E_1$$

Aplicando el método operacional con las condiciones iniciales, resulta:

$$R \cdot C \cdot \left[pU(p) - u(0^+) \right] + U(p) = \frac{E_1}{p}$$

Aislando U(p) y sustituyendo RC por τ, la constante de tiempo del circuito ($\tau = RC$):

$$U(p) = \frac{E_0}{p + \dfrac{1}{\tau}} + \frac{E_1}{p\tau \cdot \left(p + \dfrac{1}{\tau} \right)}$$

y pasando a régimen temporal, se obtiene: $\qquad \boxed{u(t) = \left(12 - 10e^{-100t} \right) \ \text{V}}$

Problema 106

El circuito de la figura está formado por una resistencia de 10 Ω y una bobina de 0,2 H. Se aplica una tensión u(t). Calcular la corriente que se establece en este circuito en las siguientes hipótesis.

a) $u(t) = U = 100$ V

b) $u(t) = 100e^{-50t}$ V

c) $u(t) = \delta(t)$ (Impulso de Dirac)

Calcular también los valores de las caídas de tensión $u_R(t)$ y $u_L(t)$ en todos los casos.

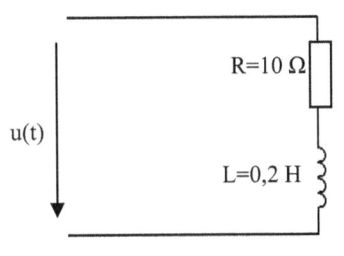

Figura 106.1

Resolución:

La ecuación diferencial aplicada al circuito en términos eléctricos es:

$$u(t) = R \cdot i(t) + L \cdot \frac{di(t)}{dt}$$

y en términos operacionales será:

$$U(p) = R \cdot I(p) + L \cdot p \cdot I(p)$$

$$I(p) = \frac{U(p)}{R + L \cdot p} = \frac{U(p)}{10 + 0,2 \cdot p}$$

Por otro lado:

$$U_R(p) = R \cdot I(p) = 10 \cdot I(p)$$

$$U_L(p) = L \cdot p \cdot I(p) = 0,2 \cdot p \cdot I(p)$$

A continuación, se tendrá en cuenta cada caso particular:

a) $u(t) = U = 100$ V

$$U(p) = \frac{100}{p}$$

Sustituyendo en la ecuación general I(p) hallada para este circuito, se tiene:

$$I(p) = \frac{\dfrac{100}{p}}{10+0{,}2p} = \frac{100}{p(10+0{,}2p)} = \frac{500}{p(50+p)} = \frac{A}{p} + \frac{B}{p+50}$$

y determinando A y B resulta: $A = 10 \quad B = -10$

$$I(p) = \frac{10}{p} - \frac{10}{p+50}$$

$$\boxed{i(t) = L^{-1}\left[I(p)\right] = \left[10\left(1 - e^{-50t}\right)\right]\ A}$$

$$U_R(p) = 10 \cdot I(p) = \frac{100}{p} - \frac{100}{p+50}$$

$$\boxed{U_R(t) = 100 \cdot \left(1 - e^{-50t}\right)\ V}$$

$$U_L(p) = 0{,}2 \cdot p \cdot I(p) = 0{,}2 \cdot p \cdot \left(\frac{10}{p} - \frac{10}{p+50}\right) = \frac{100}{p+50}$$

$$\boxed{U_L(t) = 100 \cdot e^{-50t}\ V}$$

b) $u(t) = 100 \cdot e^{-50t}\ V$

$$U(p) = \frac{100}{p+50}$$

que sustituyendo en la expresión I(p) resulta:

$$I(p) = \frac{U(p)}{10+0{,}2p} = \frac{5 \cdot U(p)}{p+50}$$

$$I(p) = \frac{5 \cdot 100}{(p+50)^2}$$

En consecuencia:

$$\boxed{i(t) = \left[500 \cdot t \cdot e^{-50t}\right]\ A}$$

$$U_R(p) = \frac{500}{(p+50)^2} \cdot 10$$

$$\boxed{U_R(t) = \left[5000 \cdot t \cdot e^{-50t}\right] \text{ V}}$$

$$U_L(p) = 0{,}2 \cdot p \cdot \frac{500}{(p+50)^2} = \frac{100 \cdot p}{(p+50)^2} = \frac{A}{p+50} + \frac{B}{(p+50)^2}$$

que, determinando A y B, resulta A = 100,   B = -5000

$$U_L(p) = \frac{100}{p+50} - \frac{5000}{(p+50)^2}$$

$$\boxed{U_L(t) = \left[100 \cdot e^{-50t} - 5000 \cdot t \cdot e^{-50t}\right] \text{ V}}$$

c) $u(t) = \delta(t)$ V

$U(p) = 1$

que sustituyendo en la expresión I(p) resulta:

$$I(p) = \frac{1}{10 + 0{,}2p} = \frac{5}{p+50}$$

$$\boxed{i(t) = \left[5 \cdot e^{-50t}\right] \text{ A}}$$

$$U_R(p) = \frac{5}{p+50} \cdot 10$$

$$\boxed{U_R(t) = \left[50 \cdot e^{-50t}\right] \text{ V}}$$

$$U_L(p) = 0{,}2 \cdot p \cdot \frac{5}{p+50} = \frac{p}{p+50} = 1 - \frac{50}{p+50}$$

$$\boxed{U_L(t) = \left[\delta(t) - 50 \cdot e^{-50t}\right] \text{ V}}$$

En los tres casos se puede comprobar que $u(t) = u_R(t) + u_L(t)$.

Problema 107

En el circuito del esquema que se representa en la figura, con el condensador inicialmente descargado, se conecta el interruptor K_1 en el instante $t = 0$. Al cabo de 2 ms, se conecta además el interruptor K_2.

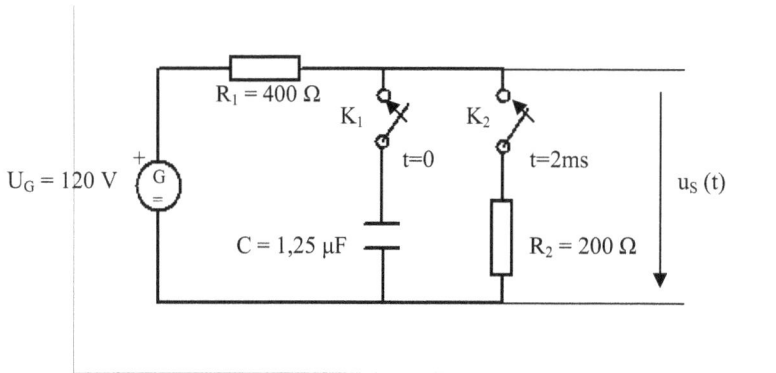

Figura 107.1

Determinar:

a) El valor de la tensión de salida $u_s(t)$ en el instante $t = 1,2$ ms

b) Expresión temporal de esta tensión, a partir del momento en que se cierra el interruptor K_2

Resolución:

a) Al cerrar el interruptor K_1, con el condensador inicialmente descargado, el circuito que se tiene que considerar es el de la figura siguiente:

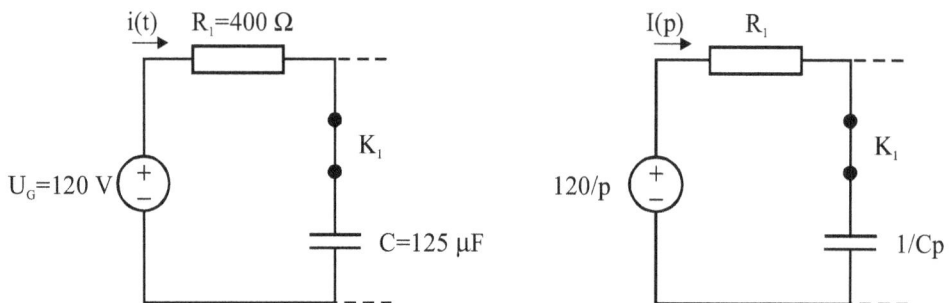

Figura 107.2

La segunda ley de Kirchhoff permite escribir la ecuación temporal en condiciones iniciales nulas y su transformada de Laplace.

$$u_G(t) = R \cdot i(t) + \frac{1}{C} \cdot \int_0^t i(t) \cdot dt$$

$$\frac{120}{p} = R_1 \cdot I(p) + \frac{1}{Cp} \cdot I(p)$$

Depejando I(p), sustituyendo los valores y simplificando:

$$I(p) = \frac{\dfrac{120}{p}}{R_1 + \dfrac{1}{Cp}} = \frac{\dfrac{120}{p}}{400 + \dfrac{10^6}{1,25p}} = \frac{0,3}{p + 2000}$$

Multiplicando esta corriente por el valor de la impedancia del condensador, se tiene la tensión operacional en los extremos del condensador:

$$U_C(p) = \frac{1}{Cp} \cdot I(p) = \frac{8 \cdot 10^5}{p} \cdot \frac{0,3}{p + 2000} = \frac{2,4 \cdot 10^5}{p \cdot [p + 2000]} = \frac{A}{p} + \frac{B}{p + 2000}$$

y para determinar los valores de A y B, aplicando el método de Heaviside, se tiene, para el denominador y su derivada:

$$D(p) = p^2 + 2000p \qquad\qquad D'(p) = 2p + 2000$$

Los valores adoptados para N(p) y D'(p) para los valores particulares de las raíces del denominador son:

$$D'(0) = 2000 \qquad D'(-2000) = -2000 \qquad N(0) = N(-2000) = 2,4 \cdot 10^5$$

Por lo tanto:

$$A = \frac{N(0)}{D'(0)} = \frac{2,4 \cdot 10^5}{2000} = 120 \qquad\qquad B = \frac{N(-2000)}{D'(-2000)} = \frac{2,4 \cdot 10^5}{-2000} = -120$$

Entonces:

$$U_C(p) = \frac{120}{p} - \frac{120}{p + 2000} = 120 \cdot \left(\frac{1}{p} - \frac{1}{p + 2000} \right)$$

$$u_C(t) = L^{-1}(U_C(p)) = 120 \cdot \left(1 - e^{-2000t} \right) \ V$$

La tensión de salida $u_S(t) = u_C(t)$ en el instante t = 1,2 ms, vale:

$$u_S(1,2ms) = 120 \cdot \left(1 - e^{-2000t}\right) = 120 \cdot \left(1 - e^{-2000 \cdot 1,2 \cdot 10^{-3}}\right) = 120 \cdot \left[1 - e^{-2,4}\right] = 109,1 \ V$$

$$\boxed{u_S(1,2ms) = 109,1 \ V}$$

b) Al conectar el interruptor K_2 en el instante t=2ms, la tensión que tiene el condensador es:

$$u_C(2ms) = 120 \cdot \left(1 - e^{-2000 \cdot 2 \cdot 10^{-3}}\right) = 120 \cdot \left[1 - e^{-4}\right] = 117,8 \ V$$

El circuito que ahora se dispone en forma operacional es el de la figura siguiente, donde aparece a trazos la fuente equivalente a la tensión del condensador a causa de su carga en el nuevo instante inicial considerado.

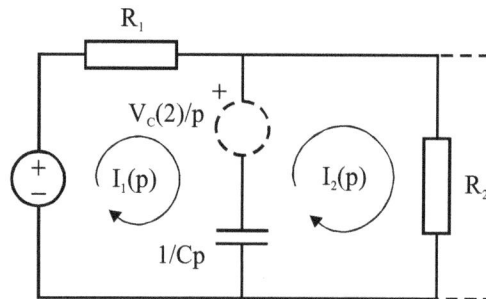

Figura 107.3

Resolviendo por mallas, tenemos:

1ª malla:

$$\frac{120}{p} - \frac{117,8}{p} = R_1 \cdot I_1(p) + \frac{1}{Cp} \cdot \left[I_1(p) - I_2(p)\right]$$

Se sustituyen los valores del enunciado:

$$\frac{2,2}{p} = 400 \cdot I_1(p) + \frac{8 \cdot 10^5}{p} \cdot \left[I_1(p) - I_2(p)\right]$$

2ª malla:

$$\frac{117,8}{p} = R_2 \cdot I_2(p) + \frac{1}{Cp} \cdot \left[I_2(p) - I_1(p)\right]$$

Se sustituyen los valores resueltos:

$$\frac{117{,}8}{p} = 200 \cdot I_2(p) + \frac{8 \cdot 10^5}{p} \cdot \left[I_2(p) - I_1(p) \right]$$

Operando y ordenando, para resolver el sistema por determinantes, se obtiene:

$$\frac{2{,}2}{p} = \left[400 + \frac{8 \cdot 10^5}{p} \right] \cdot I_1(p) - \frac{8 \cdot 10^5}{p} \cdot I_2(p)$$

$$\frac{117{,}8}{p} = -\frac{8 \cdot 10^5}{p} \cdot I_1(p) + \left[200 + \frac{8 \cdot 10^5}{p} \right] \cdot I_2(p)$$

Operando, se encuentra el valor de $I_2(p)$:

$$I_2(p) = \frac{\begin{vmatrix} 400 + \dfrac{8 \cdot 10^5}{p} & \dfrac{2{,}2}{p} \\[2ex] -\dfrac{8 \cdot 10^5}{p} & \dfrac{117{,}8}{p} \end{vmatrix}}{\begin{vmatrix} 400 + \dfrac{8 \cdot 10^5}{p} & -\dfrac{8 \cdot 10^5}{p} \\[2ex] -\dfrac{8 \cdot 10^5}{p} & 200 + \dfrac{8 \cdot 10^5}{p} \end{vmatrix}} = \frac{\dfrac{47120}{p} + \dfrac{960 \cdot 10^5}{p^2}}{80000 + \dfrac{48 \cdot 10^7}{p}} = \frac{1200 + 0{,}589 \cdot p}{p \cdot \left[p + 6000 \right]} = \frac{A_1}{p} + \frac{B_1}{p + 6000}$$

Que, resolviendo por el método de Heaviside:

$$D(p) = p^2 + 6000p \qquad\qquad D'(p) = 2p + 6000$$

Los valores de $D'(p)$ y $N(p)$ para las raíces del denominador valen:

$$N(0) = 1200 \qquad\qquad D'(0) = 6000$$

$$N(-6000) = -2334 \qquad\qquad D'(-6000) = -6000$$

y, en consecuencia:

$$A_1 = \frac{N(0)}{D'(0)} = \frac{1200}{6000} = 0{,}2 \qquad\qquad B_1 = \frac{N(-6000)}{D'(-6000)} = \frac{-2334}{-6000} = 0{,}389$$

Se llega a la conclusión que:

$$I_2(p) = \frac{0,2}{p} + \frac{0,389}{p + 6000}$$

La transformada inversa ya es la expresión temporal de la corriente $i_2(t)$:

$$i_2(t) = \left[0,2 + 0,389 \cdot e^{-6000t}\right] A$$

y a partir de esto, queda definida la tensión de salida $u_S(t)$:

$$\boxed{u_S(t) = R_2 \cdot i_2(t) = 200 \cdot \left[0,2 + 0,389 \cdot e^{-6000t}\right] = \left[40 + 77,8 \cdot e^{-6000t}\right] V}$$

Problema 108

El circuito del esquema que se representa en la figura 108.1 trabaja en régimen permanente con el interruptor K desconectado.

En el instante t = 0 se cierra este interruptor.

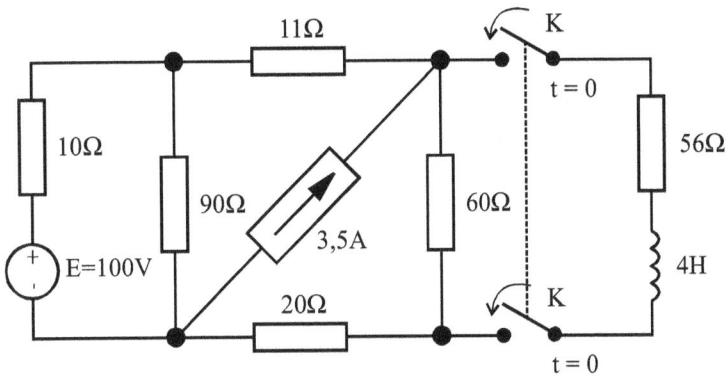

Figura 108.1

Determinar:

a) La expresión temporal de la corriente transitoria que circula por la resistencia de 56 Ω

b) Las expresiones temporales de las tensiones transitorias en los extremos de la misma resistencia y de la bobina

c) Los valores de las tensiones anteriores al instante t = 50 ms

Resolución:

Antes de iniciar el estudio del régimen transitorio, que existirá después de conectar el interruptor K, es conveniente hacer el estudio del régimen permanente de la parte activada del circuito, y a partir de aquí deducir el generador real equivalente a toda esta parte, lo cual simplificará mucho el estudio del régimen transitorio.

Aplicaremos en dos etapas del teorema de Thevenin, considerando que el circuito que se tiene que transformar o transfigurar es el de la figura 108.2.

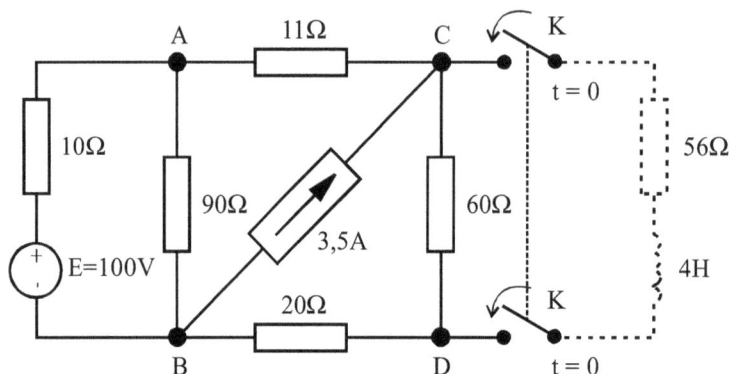

Figura 108.2

En primer lugar, se determina el generador de Thevenin, equivalente a la parte del circuito situado a la izquierda, y entre A y B, que equivale a un generador ideal E'$_{THEV}$, de valor igual a la caída de tensión que tendría entre los puntos A y B, sin conectar nada de lo que hay a la derecha de A y B:

$$E'_{THEV} = 90 \cdot \frac{100}{90+10} = 90 \text{ V}$$

En serie con una impedancia o resistencia de Thevenin: Z'$_{THEV}$ de valor igual a la resistencia de la parte del circuito situado a la izquierda de A y B y visto desde A y B, después de suprimir la fuente de tensión, y en su lugar poner un puente:

$$Z'_{THEV} = \frac{90 \cdot 10}{90+10} = \frac{900}{100} = 9 \ \Omega$$

A continuación, se puede convertir el circuito haciendo sucesivamente los pasos siguientes:

   a) Traslación de la fuente de corriente. (Una fuente ideal de tensión en paralelo con una fuente ideal de corriente se comporta, a efectos externos, como una única fuente ideal de tensión.)

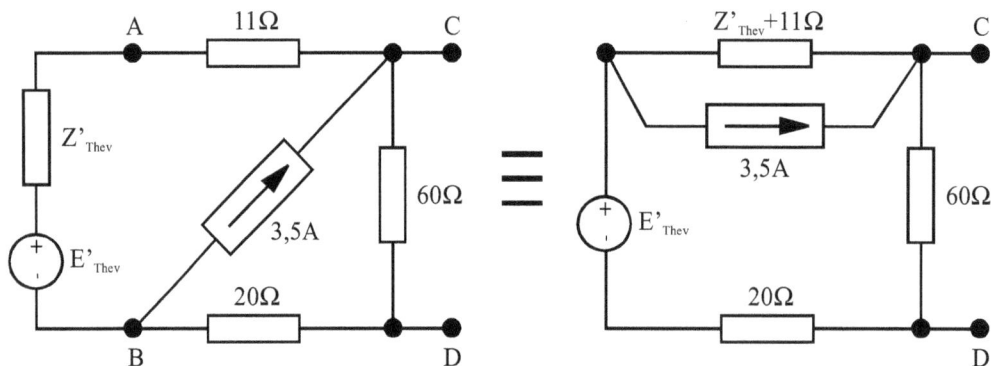

Figura 108.3

b) Sustitución de la fuente real de corriente por una fuente real de tensión equivalente, f.e.m. E_N y resistencia en serie Z'_{THEV}.

$$E_N = 3,5 \cdot 20 = 70 \ V$$

$$Z'_{THEV} + 11 \ \Omega = 20 \ \Omega$$

c) Por último, sustitución de las dos fuentes de tensión en serie por una sola con un valor:

$$E_N + E'_{THEV} = 70 + 90 = 160 \ V$$

Una vez hecho todo esto, hallar de nuevo el generador de Thevenin equivalente a este último circuito, visto desde los puntos C y D.

$$E_{THEV} = 60 \cdot \frac{160}{100} = 96 \ V$$

$$Z_{THEV} = \frac{60 \cdot 40}{60 + 40} = 24 \ \Omega$$

Y con esto reafirmamos el resultado que habíamos hallado antes.

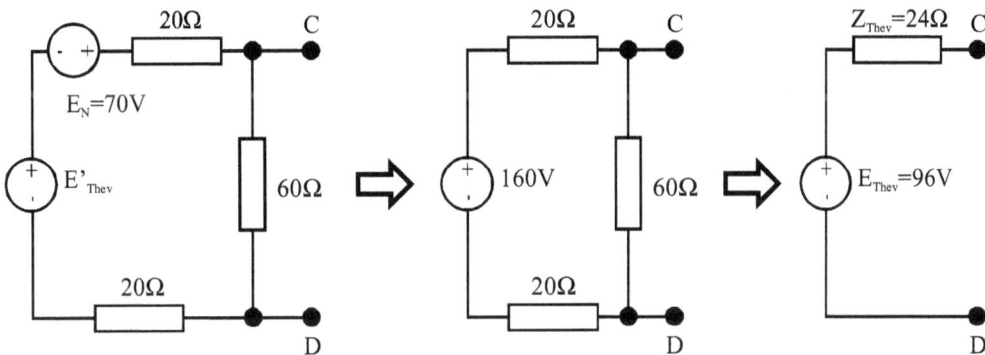

Figura 108.4

Podemos proceder al estudio del régimen transitorio.

a) Ahora, al cerrar el interruptor K, lo que tenemos es (en régimen temporal y operacional, respectivamente) el esquema de la figura siguiente:

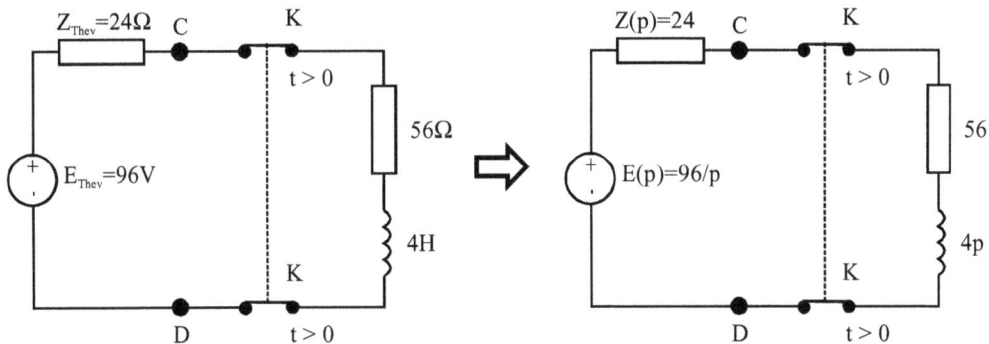

Figura 108.5

En consecuencia, la corriente expresada en operacional es:

$$I(p) = \frac{E(p)}{Z_p} = \frac{\dfrac{96}{p}}{24 + 56 + 4p} = \frac{96}{p \cdot (80 + 4p)} = \frac{24}{p \cdot (20 + p)} = \frac{24}{p^2 + 20p}$$

Para poder hallar la expresión de la intensidad en forma temporal, tenemos que descomponer en fracciones simples esta expresión de I(p), y para eso comenzamos buscando las raíces del denominador:

$$p^2 + 20p = 0$$

que son:

$$p_1 = 0 \qquad\qquad p_2 = -20$$

lo cual permite ya poner en denominador en forma de productos:

$$p^2 + 20p = (p - p_1) \cdot (p - p_2) = p \cdot (p + 20)$$

Una vez escrito en denominador en forma de productos, la descomposición se hace de la siguiente manera:

$$I(p) = \frac{A}{p} + \frac{B}{20 + p} = \frac{24}{p^2 + 20p}$$

Para hallar los numeradores A y B, reducimos al común denominador la suma e identificamos los numeradores:

$$Ap + 20A + Bp = 24$$

y esto obliga a escribir el sistema de dos ecuaciones con dos incógnitas:

$$A + B = 0$$

$$20A = 24$$

que, resuelto, da: A = 1,2 y B = -1,2 y, en consecuencia:

$$I(p) = \frac{1,2}{p} - \frac{1,2}{20 + p} = 1,2 \cdot \left[\frac{1}{p} - \frac{1}{20 + p} \right]$$

Por lo tanto la corriente transitoria en el circuito será la transformada inversa de Laplace de esta expresión, que se escribe directamente utilizando la tabla de transformadas de Laplace:

$$i(t) = L^{-1}[I(p)] = L^{-1}\left[1,2 \cdot \left[\frac{1}{p} - \frac{1}{20 + p} \right] \right] = 1,2 \cdot \left[1 - e^{-20t} \right] \text{ A}$$

$$\boxed{i(t) = 1,2 \cdot \left[1 - e^{-20t} \right] \text{ A}}$$

b) La tensión en los extremos de la resistencia R = 56 Ω es:

$$u_R(t) = R \cdot i(t) = 56 \cdot 1,2 \cdot \left[1 - e^{-20t} \right] \text{ V}$$

$$u_R(t) = 67,2 \cdot \left[1 - e^{-20t} \right] V \qquad \boxed{u_R(t) = 67,2 \cdot \left(1 - e^{-20t} \right) V}$$

y la tensión en los extremos de la bobina se podrá obtener:

$$U_L(p) = L \cdot p \cdot I(p) = 4 \cdot \frac{24}{(p+20)} = \frac{96}{(p+20)}$$

$$u_L(t) = L^{-1}\left[U_L(p) \right] = 96 \cdot e^{-20t} \; V$$

$$\boxed{u_L(t) = 96 \cdot e^{-20t} \; V}$$

Las dos tensiones son exponenciales, de constante de tiempo:

$$\tau = \frac{1}{20} = 50 \cdot 10^{-3} \; s$$

c) Después de haber pasado un tiempo $t = 50 \cdot 10^{-3}$ segundos, es decir, un tiempo igual a la constante de tiempo τ del sistema, las caídas de tensión en la resistencia y en la inductancia serán:

$$\boxed{u_R(50ms) = 67,2 \cdot \left(1 - e^{-1t} \right) = 67,2 \cdot -\frac{67,2}{e} = 42,5 \; V}$$

$$\boxed{u_L(50ms) = 96 \cdot e^{-1} = \frac{96}{e} = 35,3 \; V}$$

Problema 109

El circuito representado en la figura trabaja con el conmutador en la posición 1. En el instante t=0 s, se cambia el conmutador a la posición 2. Se pide:

a) Expresión temporal de la tensión en bornes del condensador, si se supone inicialmente relajado y la tensión proporcionada por la fuente dependiente es de la forma $u_x(t) = \alpha \cdot i_1(t)$ V.

b) Expresión temporal de esta tensión, en las mismas condiciones del apartado a), si la fuente dependiente proporciona una tensión de la forma $u_x(t) = \beta \cdot u_C(t)$ V.

c) Expresiones temporales de la tensión en bornes del condensador, si se supone inicialmente cargado con $Q_0 = 0,1$ C en los dos casos propuestos en los apartados a) y b) anteriores.

Datos:

$$R = R_1 = R_2 = 1000 \ \Omega \qquad\qquad \alpha = 500 \ \Omega \qquad\qquad \beta = 0,6$$

$$C = 2.10^3 \ \mu F \qquad\qquad\qquad I_G = 0,2 \ A$$

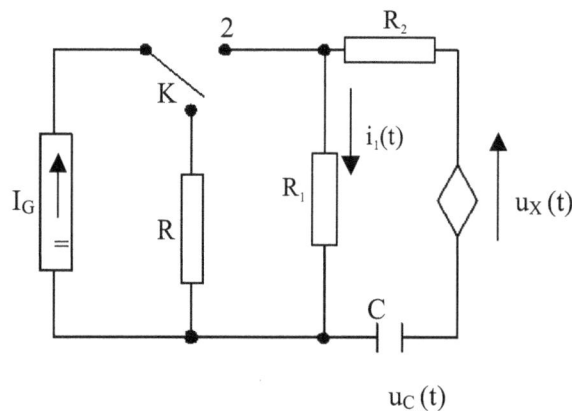

Figura 109.1

Resolución:

El problema se puede resolver en todos los apartados por dos métodos diferentes: el primer método de resolución será mediante ecuaciones íntegro-diferenciales: el segundo método de resolución contempla la aplicación de la transformada de Laplace.

Primer método de resolución

a) En este primer apartado el condensador se supone sin carga inicial, así pues, el circuito a resolver es el representado en la figura 109.2.

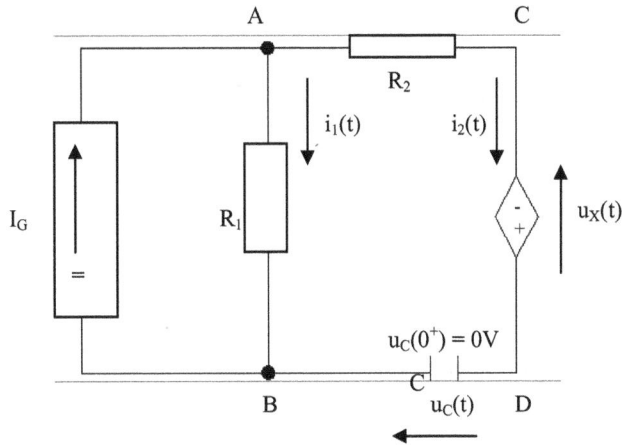

Figura 109.2

Si se aplica en el nudo A la primera ley de Kirchhoff, se obtiene:

$$i_1(t) + i_2(t) = I_G$$

Si se aplica la segunda ley de Kirchhoff a la malla ACDBA en la cual se incluye, la fuente de tensión dependiente de la corriente será:

$$u_x(t) = u_C(t) + R_2 \cdot i_2(t) - R_1 \cdot i_1(t)$$

Siendo $u_x(t) = 500 \cdot i_1(t)$

Y por último se tiene que la corriente $i_2(t)$, que circula por el condensador, tiene por expresión:

$$i_2(t) = C \cdot \frac{du_C(t)}{dt}$$

Si se substituyen los datos del enunciado para este apartado, se obtiene el siguiente sistema de ecuaciones:

$$i_1(t) + i_2(t) = 0{,}2 \qquad\qquad\qquad (A)$$

$$500 \cdot i_1(t) = u_C(t) + 1000 \cdot i_2(t) - 1000 \cdot i_1(t) \qquad\qquad (B)$$

$$i_2(t) = 2.10^{-3} \cdot \frac{du_C(t)}{dt} \qquad\qquad\qquad (C)$$

Efectuando operaciones en la ecuación (B), se reduce a:

$$1500 \cdot i_1(t) = u_C(t) + 1000 \cdot i_2(t) \qquad\qquad (D)$$

Si en la ecuación (A) se despeja $i_1(t)$, se tiene $i_1(t) = 0{,}2 - i_2(t)$, y sustituyendo en la ecuación (D) se llega a:

$$1500 \cdot \big(0{,}2 - i_2(t)\big) = u_C(t) + 1000 \cdot i_2(t)$$

Operando:

$$300 - 1500 \cdot i_2(t) = u_C(t) + 1000 \cdot i_2(t)$$

$$300 = u_C(t) + 2500 \cdot i_2(t)$$

Sustituyendo en esta última expresión el valor de $i_2(t)$, obtenido de la ecuación (C), se llega definitivamente a:

$$300 = u_C(t) + 2500 \cdot 2.10^{-3} \cdot \frac{du_C(t)}{dt}$$

$$300 = u_C(t) + 5 \cdot \frac{du_C(t)}{dt}$$

$$60 = \frac{1}{5} \cdot u_C(t) + \frac{du_C(t)}{dt}$$

La expresión obtenida es una ecuación diferencial de primer orden y completa. Resolveremos la ecuación homogénea, que es de la forma:

$$\alpha + \frac{1}{5} = 0 \qquad \alpha = -\frac{1}{5}$$

Con lo cual la tensión en bornes del condensador será:

$$u_C(t) = u_{Ct}(t) + u_{Cp}(t) \qquad\qquad u_{Ct}(t): \text{Término transitorio (solución de la homogénea)}$$

$$u_{Cp}(t): \text{Término permanente (solución particular)}$$

$$u_C(t) = K \cdot e^{\alpha t} + u_{Cp}(t)$$

Ya que la solución particular es del tipo constante, y tiene que satisfacer la ecuación diferencial completa, se puede escribir:

$$u_{Cp}(t) = K' \qquad\qquad \frac{du_{Cp}(t)}{dt} = 0$$

Y al sustituir estos valores en la ecuación diferencial completa, se tiene:

$$\alpha \cdot K' = 60 \qquad\qquad \frac{1}{5} \cdot K' = 60 \qquad K' = 300 \qquad K' = u_{Cp}(t) = 300$$

Por lo tanto, la tensión en bornes del condensador es:

$$u_C(t) = K \cdot e^{\alpha t} + 300$$

$$u_C(t) = K \cdot e^{-\frac{t}{5}} + 300$$

Para obtener el valor de K, vamos a las condiciones iniciales, siendo:

$$u_C(0^+) = 0 \quad V = K \cdot e^0 + 300$$

por lo tanto, $K = -300$

Por lo tanto, en definitiva, la tensión en bornes del condensador en este primer caso vale:

$$u_C(t) = 300 - 300 \cdot e^{-\frac{t}{5}} = 300 \cdot \left[1 - e^{-\frac{t}{5}}\right] V$$

$$\boxed{u_C(t) = 300 \cdot \left[1 - e^{-0,2t}\right] V}$$

b) En este segundo apartado, el condensador se continúa considerando sin carga inicial, por lo tanto el circuito a resolver es el mismo representado en la figura 109.2.

Las expresiones de partida son las mismas teniendo en cuenta solamente que ahora $u_x(t) = \beta \cdot u_c(t)$ y que al sustituir los datos del enunciado se tiene el siguiente sistema de ecuaciones:

$$i_1(t) + i_2(t) = 0,2 \qquad\qquad\qquad\qquad (A)$$

$$0,6 \cdot u_C(t) = u_C(t) + 1000 \cdot i_2(t) - 1000 \cdot i_1(t) \qquad\qquad (B')$$

$$i_2(t) = 2.10^{-3} \cdot \frac{du_C(t)}{dt} \qquad\qquad\qquad (C)$$

Operando ahora tal y como se ha hecho en el apartado anterior, se llega en definitiva a una expresión de la forma:

$$50 = \frac{1}{10} \cdot u_C(t) + \frac{du_C(t)}{dt}$$

Se trata de una ecuación diferencial de primer orden y completa, y su homogénea es de la forma:

$$\alpha + \frac{1}{10} = 0 \qquad \alpha = -\frac{1}{10}$$

Con esto, la tensión en bornes del condensador es:

$$u_C(t) = K \cdot e^{\alpha t} + u_{Cp}(t)$$

Al ser:

$$u_{Cp}(t) = K' \qquad\qquad \frac{du_{Cp}(t)}{dt} = 0$$

Si se sustituyen estos valores en la ecuación diferencial completa, se tiene:

$$\alpha \cdot K' = 50 \qquad\qquad \frac{1}{10} \cdot K' = 50 \qquad\qquad K' = 500$$

Y llegamos a la expresión:

$$u_C(t) = K \cdot e^{-\frac{t}{10}} + 500$$

Y para obtener el valor de K, nos valemos de las condiciones iniciales, siendo:

$$u_C(0^+) = 0 \ \ V = K \cdot e^0 + 500$$

Entonces K = -500.

Y en definitiva, la tensión en bornes del condensador en este segundo caso vale:

$$\boxed{u_C(t) = 500 \cdot \left(1 - e^{-0,1t}\right) \ V}$$

c) En este tercer caso se tiene que tener en cuenta que la carga inicial del condensador dará lugar a una tensión inicial en bornes que vale:

$$U_C = \frac{Q_0}{C} = \frac{0,1}{2.10^{-3}} = 50 \ V$$

Por lo tanto, en el instante inicial de la conmutación del condensador tiene una tensión entre armaduras de valor:

$$u_C(0^+) = 50 \text{ V}$$

Por lo tanto, para los dos supuestos anteriores, el nuevo circuito a resolver es el representado en la figura 109.3.

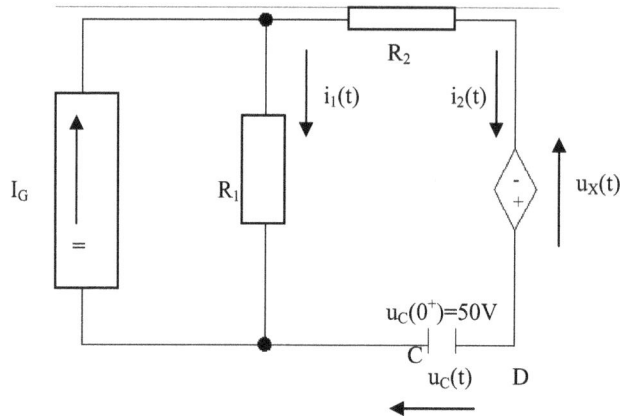

Figura 109.3

Siendo el primer caso estudiado la en el que $u_C(t)$ valía:

$$u_C(t) = K \cdot e^{-t/5} + 300$$

Al ser en este caso las condiciones iniciales $u_C(0^+) = 50$ V, se puede escribir que:

$$50 = K \cdot e^0 + 300$$

$$K = -250$$

Por lo tanto, la tensión en bornes del condensador, que inicialmente estaba cargado, tiene una expresión de la forma:

$$\boxed{u_C(t) = \left[300 - 250 \cdot e^{-0,2t}\right] \text{ V}}$$

Para el caso b) la tensión en bornes del condensador tiene un expresión de la forma:

$$u_C(t) = K \cdot e^{-t/10} + 500$$

Con $u_C(0^+) = 50$ V, se tendrá $K = -450$

Por lo cual la nueva tensión en bornes del condensador tiene una expresión de la forma:

$$\boxed{u_C(t) = \left[500 - 450 \cdot e^{-0,1t}\right] \text{ V}}$$

Segundo Método de resolución

a) Con el condensador sin carga inicial, el circuito a resolver en forma operacional es el que se representa en la figura siguiente:

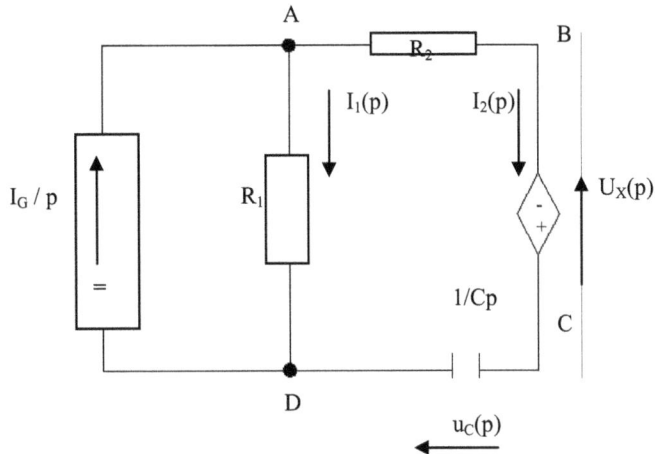

Figura 109.4

La aplicación en el nudo A de la primera ley de Kirchhoff nos permite escribir:

$$\frac{I_G}{p} = I_1(p) + I_2(p)$$

Si se aplica la segunda ley de Kirchhoff a la malla ABCDA, en la cual se incluye la fuente dependiente de tensión, tendremos:

$$U_X(p) = U_C(p) + R_2 \cdot I_2(p) - R_1 \cdot I_1(p)$$

Con $\quad U_X(p) = 500 \cdot I_1(p)$

Y por último, si se tiene en cuenta que la tensión en bornes del condensador es una expresión de la forma:

$$U_C(p) = \frac{1}{Cp} \cdot I_2(p)$$

al sustituir los datos del enunciado para este apartado a), llegaremos al siguiente sistema de ecuaciones:

$$\frac{0,2}{p} = I_1(p) + I_2(p) \tag{A}$$

$$500 \cdot I_1(p) = U_C(p) + 1000 \cdot I_2(p) - 1000 \cdot I_1(p) \tag{B}$$

$$U_C(p) = \frac{1}{2.10^{-3} \cdot p} \cdot I_2(p) = \frac{500}{p} \cdot I_2(p) \tag{C}$$

Operando la ecuación (B), se obtiene:

$$1500 \cdot I_1(p) = U_C(p) + 1000 \cdot I_2(p) \tag{D}$$

Si en la ecuación (A) se despeja $I_1(p)$ y se sustituye en (D), se llega a:

$$1500 \cdot \left[\frac{0,2}{p} - I_2(p) \right] = U_C(p) + 1000 \cdot I_2(p)$$

Efectuando operaciones en esta última expresión será:

$$\frac{300}{p} - 1500 \cdot I_2(p) = U_C(p) + 1000 \cdot I_2(p)$$

$$\frac{300}{p} = U_C(p) + 2500 \cdot I_2(p)$$

Si se sustituye $U_C(p)$ dada por la ecuación (C), será:

$$\frac{300}{p} = \frac{500}{p} \cdot I_2(p) + 2500 \cdot I_2(p)$$

$$\frac{300}{p} = \left[\frac{500}{p} + 2500 \right] \cdot I_2(p)$$

Despejando $I_2(p)$, se obtiene:

$$I_2(p) = \frac{\dfrac{300}{p}}{\dfrac{500}{p} + 2500} = \frac{\dfrac{300}{p}}{\dfrac{500 + 2500p}{p}} = \frac{300}{500 + 2500p}$$

$$I_2(p) = \frac{0,12}{0,2 + p}$$

Donde:

$$U_C(p) = \frac{1}{Cp} \cdot I_2(p) = \frac{500}{p} \cdot \frac{0,12}{0,2 + p} = \frac{60}{p(p + 0,2)}$$

$$U_C(p) = \frac{60}{p^2 + 0,2p} = \frac{A}{p} + \frac{B}{p + 0,2}$$

Ya que las raíces del denominador son p1 = 0 y p2 = -0,2, reales y diferentes, la determinación de los coeficientes A y B de la descomposición en suma de fracciones simples se podrá hacer por el método Heaviside, teniendo en cuenta que:

$$D(p) = p^2 + 0,2p$$

$$D'(p) = 2p + 0,2$$

Con $D'(0) = 0,2$ y $D'(-0,2) = -0,2$

y los valores de A y B resultan ser:

$$A = \frac{N(0)}{D'(0)} = \frac{60}{0,2} = 300$$

$$B = \frac{N(-0,2)}{D'(-0,2)} = \frac{60}{-0,2} = -300$$

Con lo cual en este primer caso será:

$$U_C(p) = \frac{300}{p} - \frac{300}{p+0,2}$$

La antitransformada nos proporciona la tensión en bornes del condensador en forma temporal:

$$u_C(t) = L^{-1}[U_C(p)] = 300 - 300 \cdot e^{-0,2t} = 300 \cdot \left[1 - e^{-0,2t}\right]$$

$$\boxed{u_C(t) = 300 \cdot \left[1 - e^{-0,2t}\right] \ V}$$

b) En este apartado, el condensador continúa estando descargado; por lo tanto el circuito, a resolver es idéntico al representado en la figura 109.4.

Se tendrá que tener en cuenta, no obstante que ahora $U_X(p) = \beta \cdot U_C(p)$, $U_X(p) = 0,6 \cdot U_C(p)$.

Con esto, al sustituir los datos del enunciado el sistema de ecuaciones de que se dispone es el siguiente:

$$\frac{0,2}{p} = I_1(p) + I_2(p) \qquad\qquad \text{(A)}$$

$$0,6 \cdot U_C(p) = 1000 \cdot I_2(p) + U_C(p) - 1000 \cdot I_1(p) \qquad \text{(B')}$$

$$U_C(p) = \frac{500}{p} \cdot I_2(p) \qquad\qquad \text{(C)}$$

Operando la ecuación (B'), se obtiene:

$$1000 \cdot I_1(p) = 0,4 \cdot U_C(p) + 1000 \cdot I_2(p) \qquad\qquad \text{(D)}$$

Si en (A) se despeja $I_1(p)$ y se sustituye en la ecuación (D), obtenemos:

$$1000 \cdot \left[\frac{0,2}{p} - I_2(p)\right] = 1000 \cdot I_2(p) + 0,4 \cdot U_C(p)$$

$$\frac{200}{p} = 2000 \cdot I_2(p) + 0,4 \cdot U_C(p)$$

Si ahora se sustituye el valor de $U_C(p)$ dado por al ecuación (C), se llega a:

$$\frac{200}{p} = 0,4 \cdot \frac{500}{p} \cdot I_2(p) + 2000 \cdot I_2(p)$$

$$\frac{200}{p} = \left[\frac{200}{p} + 2000\right] \cdot I_2(p)$$

Despejando $I_2(p)$ será:

$$I_2(p) = \frac{\dfrac{200}{p}}{\dfrac{200}{p} + 2000} = \frac{200}{200 + 2000p} = \frac{0,1}{p + 0,1}$$

Por lo tanto, y para este apartado $U_C(p)$ da:

$$U_C(p) = I_2(p) \cdot \frac{1}{Cp} = \frac{0,1}{p+0,1} \cdot \frac{500}{p} = \frac{50}{p \cdot (p+0,1)}$$

$$U_C(p) = \frac{50}{p^2 + 0,1p} = \frac{50}{p(p+0,1)} = \frac{A'}{p} + \frac{B'}{(p+0,1)}$$

Procediendo como en el caso anterior para hallar los coeficientes A' y B', se llega a:

A' = 500   B' = -500

Por lo tanto:

$$U_C(p) = \frac{500}{p} - \frac{500}{(p+0,1)}$$

La antitransformada nos proporciona la tensión en forma temporal de la tensión en bornes del condensador en este segundo caso:

$$u_C(t) = L^{-1}[U_C(p)] = 500 - 500 \cdot e^{-0,1t} = 500 \cdot \left[1 - e^{-0,1t}\right]$$

$$u_C(t) = 500 \cdot \left[1 - e^{-0,1t}\right] \text{ V}$$

c) La tensión nominal en bornes del condensador será, en transformadas de Laplace:

$$U_{C0}(p) = \frac{50}{p}$$

Por lo tanto y para los dos supuestos anteriores, el nuevo circuito a resolver es el representado en la figura siguiente, en la cual se ha representado a trazos el generador ficticio equivalente a la tensión inicial en el condensador.

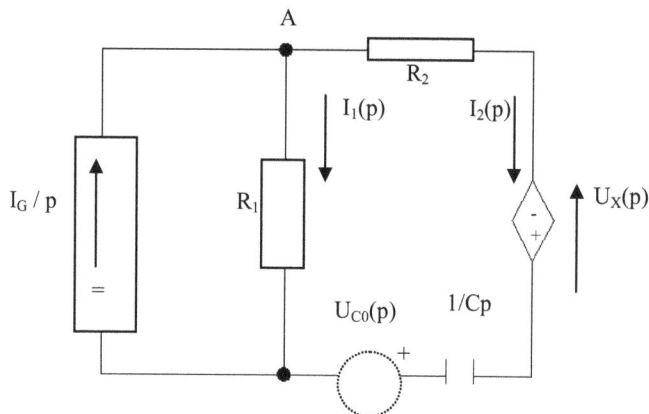

Figura 109.5

A diferencia de lo que ya se ha resuelto anteriormente, la tensión en bornes del condensador para las dos fuentes dependientes de tensión que se tienen ahora será:

$$U_C(p) = U_{C0}(p) + \frac{1}{Cp} \cdot I_2(p) = \frac{U_{C0}}{p} + \frac{1}{Cp} \cdot I_2(p)$$

$$U_C(p) = \frac{50}{p} + \frac{500}{p} \cdot I_2(p)$$

Con esto, el sistema de ecuaciones a plantear para el caso que la fuente de tensión dependiente de la corriente sea de la forma $U_X(p) = 500 \cdot I_1(p)$, será el siguiente:

$$\frac{0{,}2}{p} = I_1(p) + I_2(p) \qquad\qquad (A)$$

$$500 \cdot I_1(p) = U_C(p) + 1000 \cdot I_2(p) - 1000 \cdot I_1(p) \qquad (B)$$

$$U_C(p) = \frac{500}{p} \cdot I_2(p) + \frac{50}{p} \qquad\qquad (C')$$

Resuelto el sistema para hallar I₂(p), se obtiene:

$$I_2(p) = \frac{0{,}1}{p + 0{,}2}$$

Con lo cual la tensión en bornes del condensador en transformadas de Laplace vale:

$$U_C(p) = \frac{50}{p} + \frac{500}{p} \cdot \left[\frac{0{,}1}{0{,}2 + p} \right] = \frac{50}{p} + \frac{50}{p(p + 0{,}2)}$$

La antitransformada del segundo término de la suma vale:

$$L^{-1}\left[\frac{50}{p(p + 0{,}2)} \right] = 250 - 250 \cdot e^{-0{,}2t}$$

Con esto, para este caso será:

$$u_C(t) = 50 + 250 - 250 \cdot e^{-0{,}2t} = \left[300 - 250 \cdot e^{-0{,}2t} \right] \text{ V}$$

$$\boxed{u_C(t) = \left[300 - 250 \cdot e^{-0{,}2t} \right] \text{ V}}$$

Si la fuente dependiente de tensión es de la forma $U_X(p) = 0{,}6 \cdot U_C(p)$, el nuevo sistema de ecuaciones que se tiene es el siguiente:

$$\frac{0{,}2}{p} = I_1(p) + I_2(p) \qquad\qquad (A)$$

$$0{,}6 \cdot U_C(p) = U_C(p) + 1000 \cdot I_2(p) - 1000 \cdot I_1(p) \qquad (B')$$

$$U_C(p) = \frac{500}{p} \cdot I_2(p) + \frac{50}{p} \qquad\qquad (C')$$

Resuelto el sistema para hallar el nuevo valor de I₂(p), se obtiene:

$$I_2(p) = \frac{0{,}09}{p + 0{,}1}$$

Así pues, la tensión en bornes del condensador en transformadas de Laplace vale:

$$U_C(p) = \frac{50}{p} + \frac{500}{p} \cdot \left[\frac{0{,}09}{0{,}1 + p} \right] = \frac{50}{p} + \frac{45}{p(p + 0{,}1)}$$

La antitransformada del segundo término de esta suma vale:

$$L^{-1}\left[\frac{45}{p(p+0,1)}\right] = 450 - 450 \cdot e^{-0,1t}$$

Con esto, la expresión temporal de la tensión en bornes del condensador en este último caso será:

$$u_C(t) = 50 + 450 - 450 \cdot e^{-0,1t} \text{ V}$$

$$\boxed{u_C(t) = \boxed{500 - 450 \cdot e^{-0,1t}} \text{ V}}$$

Todas las expresiones halladas mediante este segundo procedimiento coinciden exactamente, como tendría que ser, con las obtenidas mediante el primero.

Problema 110

El circuito de la figura trabaja en régimen permanente. En el instante t=0 s cerramos el interruptor K. Se pide la expresión temporal de la corriente i(t) para t>0.

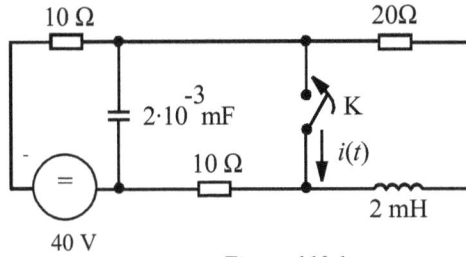

Figura 110.1

Resolución:

En t = 0⁻:

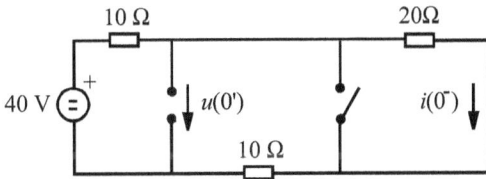

Figura 110.2

$$i(0^-) = \frac{40}{10 + 10 + 20} = 1A$$

$$u(0^-) = (20 + 10) \cdot 1 = 30\,V$$

Para t = 0⁺:

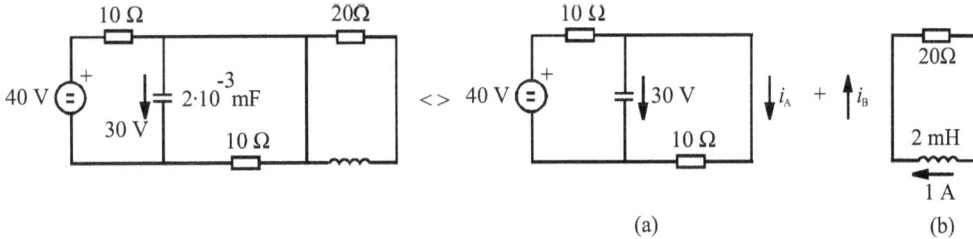

(a)   (b)

Figura 110.3

Cálculo de $i_A(t)$:

Para t = ∞,

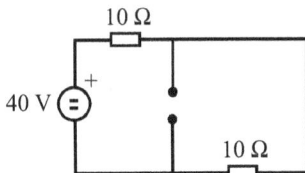

$$i_A(0) = \frac{30}{10} = 3\,A$$

$$i_{A\infty}(t) = \frac{40}{10 + 10} = 2\ A$$

Figura 110.4

$$\tau = R_{eq} \cdot C_{eq} = 2 \cdot 10^{-6} \cdot \frac{10 \cdot 10}{10 + 10} = 10^{-5} \qquad i_A(t) = 2 - [2 - 3] \cdot e^{-10^5 t}$$

Cálculo $i_B(t)$:

$$i_B(0) = 1A \qquad\qquad i_{B\infty}(t) = 0$$

$$\tau = \frac{L_{eq}}{R_{eq}} = \frac{2 \cdot 10^{-3}}{20} = 10^{-4}$$

$$i_B(t) = 0 - [0 - 1] \cdot e^{-10^4 \cdot t} = e^{-10^4 \cdot t}$$

$$i_L(t) = i_A(t) - i_B(t)$$

$$\boxed{i_L(t) = 2 + e^{-10^5 t} - e^{-10^4 t} \quad A}$$

Problema 111

El circuito de la figura trabaja en régimen permanente. En un momento determinado, correspondiente al instante en que la corriente que circula por la bobina sea máxima, se cambia de posición el conmutador (t=0).

Se pide:

a) Corriente que circula por la bobina en t=0⁻ y en t=0⁺

b) Tensión en bornes de la bobina en t=0⁻ y en t=0⁺

c) Energía almacenada en el condensador en t=0⁺

d) Expresión temporal de la corriente que circula por la bobina para t > 0

e) Expresión temporal de la tensión en bornes de la bobina para t > 0

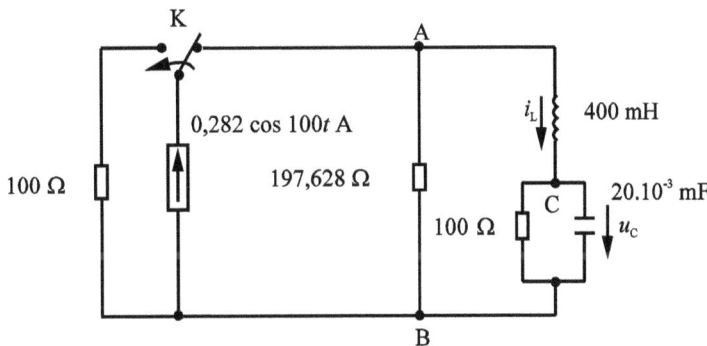

Figura 111.1

Resolución:

$$\overline{X}_C = -j\frac{1}{C\omega} = -j\frac{1}{20\cdot10^{-6}\cdot100} = -500j \ \Omega \qquad\qquad \overline{X}_L = j400\cdot10^{-3}\cdot100 = j40 \ \Omega$$

$$\overline{Z}_{C//R} = \frac{100(-500j)}{100-500j} = -j\frac{500}{1-j5} = \frac{500\angle-90}{5,093\angle-78,69} = 98,0584\angle-11,31 = 96,1541 - j19,2303 \ \Omega$$

$$\overline{Z}_{L-C//R} = j40 + 96,1541 - j19,2309 = 96,1541 + j20,7691 = 98,37157\angle12,1885 \ \Omega$$

$$\overline{Z}_T = \frac{98,37157\angle12,885\cdot197,628}{96,1541+j20,7691+197,628} = \frac{19440,97664\angle12,1885}{284,5153\angle4,0438} = 66,01\angle8,1447\Omega$$

$$\overline{I}_{max} = 0,282\angle0^0 \qquad\qquad \left(\overline{U}_{AB}\right)_{max} = \overline{I}_{max}\cdot\overline{Z}_T = 0,282\angle0^0\cdot66,01\angle8,1447 = 18,61482\angle8,1447$$

$$\left(\overline{I}_L\right)_{max} = \frac{18,61482\angle8,1447}{98,37157\angle12,1885} = 0,1892\angle-4,0438A$$

$$\left(\overline{U}_{CB}\right)_{max} = \left(\overline{I}_L\right)_{max}\cdot\overline{Z}_{C//R} = 0,1892\angle-4,0438\cdot98,0584\angle-11,31 = 18,555\angle-15,3538V$$

$$\left(\overline{U}_{AC}\right)_{max} = \overline{I}_{max} \cdot \overline{X}_L = 0,1892\angle -4,0438 \cdot 40\angle 90 = 7,568\angle 85,3562\,V$$

$$u_L\left(0^-\right) = 0V \quad \text{ya que } i_L \text{ es máxima}; \quad \boxed{i_L\left(0^-\right) = i_L\left(0^+\right) = 0,1892 \quad A}$$

$$u_C\left(0^-\right) = u_C\left(0^+\right) = 18,555 \cdot \cos\left(-15,3538 - \left(-4,0438\right)\right) \quad \boxed{u_C\left(0^-\right) = u_C\left(0^+\right) = 18,1946 \quad V}$$

$$W_C\left(0^+\right) = \frac{1}{2}C \cdot u_C^2\left(0^+\right) = \frac{1}{2}\cdot 20\cdot 10^{-6}\cdot 18,1946^2 \quad \boxed{W_C\left(0^+\right) = 3,3104\cdot 10^{-3}\,J}$$

Para $t > 0^+$ el circuito queda:

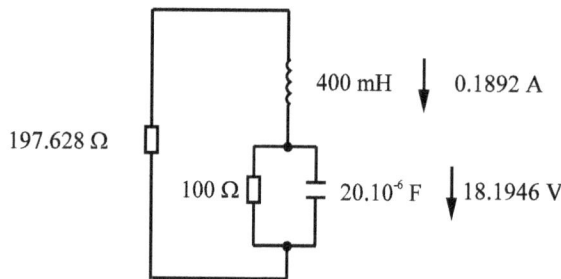

Figura 111.2

$$u_L\left(0^+\right) + u_C\left(0^+\right) + u_R\left(0^+\right) = 0\,; \quad u_L\left(0^+\right) = -u_C\left(0^+\right) - i_L\left(0^+\right)\cdot R_1 = -18,1946 - 0,1892\cdot 197,628 = -55,5V$$

El circuito operacional es:

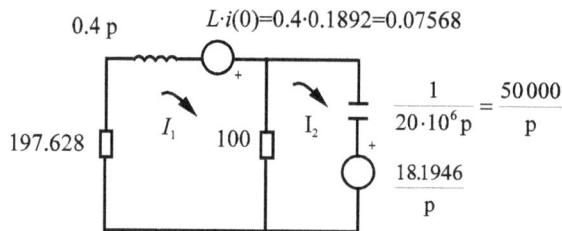

Figura 111.3

Malla1 $\quad 0,07568 = 100\left(I_1 - I_2\right) + 197,628\cdot I_1 + 0,4pI_1$

Malla2 $\quad -\dfrac{18,1946}{p} = -100\cdot \left(I_2 - I_1\right) + \dfrac{50000}{p}I_2$

$$\left.\begin{array}{l} 0,07568 = \left(297,628 + 0,4p\right)I_1 - 100I_2 \\[2mm] -\dfrac{18,1946}{p} = -100I_1 + \left(100 + \dfrac{50000}{p}\right)I_2 \end{array}\right.$$

De la 1^a : $I_2 = \dfrac{\left(297,628 + 0,4p\right)I_1 - 0,07568}{100} = \left(2,97628 + 0,004p\right)I_1 - 0,0007568$

Sustituyendo en la segunda ecuación podemos aislar la expresión de I_1:

$$I_1 = \frac{0,1852p + 49,1135}{p^2 + 994,07p + 372,035}$$

$$I_1 = \frac{0,1892p + 49.1135}{(p + 497,035)^2 + 353,541^2} = \frac{0,1892(p + 259,585)}{(p + 497,035)^2 + 353,541^2} =$$

$$\frac{0,1892(p + 497,035)}{(p + 497,035)^2 + 353,541^2} - \frac{44,9255\dfrac{353,541}{353,541}}{(p + 497,035)^2 + 353,541^2}$$

$$\boxed{i_1(t) = e^{-497,035t}\left[0,1892(\cos 353,541t) - 0,1270\,\text{sen}(353,541t)\right]}$$

(es como una suma de dos vectores)

0,1270

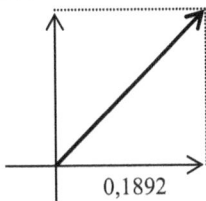

$$\sqrt{0,1892^2 + 0,1270^2} = 0,2278$$

$$\alpha = \text{arctg}\frac{0,1270}{0,1892} = 33,871°$$

$$i_1(t) = 0,2278 \cdot e^{-497,035t} \cdot \cos(353,54t + 33,87°)$$

0,1892

$$u_L = L\frac{di_L}{dt} = 0.4\frac{d}{dt}\left(e^{-497.035t} \cdot \cos(353,541t + 33,871°)\right) \qquad u_L = -55,5776 \cdot e^{-497,035t}\cos(353,541t - 1,54°) \quad V$$

$$u_{AC}(0^+) = -55,5776\cos(-1,54°) = -55,51V$$

Para cálculo diferencial:

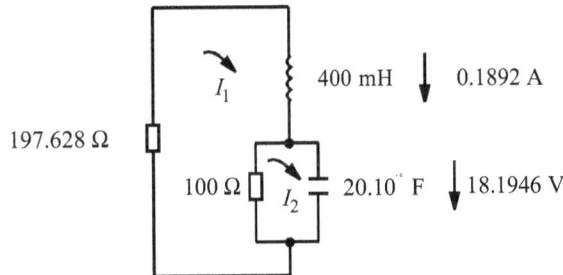

Figura 111.4

$$\text{Malla1}\,400 \cdot 10^{-3} \cdot \frac{di_1}{dt} + 100(i_1 - i_2) + 197,628 \cdot i_1 = 0 \qquad \begin{cases} 0,4\dfrac{di_1}{dt} + 100i_1 - 100 \cdot 20 \cdot 10^{-6}\dfrac{du_c}{dt} + 197,628 \cdot i_1 = 0 \\[2mm] u_C = 100 \cdot i_1 - 100 \cdot 20 \cdot 10^{-6}\dfrac{du_c}{dt} \end{cases}$$

$$\text{Malla2}\,u_C = 100(i_1 - i_2); i_2 = C\frac{du_C}{dt}$$

Hallaríamos $u_C(t)$ y de aquí i_1 que vale: $\qquad \boxed{i_1(t) = e^{-497,035t} \cdot 0,2278 \cdot \cos(353,541t + 38,85°) \quad A}$

y también $\qquad \boxed{u_L(t) = L\frac{di_1}{dt} = -55,5776 \cdot e^{-497,035t}\cos(353,541t - 1,54°) \quad V}$

$$u_{AC}(0) = -55,5776 \cdot \cos(-1,54°) = -55.51 \quad V$$

Problema 112

El circuito de la figura trabaja en régimen permanente. En el instante t=0,001 s, se cierran los interruptores K_1 y K_3 y se abre el interruptor K_2.

Se pide:

a) Expresión temporal de la tensión $u_C(t)$ en bornes del condensador (Para t> 0,001 s)

b) Expresión temporal de la corriente i(t) que circula por la bobina (Para t> 0,001 s)

c) Energía consumida por la resistencia R_1 desde t=0,001 s hasta a t=∞

d) Valor de la corriente que circula por la bobina después de haber transcurrido 0,01 s de haber cerrado los interruptores

e) Energía almacenada en el condensador para el mismo instante anterior

Datos: R_1= 3 Ω   u(t)=240 cos (10t+(π/4)) V

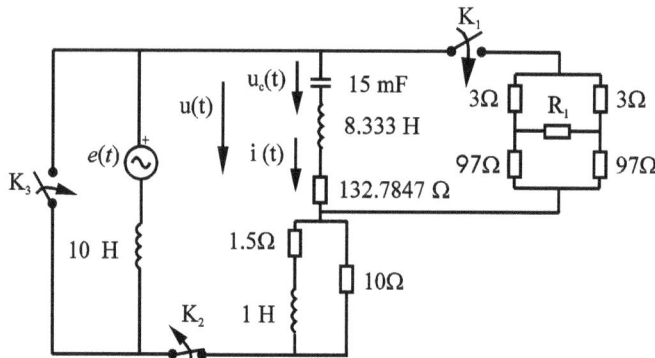

Figura 112.1

Resolución:

$$\overline{Z}_1 = 132,7847 + j\left(10\cdot 8,333 - \frac{1}{10\cdot 15\cdot 10^{-3}}\right) = 153,3265\angle 30^0 \text{ Ω}$$

Se trabaja con valores máximos: $\overline{I} = \dfrac{\overline{U}}{\overline{Z}} = \dfrac{240\angle 45^0}{153,3265\angle 30^0} = 1,5652\angle 15^0$ A

$u(t) = 240\cos\left(10t + 45^0\right)$ $i(t) = 1,5652\cos\left(10t + 15^0\right)$

$$\overline{U}_C = \overline{I}\cdot \overline{X}_C = 1,5652\angle 15^0 \cdot \frac{1}{15\cdot 10^{-3}\cdot 10}\angle -90^0 = 10,4346\angle -75^0 \text{ V}$$

$$u_C(t) = 10,4346\cos\left(10t - 75^0\right) = 10,4346\left(10t - \frac{5}{12}\pi\right)$$

Para t=0,01:   i (0,001) =1,5077 A   u (0,001) =2,8013 V

El circuito resultante con sus condiciones iniciales será:

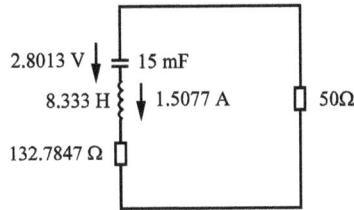

Figura 112.2

Si t' = t – 0,01 s:

Aplicando la ecuación de malla en este circuito tenemos:

$$u_R + u_L + u_C = i \cdot R + L \cdot \frac{di}{dt'} + u_C = 0$$

Es decir:

$$\frac{d^2 u_C}{dt'} + \frac{R}{L} \frac{du_C}{dt'} + \frac{1}{LC} u_C = 0$$

La ecuación característica es:

$$\alpha^2 + \frac{182,749}{8,333} \alpha + \frac{1}{8,333 \cdot 15 \cdot 10^{-3}} = 0$$

Se tienen dos raíces:

$$\alpha_1 = -21,5641 \; \alpha_2 = -0,371 \;.$$

Por lo tanto:

$$u_C = K_1 \cdot e^{-21,5641t'} + K_2 \cdot e^{-0,371t'} \;.$$

Se calculan los coeficientes con las condiciones iniciales.

La tensión inicial en el condensador nos lleva a $2,8013 = K_1 + K_2$

$$i(t) = 15 \cdot 10^{-3} \left[-21,5641 \cdot K_1 \cdot e^{-21,5641t'} - 0,371 \cdot K_2 \cdot e^{-0,371t'} \right]$$
$$i(0) = 1,5077 = 15 \cdot 10^{-3} \left[-21,5641 \cdot K_1 - 0,371 \cdot K_2 \right]$$

Se obtienen: K_1=-4,79178 K_2=7,59308

$$u_C(t) = \left[-4,79178 \cdot e^{-21,5641t'} + 7,59308 \cdot e^{-0,371t'} \right] \cdot 1(t')$$

Referido a t resulta

$$\boxed{u_C(t) = \left[-4,79178 \cdot e^{-21,5641(t-0,01)} + 7,59308 \cdot e^{-0,71(t-0,01)} \right] \cdot 1(t-0,01)}$$

$$i(t) = C\frac{du_C}{dt} = 15 \cdot 10^{-3}\left[103{,}3304e^{-21{,}5641t} - 2{,}8170e^{-0{,}371t}\right] \cdot 1(t)$$

$$\boxed{i(t) = \left[1{,}5499e^{-21{,}5641t'} - 0{,}04225e^{-0{,}371t'}\right] \cdot 1(t')A}$$

Para t'=0,01 después de cerrar el interruptor:

$$\boxed{i(0{,}01) = 1{,}2071 \ A} \qquad u_C(0{,}01) = 3{,}7026 \quad V$$

$$\boxed{W_C(0{,}01) = \frac{1}{2} \cdot C \cdot u_C^2(0{,}01) = \frac{1}{2} \cdot 15 \cdot 10^{-3} \cdot 3{,}7026^2 = 0{,}1018 \quad J}$$

que corresponde a la energía disipada por la resistencia R_1.

Problema 113

En el circuito de la figura y para t=0 s se cierra el interruptor K. Se conoce que la respuesta $u_C(t)$ que presenta el circuito corresponde a una senoide amortiguada de pulsación 2 rad/s.

Se pide:

a)Valor de la capacidad del condensador C.

b)Expresión temporal de la corriente i(t).

Nota: Recordar que $\omega_p = \omega_n\sqrt{1-z^2}$ siendo ω_p la pulsación propia, ω_n la pulsación natural y z el factor de amortiguamiento.

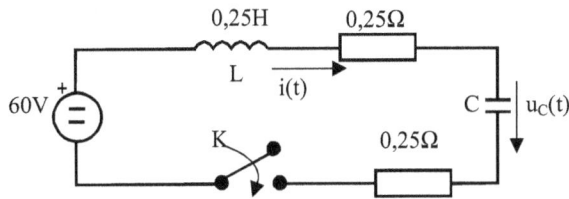

Figura 113.1

Resolución:

$$\left.\begin{array}{l} 60 = 0{,}25\dfrac{di}{dt} + (0{,}25+0{,}25)i + u_C \\[3mm] i = C\dfrac{dU_C}{dt} \end{array}\right\}$$

$$60 = 0{,}25.C\frac{d^2u_C}{dt^2} + 0{,}5.C\frac{du_C}{dt} + u_C$$

$$\frac{d^2u_C}{dt^2} + \frac{0{,}5.C}{0{,}25.C}\frac{du_C}{dt} + \frac{1}{0{,}25.C}u_C = \frac{60}{0{,}25.C}$$

$$\frac{d^2u_C}{dt^2} + 2.\frac{du_C}{dt} + \frac{4}{C}u_C = \frac{240}{C}$$

$$\left.\begin{array}{l} 2.z.\omega_n = 2 \\[2mm] \omega_n{}^2 = \dfrac{4}{C} \\[3mm] \omega_p = \omega_n\sqrt{1-z^2} \end{array}\right\} \qquad \left.\begin{array}{l} z\omega_n = 1 \\[2mm] \omega^2{}_n = \dfrac{4}{C} \\[3mm] 2 = \omega_n\sqrt{1-z^2} \end{array}\right\} \qquad \boxed{C = 0{,}8\,\text{F}}$$

El cálculo de C se puede hacer también:

$$\alpha^2 + 2\alpha + \frac{4}{C} = 0 \qquad\qquad \alpha = \frac{-2 \pm \sqrt{4 - \dfrac{16}{C}}}{2} = -1 \pm \frac{\sqrt{4 - \dfrac{16}{C}}}{2}$$

Dado que es una senoide amortiguada $\sqrt{4 - \dfrac{16}{C}}$ negativa, en consecuencia:

$$\frac{\sqrt{\dfrac{16}{C} - 4}}{2} = 2 \qquad \frac{16}{C} - 4 = 16 \qquad \frac{16}{C} = 20 \qquad \boxed{C = 0,8\,\text{F}}$$

Sustituyendo resulta:

$$\frac{d^2 u_C}{dt^2} + 2\frac{du_C}{dt} + \frac{4}{0,8}u_C = \frac{240}{0,8}$$

$$\frac{d^2 u_C}{dt^2} + 2\frac{du_C}{dt} + 5.u_C = 300$$

Ecuación característica de la ecuación homogénea:

$$\alpha^2 + 2\alpha + 5 = 0 \qquad \alpha = -1 \pm j2$$

Por lo tanto

$$i_{Ch}(t) = Ae^{-t}\cos(2t + \varphi)$$

$$u_C(t) = u_{Ch}(t) + u_{Cp}(t) = Ae^{-t}\cos(2t + \varphi) + 60$$

$$i_C(t) = C\frac{du_C}{dt} = 0.8\left[-Ae^{-t}\cos(2t + \varphi) - Ae^{-t}2\,\text{sen}(2t + \varphi)\right]$$

Para t=0:

$$u_C(0) = 0 = A\cos\varphi$$
$$i_C(0) = 0 = 0,8.\left[-A\cos\varphi - A.2.\text{sen}\varphi\right]$$

$$\left.\begin{array}{c} A\cos\varphi = -60 \\[2mm] \text{tg}\varphi = -\dfrac{1}{2} \end{array}\right\} \qquad \begin{array}{l} \varphi = -26,56° \Rightarrow A = -67,08 \\[2mm] \varphi = 153,44° \Rightarrow A = 67,08 \end{array}$$

El módulo de A tiene que ser positivo, por lo tanto la solución correcta será la segunda:

$$u_C(t) = 67,08.e^{-t}\cos(2t + 153,44°)$$

$$i_C(t) = 0,8.67,08.e^{-t}\left[-\cos(2t + 153,44°) - 2\,\text{sen}(2t + 153,44°)\right]$$

$$i_C(t) = -53,664.e^{-t}.\left[\cos(2t + 153,44°) + 2\,\text{sen}(2t + 153,44°)\right]$$

y sumando los vectores:

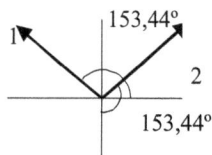

$$1\angle 153,44°+2\angle 153,44°-90° = -0,89 + j0,447 + 0,89 + j1,788 = j2,22 = 2,236\angle 90°$$

$$i(t) = -120e^{-t}\cos(2t + 90°) = 120.e^{-t}\operatorname{sen}2t$$

Por transformadas de Laplace tenemos:

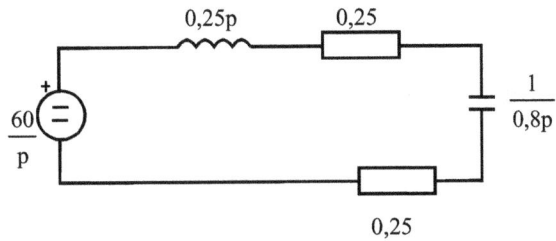

Figura 113.2

$$I(p) = \dfrac{\dfrac{60}{p}}{0,5 + 0,25p + \dfrac{1}{0,8p}} = \dfrac{240}{p^2 + 2p + 5} = \dfrac{120,2}{(p+1)^2 + 2^2}$$

$$\boxed{i(t) = L^{-1}[I(p)] = 120e^{-t}\operatorname{sen}2t \quad A}$$

Problema 114

El circuito de la figura trabaja en régimen permanente, con el conmutador, K, en la posición 1. En el instante en que la fuente de corriente $i_0(t)$ proporciona un valor nulo de corriente, y siendo la tensión $u(t)$ en bornes de la misma de valor negativo se cambia de posición el conmutador pasando a la nueva posición 2, instante que se tomará como nuevo origen de tiempo (t=0).

Se pide:

a) Valores de las corrientes $i_L(0^-)$, $i_L(0^+)$ y de la tensión $u_C(0^-)$.

b) Valores de les tensiones $u_L(0^+)$ y $u_C(0^+)$ y de la corriente $i_C(0^+)$.

c) Expresión temporal de la tensión $u(t)$ para t>0.

d) Expresión temporal de la corriente $i_C(t)$ para t>0.

Datos:

$L = (4/\pi)$ H $R_1 = 20\ \Omega$ $C = (5/\pi)$ mF $R_0 = 45\ \Omega$ $k_1 = 0,604\ \Omega$

$i_0(t) = 10\sqrt{2} \cos(4\pi t + (\pi/6))$ A

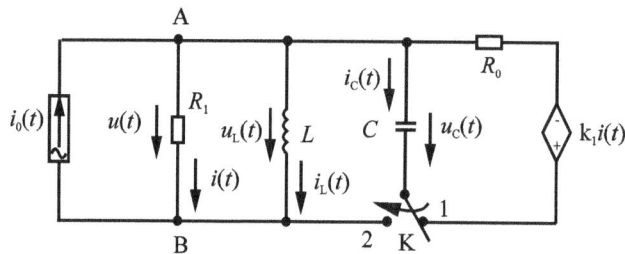

Figura 114.1

Resolución:

Pasando a grados :

$$\frac{\pi}{6}\,\text{rad} = \frac{180}{6} = 30^0$$

Se coge un origen de fases tal que $\bar{I}_0 = 10\angle 30^0$ A:

$$X_L = L\omega = \frac{4}{\pi}4\pi = 16\Omega \qquad\qquad X_C = \frac{1}{C\omega} = \frac{1\cdot 10^3}{\dfrac{5}{\pi}4\pi} = 50\Omega \qquad\qquad R_1 = 20\angle 0^0\ \Omega$$

Si $\qquad \bar{Z}_p = \dfrac{16\angle 90^0 \cdot 20\angle 0^0}{16\angle 90^0 + 20\angle 0^0} = 12,494\angle 51,34^0\ \Omega$

entonces

$$\bar{U}_p = \bar{Z}_p \cdot \bar{I}_0 = 124,935\angle 81,34^0\ \text{V}$$

Corrientes de las ramas L y R_1:

$$\bar{I}_L = \frac{\bar{U}_p}{\bar{X}_L} = 7,808\angle -8,660^0\ \text{A} \qquad\qquad \bar{I}_{R_1} = \frac{\bar{U}_p}{R_1} = 6,247\angle 81,34^0\ \text{A}$$

Para la fuente dependiente:

$$k_1\bar{I}_{R_1} = 3,773\angle 81,34^0 \text{ V} \qquad \bar{I}_C = -\frac{k_1\bar{I}_{R_1}}{R_0 - X_C j} = 0,056\angle 309,352^0 \text{ A}$$

$$\bar{U}_C = \bar{I}_C \cdot \bar{X}_C = 2,804\angle 219,352^0 \text{ V}$$

Ya que se dice que la corriente para el nuevo t=0, cuando $i_0(t)=0$, quiere decir que el vector $\bar{I}_0$ debe estar situado sobre el eje de las 'Y', siendo la proyección del vector $\bar{U}_p$ negativa.

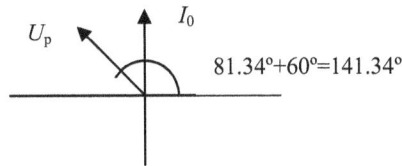

En este instante se tiene (nuevo origen):

$$\boxed{i_0\left(0^-\right) = 0 \quad \text{A}}$$

$$i_L\left(0^-\right) = 7,808\sqrt{2}\cos(-8,66 + 60) = 6,898 \quad \text{A}$$

$$u_p\left(0^-\right) = 124,939\sqrt{2}\cos(81,34 + 60) = -84.74 \quad \text{V}$$

$$u_c\left(0^-\right) = 2,804\sqrt{2}\cos(219,352 + 60)$$

$$\boxed{u_c\left(0^-\right) = 0,644 \quad \text{V}}$$

Cuando t=0⁺, el interruptor k se pasa a la posición 2 (se mantienen los valores de corriente en L y tensión en C):

$$i_L\left(0^+\right) = 6,898 \text{ A} \qquad y \qquad \boxed{u_C\left(0^+\right) = 0,644} \text{ V}$$

Siendo

$$\bar{I}_0 = 10\angle 90^0 \text{ A} \rightarrow i_0(t) = 10\sqrt{2} \cdot \cos\left(4\pi t + 90^0\right) \text{ A}$$

Tenemos

$$i_0\left(0^+\right) = 0 \quad \text{A} \qquad i_{R_1}\left(0^+\right) = \frac{u_C\left(0^+\right)}{R_1} = 0,0322 \quad \text{A}$$

$$i_C\left(0^+\right) = -\left[i_L\left(0^+\right) + i_R\left(0^+\right)\right] \qquad \boxed{i_C\left(0^+\right) = -6,93 \quad \text{A}}$$

$$u_L\left(0^+\right) = u_C\left(0^+\right) \qquad \boxed{u_L\left(0^+\right) = 0,644 \text{ V}}$$

Analizando la respuesta completa:

$$u_L = L\frac{di_L}{dt} \qquad i_C = C\frac{du_C}{dt}$$

$$u_{R_1} = u_L = u_C = u \qquad i_0 = i_C + i_{R_1} + i_L$$

Sustituyendo y ordenando:

$$i_0 = CL\frac{d^2i_L}{dt} + \frac{L}{R_1}\frac{di_L}{dt} + i_L$$

Ecuación homogénea:

$$\frac{5\cdot10^3}{\pi}\cdot\frac{4}{\pi}\cdot\beta^2 + \frac{4/\pi}{20}\cdot\beta + 1 = 0 \qquad \beta = -15,708 \pm j\cdot15,708$$

Solución homogénea:

$$i_{L\,hom}(t) = e^{-15,708t}\left[A\cdot\cos(15,708\cdot t) + B\cdot\text{sen}(15,708\cdot t)\right]$$

Solución particular:

$$\bar{I}_0 = \frac{\overline{U}_C}{R_1} + \frac{\overline{U}_C}{\overline{X}_L} + \frac{\overline{U}_C}{\overline{X}_C} \Rightarrow \overline{U}_C = 152,387\angle130,364 \text{ V}$$

$$\bar{I}_C = \frac{\overline{U}_C}{\overline{X}_C} = 3,047\angle220,364 \text{ A} \qquad\qquad \bar{I}_L = \frac{\overline{U}_C}{\overline{X}_L} = 9,527\angle40,36 \text{ A}$$

$$i_{Lp}(t) = 9,527\sqrt{2}\cos(4\pi t + 40,36°)$$

$$i_L(t) = e^{-15,708t}\left[A\cdot\cos(15,708\cdot t) + B\cdot\text{sen}(15,708\cdot t)\right] + 13,473\cos(4\pi t + 40,36°) \text{ A}$$

Para t=0:

$$i_L(0) = 6,898 = A + 10,266 \rightarrow A = -3,368$$

Por otro lado:

$$u_L(t) = u_C(t) = L\frac{di_L}{dt}$$

Cuando t=0

$$0,644 = \frac{4}{\pi}\frac{d}{dt}i_L(t)\bigg|_{t=0} = \frac{4}{\pi}\left[-15,708\cdot A + B\cdot15,708 - 13,473\cdot4\pi\cdot\text{sen}40,36^0\right]$$

$$0,5057 = 52,904 + 15,70\cdot B - 8,72\cdot4\cdot\pi \qquad \Rightarrow \qquad B = 3,615$$

$$\boxed{i_L(t) = e^{-15,708t}\left[-3,368\cos(15,708t) + 3,615\text{sen}(15,708t)\right] + 13,473\cos(4\pi t + 40,36^0) \text{ A}}$$

$$u(t) = u_L(t) = L\frac{di}{dt}$$

$$\boxed{\begin{aligned}u(t) = \frac{4}{\pi}\Big\{&-15,78e^{-15,708t}\left[-3,368\cos(15,708t) + 3,615\text{sen}(15,708t)\right] + \\ &e^{-15,708t}\left[3,368\cdot15,708\text{sen}(15,708t) + 3,615\cdot15,708\cos(15,708t)\right] - 13,473\cdot4\pi\text{sen}(4\pi t + 40,36^0)\Big\} \text{ V}\end{aligned}}$$

Problema 115

En el circuito de la figura y para t=0 s, se cambia de posición el conmutador K. Se conoce que la respuesta de la corriente i_L (t) que presenta el circuito corresponde a una senoide amortiguada de pulsación 2 rad/s.

Se pide:

a) Valor de la inductancia L

b) Expresión temporal de la tensión u(t)

Nota: Hay que recordar que $\omega_p = \omega_n \sqrt{1-z^2}$, siendo ω_p la pulsación propia, ω_n la pulsación natural y z el factor de amortiguamiento.

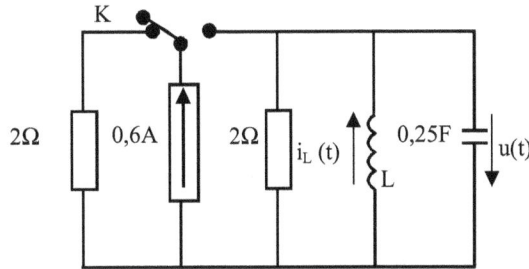

Figura 115.1

Resolución:

$$\left.\begin{array}{l} 0,6 = i_R + i_L + i_C \\[2mm] 0,6 = \dfrac{u}{2} + i_L + C\dfrac{du}{dt} \\[2mm] u = L\dfrac{di_L}{dt} \end{array}\right\}$$

y sustituyendo resulta:

$$0,6 = 0.5L\frac{di_L}{dt} + i_L + 0.25L\frac{di^2_L}{dt^2}$$

$$\frac{d^2i_L}{dt^2} + 2\frac{di_L}{dt} + \frac{1}{0.25L}i_L = \frac{0.6}{0.25L}$$

$$\frac{d^2i_L}{dt^2} + 2\frac{di_L}{dt} + \frac{4}{L}i_L = \frac{2.4}{L}$$

$$\left.\begin{array}{l} 2.z.\omega_n = 2 \\[2mm] \omega_n^2 = \dfrac{4}{L} \\[2mm] \omega_p = \omega_n\sqrt{1-z^2} \end{array}\right\} \qquad \left.\begin{array}{l} z\omega_n = 1 \\[2mm] \omega^2{}_n = \dfrac{4}{L} \\[2mm] 2 = \omega_n\sqrt{1-z^2} \end{array}\right\} \qquad \boxed{L = 0,8\,\text{H}}$$

sustituyendo resulta:

$$\frac{d^2 i_L}{dt^2} + 2\frac{di_L}{dt} + \frac{4}{0,8}i_L = \frac{2,4}{0,8}$$

$$\frac{d^2 i_L}{dt^2} + 2\frac{di_L}{dt} + 5i_L = 3$$

Ecuación característica de la ecuación homogénea:

$$\alpha^2 + 2\alpha + 5 = 0 \qquad \alpha = -1 \pm j2$$

Por lo tanto:

$$i_{Lh}(t) = Ae^{-t}\cos(2t + \varphi)$$

$$i_L(t) = i_{Lh}(t) + i_{Lp}(t) = Ae^{-t}\cos(2t + \varphi) + 0,6$$

$$u = L\frac{di_L}{dt} = 0,8\left[- Ae^{-t}\cos(2t + \varphi) - Ae^{-t}2\text{sen}(2t + \varphi)\right]$$

Para t=0:

$$\left.\begin{array}{l} i_L(0) = 0 \\ u = u_C(0) = 0 \end{array}\right\} \qquad \begin{array}{l} \varphi = -26,56° \Rightarrow A = -67,08 \\ \varphi = 153,44° \Rightarrow A = 67,08 \end{array}$$

El módulo de A tiene que ser positivo, por lo tanto la solución correcta será la segunda

$$i_L(t) = 0,67.0,8e^{-t}\cos(2t + 153,44°)$$

$$u(t) = L\frac{di_L}{dt} = -0,53664.e^{-t}\left[\cos(2t + 153,44°) + 2.\text{sen}(2t + 153,44°)\right]$$

$$u(t) = 1,20e^{-t}\text{sen}2t \quad V$$

Por transformadas de Laplace tenemos:

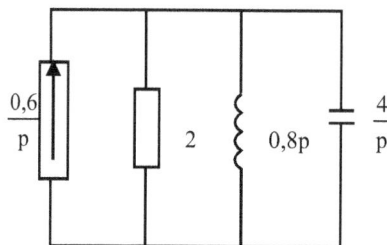

Figura 115.2

$$\frac{0.6}{p} = \frac{U_A}{2} + 1{,}25\frac{U_A}{p} + 0{,}25.p.U_A = \frac{pU_A + 2{,}5.U_A + 0{,}5p^2.U_A}{2p}$$

$$U_A = \frac{1{,}2p}{0{,}5p^3 + p^2 + 2{,}5p} = \frac{2{,}4}{p^2 + 2p + 5} = 2{,}4\frac{\frac{2}{2}}{(p+1)^2 + 2^2}$$

$$\boxed{u_A(t) = L^{-1}\left[U_A(p)\right] = 1{,}2.e^{-t}\operatorname{sen}2t \quad V}$$

Problema 116

Dado el circuito de la figura, para t=0 abrimos el interruptor K. Por otro lado y dado que la bobina y el condensador formaban parte de otro circuito, presentan les siguientes condiciones iniciales:

$u_C(0) = 200$ V $\qquad\qquad i_L(0) = 10$ A

Se pide:

a) Valor de la tensión u_L para $t=0^+$

b) Valor de la corriente i_C para $t=0^+$

c) Expresión temporal de la corrent i_L para $t>0$

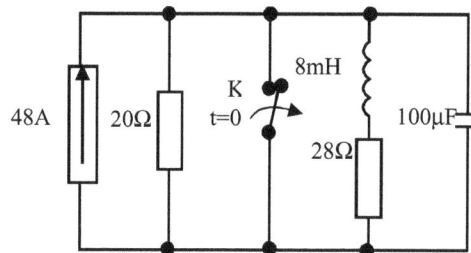

Figura 116.1

Resolución:

Para $t=0^+$:

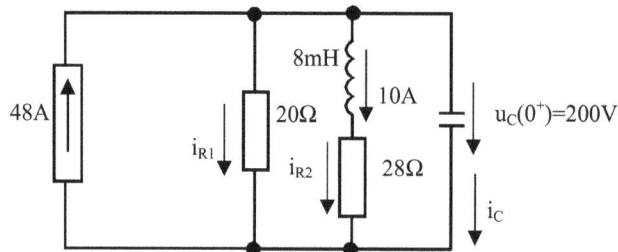

Figura 116.2

$U_L(0+) = U_C(0+) - U_{R2} = 200 - 10\cdot28 = -80$ V

$i_C(0+) = 48 - i_{R1}(0+) - i_L(0+) = 48 - (200/20) - 10 = 28$ A

$48 = i_{R1} + i_L + i_c$

$$48 = \frac{U}{20} + i_L + C\frac{dU}{dt} \left.\begin{array}{l} \\ \\ \end{array}\right\}$$

$$U = U_L + U_{R2} = L\frac{di_L}{dt} + R_2 i_L = 8\cdot10^{-3}\frac{di_L}{dt} + 28 i_L$$

Sustituyendo la segunda ecuación en la primera ecuación resulta:

$$48 = \frac{1}{20}\left[(8\cdot10^{-3}\cdot\frac{di_L}{dt} + 28\,i_L)\right] + i_L + 100\cdot10^{-6}\left(\left[8\cdot10^{-3}\frac{d^2 i_L}{dt^2} + 28\frac{di_L}{dt}\right]\right)$$

$$48 = 0,4\cdot10^{-3}\frac{di_L}{dt} + 1,4 i_L + i_L + 8\cdot10^{-7}\frac{d^2 i_L}{dt^2} + 28\cdot10^{-4}\frac{di_L}{dt}$$

$$8\cdot10^{-7}\frac{d^2 i_L}{dt} + 3,2\cdot10^{-3}\frac{di_L}{dt} + 2,4 i_L = 48$$

Ecuación característica:

$$8\cdot10^{-7}s^2 + 3,2\cdot10^{-3}s + 2,4 = 48 \quad \text{donde} \quad s_1 = -3000 \ \text{y} \ s_2 = -1000$$

$$i_L(t) = K_1\cdot e^{-3000t} + K_2\cdot e^{-1000t} + i_{Lp}(t)$$

Para

$$i_{Lp}(t) = 48\cdot\frac{20}{20 + 28} = 20\,A$$

$$i_L(t) = K_1\cdot e{-3000t} + K_2\cdot e{-1000t} + 20$$

Falta hallar K_1 y K_2:

$$i_L(0) = 10 = K_1 + K_2 + 20 \qquad (1)$$

$$u(0^+) = 200 = 8\cdot10^{-3}\frac{di_L}{dt}\Big|_{t=0} + 28 i_L\Big|_{t=0}$$

es decir:

$$200 = 8\cdot10^{-3}\big(K_1(-3000) + K_2(-1000)\big) + 28(K_1 + K_2 + 20)$$
$$200 = -24K_1 - 8K_2 + 28K_1 + 28K_2 + 560$$

es decir:

$$4K_1 + 20K_2 = -360 \qquad\qquad (2)$$

De las expresiones (1) y (2) resulta:

$$K_1 = 10 \quad \text{y} \quad K_2 = -20$$

Por lo tanto:

$$\boxed{i_L(t) = 10e^{-3000t} - 20e^{-1000t} + 20}$$

Problema 117

El circuito esquematizado de la figura trabaja en régimen permanente con el conmutador K en la posición 1. En el instante t = 0 s, se pasa el conmutador a la posición 2.

Calcular:

a) Expresiones temporales de todas las corrientes que se establecen en el circuito

b) Expresión temporal de la tensión en los terminales del condensador

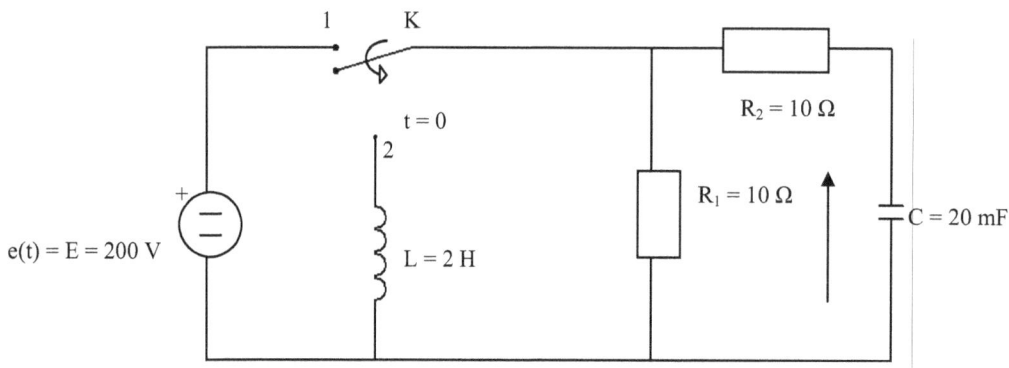

Figura 117.1

Resolución:

a) Establecemos las condiciones iniciales:

$$i(0^-) = \frac{200}{10} = 20 \text{ A} \qquad u_C(0^-) = U_C = 20 \cdot 10 = 200 \text{ V}$$

Poniendo el conmutador en la posición 2, el circuito operacional que se tiene es el siguiente:

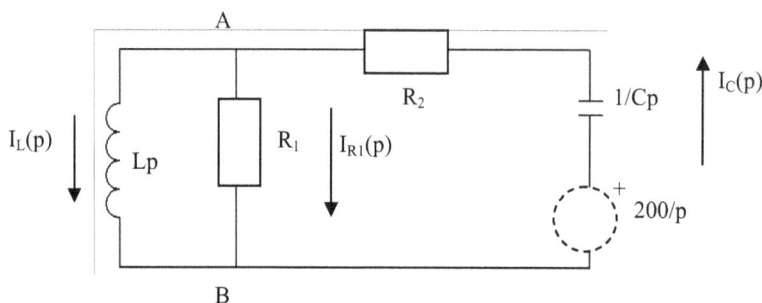

Figura 117.2

La impedancia en paralelo resultante de L_p y R_1 es:

$$Z_p(p) = \frac{R_1 \cdot L_P}{R_1 + L_P} = \frac{10 \cdot 2p}{10 + 2p} = \frac{10p}{5 + p}$$

y la impedancia operacional total del circuito:

$$Z_T(p) = R_2 + \frac{1}{Cp} + \frac{R_1 \cdot L_p}{R_1 + L_p} = \frac{p^2 \cdot (R_1 \cdot LC + R_2 \cdot LC) + p \cdot (R_1 \cdot R_2 \cdot C + L)}{LC \cdot p^2 + R_1 \cdot C \cdot p}$$

que, sustituyendo y operando, resulta:

$$Z_T(p) = \frac{20 \cdot (p^2 + 5p + 12{,}5)}{p \cdot (p+5)}$$

Por lo tanto, la corriente que circula por la rama del condensador vale:

$$I_C(p) = \frac{E(p)}{Z_T(p)} \qquad \text{con} \qquad E(p) = \frac{u_C(0^-)}{p} = \frac{200}{p}$$

y sustituyendo valores, se obtiene:

$$I_C(p) = \frac{10 \cdot (p+5)}{p^2 + 5p + 12{,}5}$$

Por otro lado, la tensión entre A y B valdrá:

$$U_{AB}(p) = Z_P(p) \cdot I_C(p)$$

que sustituyendo y simplificando, da:

$$U_{AB}(p) = \frac{100p}{p^2 + 5p + 12{,}5}$$

por lo tanto, las corrientes $I_{R1}(p)$ y L(p) valen, respectivamente:

$$I_{R_1}(p) = \frac{U_{AB}(p)}{R_1} = \frac{100p}{10 \cdot (p^2 + 5p + 12{,}5)} = \frac{10p}{p^2 + 5p + 12{,}5}$$

$$I_L(p) = \frac{U_{AB}(p)}{Lp} = \frac{100p}{2p \cdot (p^2 + 5p + 12{,}5)} = \frac{50p}{p^2 + 5p + 12{,}5}$$

Finalmente, y antes de hallar las transformadas inversas de las expresiones anteriores, tendremos que transformarlas en suma de fracciones simples.

Previamente se determinaran las raíces del denominador:

$$D(p) = p^2 + 5p + 12{,}5$$

y dan:

$$p_1 = -2{,}5 + j2{,}5$$

$$p_2 = -2{,}5 - j2{,}5$$

$$I_C(p) = \frac{10p + 50}{p^2 + 5p + 12{,}5} = 10 \cdot \left(\frac{p + 5 - 2{,}5 + 2{,}5}{p^2 + 5p + 12{,}5} \right)$$

$$I_C(p) = 10 \cdot \left(\frac{p + 2{,}5}{p^2 + 5p + 12{,}5} + \frac{2{,}5}{p^2 + 5p + 12{,}5} \right)$$

$$I_C(p) = 10 \cdot \left(\frac{p+2,5}{(p+2,5)^2 + 2,5^2} + \frac{2,5}{(p+2,5)^2 + 2,5^2} \right)$$

$$i_C(t) = 10 \cdot \left(e^{-2,5t} \cdot \cos 2,5t + e^{-2,5t} \cdot \mathrm{sen}\, 2,5t \right)$$

$$i_C(t) = \left[10 \cdot e^{-2,5t} \cdot (\cos 2,5t + \mathrm{sen}\, 2,5t) \right] \, \mathrm{A}$$

y que se puede transformar de la siguiente forma:

$$\cos 2,5t + \mathrm{sen}\, 2,5t = A\,\mathrm{sen}(2,5t + \varphi) = A(\mathrm{sen}\, 2,5t \cos\varphi + \cos 2,5t\,\mathrm{sen}\varphi)$$

y desarrollando se halla:

$$\cos 2,5t + \mathrm{sen}\, 2,5t = A\cos\varphi \cdot \mathrm{sen}\, 2,5t + A\,\mathrm{sen}\varphi \cdot \cos 2,5t$$

resultando:

$$\left. \begin{array}{c} A \cdot \cos\varphi = 1 \\ \\ \\ A \cdot \mathrm{sen}\varphi = 1 \end{array} \right\} \qquad\qquad \mathrm{tg}\varphi = 1 \qquad\qquad \varphi = 45^\circ = \frac{\pi}{4}$$

$$A^2\left(\cos^2\varphi + \mathrm{sen}^2\varphi\right) = 2 \qquad\qquad A^2 = 2 \qquad\qquad A = \sqrt{2}$$

En definitiva:

$$\boxed{i_C(t) = \left[10 \cdot \sqrt{2} \cdot e^{-2,5t} \cdot \mathrm{sen}\left(2,5t + \frac{\pi}{4} \right) \right] \, \mathrm{A}}$$

para $I_{R1}(p)$ se tiene:

$$I_{R_1}(p) = \frac{10p}{p^2 + 5p + 12,5} = 10 \cdot \left[\frac{p+2,5}{(p+2,5)^2 + 2,5^2} - \frac{2,5}{(p+2,5)^2 + 2,5^2} \right]$$

$$i_{R_1}(t) = L^{-1}\left[I_{R_1}(p) \right] = 10 \cdot \left(e^{-2,5t} \cdot \cos 2,5t - e^{-2,5t} \cdot \mathrm{sen}\, 2,5t \right) \, \mathrm{A}$$

$$\boxed{i_{R_1}(t) = \left[10 \cdot \sqrt{2} \cdot e^{-2,5t} \cdot \mathrm{sen}\left(-2,5t + \frac{\pi}{4} \right) \right] \, \mathrm{A}}$$

La tercera corriente correspondiente a la inductancia L se puede hallar por diferencia de $i_C(t)$ y la $i_{R1}(t)$:

$$\boxed{i_L(t) = i_C(t) - i_{R_1}(t) = \left[20 \cdot e^{-2,5t} \cdot \mathrm{sen}\, 2,5t \right] \, \mathrm{A}}$$

b) La tensión operacional en los terminales del condensador vale:

$$-U_C(p) = \frac{1}{Cp} \cdot I_C(p) - \frac{200}{p} = \frac{500p + 2500}{(p^2 + 5p + 12,5) \cdot p} - \frac{200}{p}$$

$$-U_C(p) = \frac{A}{p} + \frac{Mp+N}{p^2+5p+12,5} - \frac{200}{p}$$

$$Ap^2 + 5Ap + 12,5A + Mp^2 + Np = 500p + 2500$$

de donde:

$$A = 200 \qquad M = -200 \qquad N = -500$$

$$-U_C(p) = \frac{200}{p} - \frac{200p+500}{(p+2,5)^2+2,5^2} - \frac{200}{p}$$

$$-U_C(p) = -200 \cdot \frac{p+2,5}{(p+2,5)^2+2,5^2}$$

$$\boxed{u_C(t) = L^{-1}\left[U_C(p)\right] = \left[200 \cdot e^{-2,5t} \cdot \cos 2,5t\right]\ V}$$

Problema 118

El circuito eléctrico del esquema que se representa en la figura 118.1 trabaja en régimen permanente con el interruptor K cerrado.

En el instante t = 0 s se abre este interruptor

Determinar:

a) Las expresiones temporales de todas las corrientes que se establecen

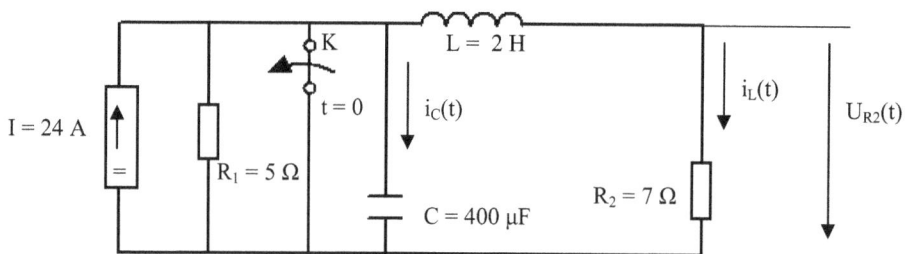

Figura 118.1

Resolución:

Sin efectuar ninguna transformación, el circuito de partida es el de la figura 118.2 (a efectos de cálculo, se pueden imaginar sustituidos la posición y el tipo de interruptor para t > 0).

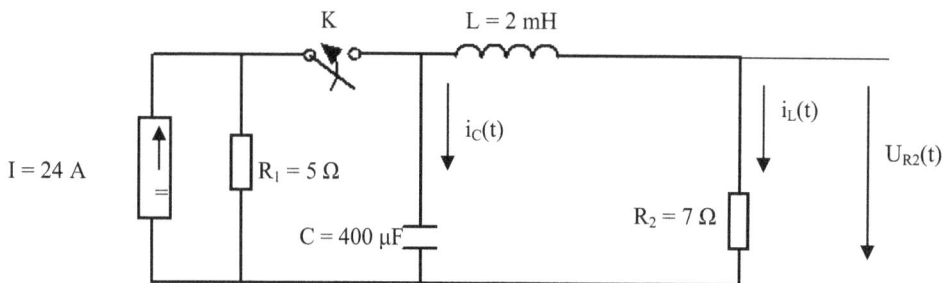

Figura 118.2

En forma operacional queda según la figura 118.3:

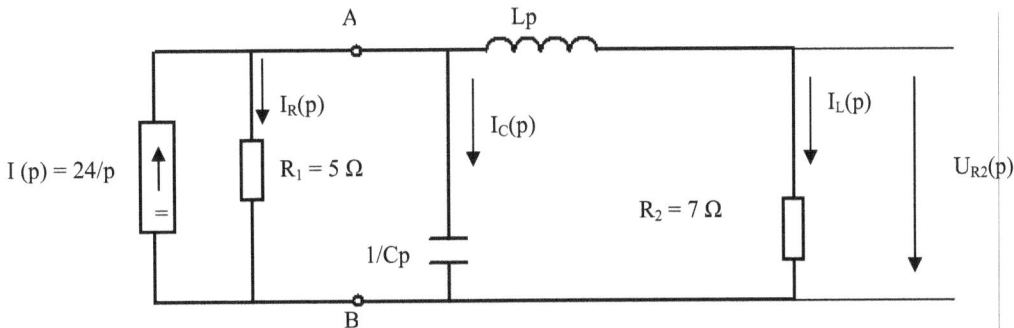

Figura 118.3

$$Z_1(p) = R_1 = 5 \ \Omega$$

$$Z_2(p) = \frac{1}{Cp} = \frac{10^6}{400p} = \frac{2500}{p} \ \Omega$$

$$Z_3(p) = R_2 + Lp = 7 + 2 \cdot 10^{-3} p \ \Omega$$

La impedancia total en forma operacional de este conjunto en paralelo vale:

$$Z_T(p) = \frac{Z_1(p) \cdot Z_2(p) \cdot Z_3(p)}{Z_1(p) \cdot Z_2(p) + Z_2(p) \cdot Z_3(p) + Z_1(p) \cdot Z_3(p)} = \frac{25p + 87500}{10 \cdot 10^{-3} \cdot p^2 + 40p + 30000} = \frac{2500p + 875 \cdot 10^{-4}}{p^2 + 4000p + 3 \cdot 10^6}$$

La tensión aplicada al circuito, en forma operacional U_{AB} (p), vale:

$$U_{AB}(p) = Z_T(p) \cdot I(p) = \frac{24}{p} \cdot \frac{25p + 87500}{10 \cdot 10^{-3} p^2 + 40p + 30000} = \frac{6 \cdot 10^4 p + 21 \cdot 10^7}{p \cdot \left(p^2 + 4 \cdot 10^3 p + 3 \cdot 10^6\right)}$$

En transformadas, las tres corrientes que se tiene son:

$$I_{R1}(p) = \frac{U_{AB}(p)}{R_1} = \frac{6 \cdot 10^4 p + 21 \cdot 10^7}{p \cdot \left(p^2 + 4 \cdot 10^3 p + 3 \cdot 10^6\right) \cdot 5} = \frac{1,2 \cdot 10^4 + 4,2 \cdot 10^7}{p \cdot \left(p^2 + 4 \cdot 10^3 p + 3 \cdot 10^6\right)}$$

$$I_C(p) = \frac{U_{AB}(p)}{\dfrac{1}{Cp}} = \frac{6 \cdot 10^4 p + 21 \cdot 10^7}{p \cdot \left(p^2 + 4 \cdot 10^3 p + 3 \cdot 10^6\right) \cdot \dfrac{2500}{p}} = \frac{24p + 84 \cdot 10^3}{p^2 + 4 \cdot 10^3 p + 3 \cdot 10^6}$$

$$I_L(p) = \frac{U_{AB}(p)}{R_2 + Lp} = \frac{6 \cdot 10^4 p + 21 \cdot 10^7}{p \cdot \left(p^2 + 4 \cdot 10^3 p + 3 \cdot 10^6\right) \cdot \left(7 + 2 \cdot 10^{-3} p\right)} = \frac{30 \cdot 10^6 \cdot \left[2 \cdot 10^{-3} p + 7\right]}{p \cdot \left(p^2 + 4 \cdot 10^3 p + 3 \cdot 10^6\right) \cdot \left(7 + 2 \cdot 10^{-3} p\right)} =$$

$$= \frac{30 \cdot 10^6}{p \cdot \left(p^2 + 4 \cdot 10^3 p + 3 \cdot 10^6\right)}$$

Aplicando antitransformadas:

$$I_{R1}(p) = \frac{1{,}2 \cdot 10^{-3} p + 42 \cdot 10^6}{p \cdot \left(p^2 + 4 \cdot 10^3 p + 3 \cdot 10^6\right)} = \frac{A_1}{p} + \frac{B_1}{p + 1000} + \frac{C_1}{p + 3000}$$

$$D(p) = p^3 + 4 \cdot 10^3 p^2 + 3 \cdot 10^6 p \qquad\qquad D'(p) = 3p^2 + 8 \cdot 10^3 p + 3 \cdot 10^6$$

siendo ahora:

$$A_1 = \frac{N(0)}{D'(0)} = \frac{42 \cdot 10^6}{3 \cdot 10^6} = \frac{42}{3} = 14$$

$$B_1 = \frac{N(-1000)}{D'(-1000)} = \frac{-12 \cdot 10^6 + 42 \cdot 10^6}{3 \cdot 10^6 - 8 \cdot 10^6 + 3 \cdot 10^6} = \frac{-12 + 42}{3 - 8 + 3} = \frac{-12 + 42}{-2} = \frac{30}{-2} = -15$$

$$C_1 = \frac{N(-3000)}{D'(-3000)} = \frac{-36 \cdot 10^6 + 42 \cdot 10^6}{27 \cdot 10^6 - 24 \cdot 10^6 + 3 \cdot 10^6} = \frac{-36 + 42}{6} = \frac{6}{6} = 1$$

Por lo tanto:

$$I_{R1}(p) = \frac{14}{p} - \frac{15}{p + 1000} + \frac{1}{p + 3000}$$

En definitiva:

$$\boxed{i_{R1}(t) = L^{-1}\left[I_{R1}(p)\right] = \left[14 - 15 \cdot e^{-1000t} + e^{-3000t}\right] \text{ A}}$$

Utilizamos el mismo procedimiento para hallar $i_C(t)$:

$$I_C(p) = \frac{24p + 84 \cdot 10^3}{p^2 + 4 \cdot 10^3 p + 3 \cdot 10^6} = \frac{A_2}{p + 1000} + \frac{B_2}{p + 3000}$$

$$D(p) = P^2 + 4 \cdot 10^3 p + 3 \cdot 10^6 \qquad\qquad D'(p) = 2p + 4 \cdot 10^3$$

$$A_2 = \frac{N(-1000)}{D'(-1000)} = \frac{-24 \cdot 10^3 + 84 \cdot 10^3}{-2 \cdot 10^3 + 4 \cdot 10^3} = 30$$

$$B_1 = \frac{N(-3000)}{D'(-3000)} = \frac{-72\cdot10^3 + 84\cdot10^3}{-6\cdot10^3 + 4\cdot10^3} = -6$$

$$I_C(p) = \frac{30}{p+1000} + \frac{-6}{p+3000}$$

$$\boxed{i_C(t) = L^{-1}[I_C(p)] = \left[30\cdot e^{-1000t} - 6\cdot e^{-3000t}\right]\,A}$$

Y finalmente encontraremos la expresión temporal $i_L(t)$:

$$I_L(p) = \frac{30\cdot10^6}{p\cdot\left(p^2 + 4\cdot10^3 p + 3\cdot10^6\right)} = \frac{A_3}{p} + \frac{B_3}{p+1000} + \frac{C_3}{p+3000}$$

$$D(p) = P^3 + 4\cdot10^3 p^2 + 3\cdot10^6 p \qquad\qquad D'(p) = 3p^2 + 8\cdot10^3 p + 3\cdot10^6$$

$$A_3 = \frac{N(0)}{D'(0)} = \frac{30\cdot10^6}{3\cdot10^6} = 10$$

$$B_1 = \frac{N(-1000)}{D'(-1000)} = \frac{30\cdot10^6}{3\cdot10^6 - 8\cdot10^6 + 3\cdot10^6} = -15$$

$$C_1 = \frac{N(-3000)}{D'(-3000)} = \frac{30\cdot10^6}{27\cdot10^6 - 24\cdot10^6 + 3\cdot10^6} - 5$$

$$I_L(p) = \frac{10}{p} - \frac{15}{p+1000} + \frac{5}{p+3000}$$

$$\boxed{i_L(t) = L^{-1}[I_L(p)] = \left[10 - 15\cdot e^{-1000t} + 5\cdot e^{-3000t}\right]\,A}$$

Problema 119

Consideramos el circuito del esquema que se representa en la figura 119.1. En un instante determinado $t_1 = 0$ s, se cierra el interruptor K_1, y K_2, se mantiene cerrado. Una vez estabilizado el valor de la corriente que circula por el circuito, se abre el interruptor K_2 en el instante t_2.

Determinar:

a) La intensidad transitoria $i_1(t)$ que se establece en el circuito a partir del instante $t_1 = 0$

b) Las expresiones temporales de las tensiones en los extremos de cada uno de los elementos

c) La intensidad transitoria $i_2(t)$ que se establece en el circuito a partir del instante t_2 de apertura del interruptor K_2

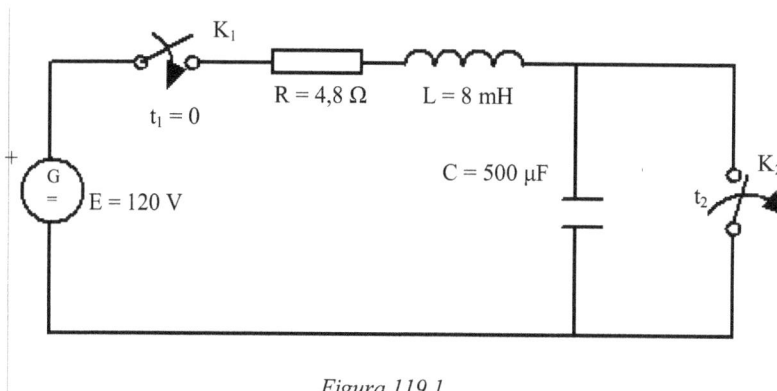

Figura 119.1

Resolución:

a) Con el interruptor K_2 cerrado, el circuito que tenemos a partir del instante t_1 es el de la figura 119.2, porque el condensador esta cortocircuitado:

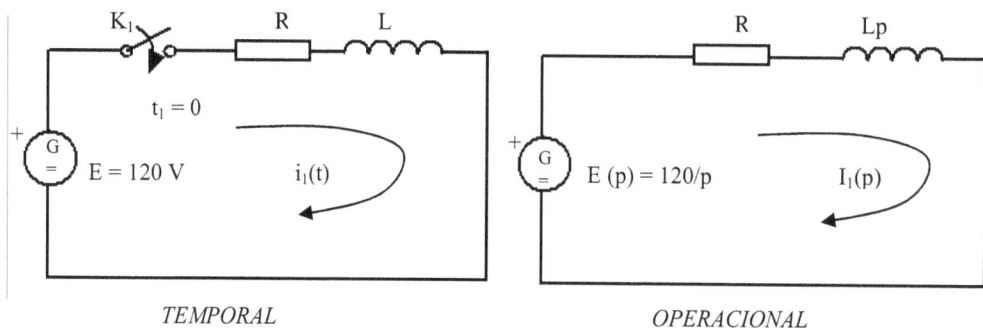

TEMPORAL   OPERACIONAL

Figura 119.2

$$I(p) = \frac{E(p)}{R+Lp} = \frac{\dfrac{120}{p}}{4,8+8\cdot10^{-3}p} = \frac{120}{4,8p+8\cdot10^{-3}p^2}$$

Si dividimos el numerador y el denominador por $8\cdot10^{-3}$ y preparamos la expresión obtenida para descomponerla en fracciones simples, tenemos:

$$I_1(p) = \frac{15000}{p(p+600)} = \frac{A}{p} + \frac{B}{p+600}$$

Reduciendo a común denominador e igualando los numeradores, tenemos:

$$Ap + 600A + Bp = 15000$$

Identificando coeficientes:

$$600A = 15000$$

$$A + B = 0$$

Resolviendo este sistema de dos ecuaciones con dos incógnitas, se obtiene:

$$A = 25 \quad B = -25$$

La función temporal de la corriente en el circuito R-L a partir del instante t=0 s es, pues, la antitransformada de $I_1(p)$, que se conoce en función de A y B:

$$i_1(t) = L^{-1}[I_1(p)] = A + B\cdot e^{-600t} = 25 - 25\cdot e^{-600t} = 25\cdot\left(1-e^{-600t}\right)$$

$$\boxed{i_1(t) = 25\cdot\left(1-e^{-600t}\right)\ A}$$

La corriente de régimen permanente se obtiene buscando $i_1(t)$ para $t = \infty$

$$i_1(\infty) = 25\ A$$

b) Las expresiones temporales de las caídas de tensión en cada uno de los elementos son:

- en la resistencia R, debida a la corriente $i_1(t)$:

$$U_{R1}(t) = R\cdot i_1(t) = 4,8\cdot 25\cdot\left(1-e^{-600t}\right) = \left|120\cdot\left|1-e^{-600t}\right|\right|\ V$$

$$\boxed{U_{R1}(t) = \left|120\cdot\left|1-e^{-600t}\right|\right|\ V}$$

- en la inductancia L, debida a la corriente $i_1(t)$:

$$U_{L1}(t) = L\cdot\frac{di_1(t)}{dt} = \left(8\cdot10^{-3}\right)\cdot\left(25\cdot600\cdot e^{-600t}\right) = 120\cdot e^{-600t}\ V$$

$$\boxed{U_{L1}(t) = 120\cdot e^{-600t}\ V}$$

c) En el instante t_2 de apertura del interruptor K_2, por la bobina estaba circulando una corriente permanente de valor $i(\infty) = 25$ A, que es la inicial, $i_2(0)$, para esta segunda parte del problema (si cogemos como nuevo origen de tiempos el instante t_2 de apertura de K_2).

En el circuito operacional, equivale a sustituir esta corriente inicial por una fuente de valor $L \cdot i_2(0^+)$.

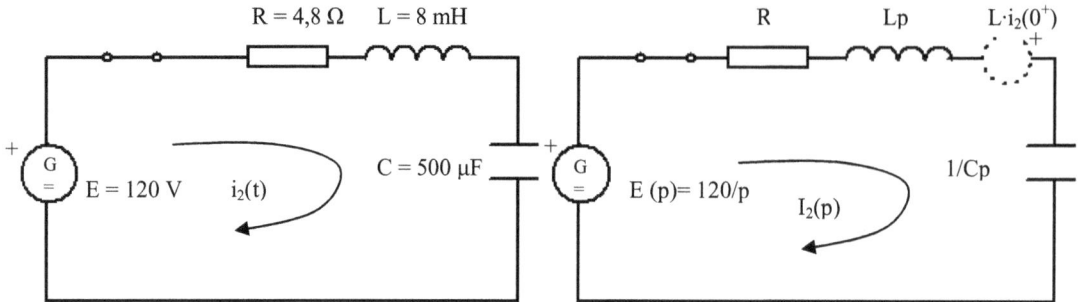

Figura 119.3

La segunda ley de Kirchhoff, expresada en forma operacional y teniendo en cuenta las condiciones iniciales, adopta la forma:

$$E(p) + L \cdot i_2(0^+) = \left(R + Lp + \frac{1}{Cp}\right) \cdot I_2(p)$$

Sustituyendo valores:

$$\frac{120}{p} + 8 \cdot 10^{-3} \cdot 25 = \left(4,8 + 8 \cdot 10^{-3}p + \frac{10^6}{500p}\right) \cdot I_2(p)$$

$$\frac{120}{p} + 0,2 = \left(4,8 + 8 \cdot 10^{-3}p + \frac{2000}{p}\right) \cdot I_2(p)$$

$$\frac{120 + 0,2p}{p} = \left(\frac{4,8p + 8 \cdot 10^{-3}p^2 + 2000}{p}\right) \cdot I_2(p)$$

Aislando $I_2(p)$ operando para que en el denominador el coeficiente de p^2 sea la unidad, se facilita la descomposición en fracciones simples, a la vez que se obtienen los valores del factor de amortiguamiento z y de pulsación propia no amortiguada ω_n, que caracterizan el comportamiento del sistema:

$$I_2(p) = \frac{15000 + 25p}{p^2 + 600p + 250000} = \frac{Mp + N}{p^2 + 2z\omega_n p + \omega_n^2}$$

Identificando coeficientes, se tiene:

$$z\omega_n = \frac{600}{2} = 300 = a$$

$$\omega_n = \sqrt{250000} = 500 \text{ rad/s}$$

$$z = \frac{600}{2\omega_n} = 0,6$$

Como $z < 1$, el régimen transitorio será oscilante amortiguado y muy bien amortiguado, porque z es próximo a 0,7, que es el valor ideal para obtener el tiempo de respuesta al 5%.

$$\omega_p = \omega_n \cdot \sqrt{1 - z^2} = 500 \cdot \sqrt{1 - 0,36} = 400 \ \text{rad}/s$$

Con todo esto, las raíces del denominador son de la forma:

$$p_1 = -a + j\omega_p = -300 + j400$$

$$p_2 = -a - j\omega_p = -300 - j400$$

$I_2(p)$ se puede escribir también de la siguiente forma:

$$I_2(p) = \frac{25p + 15000}{(p + a)^2 + \omega_p^2} = \frac{25p + 15000}{(p + 300)^2 + 400^2}$$

para hallar la antitransformada de una expresión como la siguiente:

$$S(p) = \frac{Mp + N}{(p+a)^2 + \omega_p^2} = \frac{(Mp + Ma) + (N - Ma)}{(p+a)^2 + \omega_p^2} = \frac{M(p+a)}{(p+a)^2 + \omega_p^2} + \frac{\dfrac{N - Ma}{\omega_p} \cdot \omega_p}{(p+a)^2 + \omega_p^2} =$$

$$= M\left(\frac{(p+a)}{(p+a)^2 + \omega_p^2}\right) + \frac{N - Ma}{\omega_p}\left(\frac{\omega_p}{(p+a)^2 + \omega_p^2}\right)$$

que permite escribir la antitransformada:

$$s(t) = M \cdot e^{-at} \cdot \cos\omega_p t + \frac{N - Ma}{\omega_p} \cdot e^{-at} \cdot \text{sen}\omega_p t = e^{-at} \cdot \left(M \cdot \cos\omega_p t + \frac{N - Ma}{\omega_p} \cdot \text{sen}\omega_p t\right)$$

Expresión que, aplicada a nuestro caso, permite escribir:

$$i_2(t) = e^{-300t} \cdot \left(25 \cdot \cos 400t + \frac{15000 - 25 \cdot 300}{400} \cdot \text{sen} 400t\right)$$

Operando:

$$i_2(t) = e^{-300t} \cdot (25 \cdot \cos 400t + 18,75 \cdot \text{sen} 400t) \ A$$

Esta expresión aún se puede simplificar más haciendo una rutina como la siguiente:

Toda expresión de la forma $f(t) = A\cos\omega t + B\sin\omega t$ se puede escribir así:

$$f(t) = \sqrt{A^2 + B^2} \cdot \left(\frac{A}{\sqrt{A^2 + B^2}} \cdot \cos\omega t + \frac{B}{\sqrt{A^2 + B^2}} \cdot \text{sen}\omega t\right)$$

y haciendo el cambio:

$$\cos\varphi = \frac{A}{\sqrt{A^2 + B^2}} \qquad\qquad \text{sen}\varphi = \frac{B}{\sqrt{A^2 + B^2}}$$

que siempre es posible, porque las dos fracciones son más pequeñas que la unidad y a la vez cumplen que la suma de los cuadrados vale la unidad. Se llega a poner la función f(t) de la forma:

$$f(t) = A\cos\omega t + B\text{sen}\omega t = \sqrt{A^2 + B^2} \cdot (\cos\omega t \cdot \cos\varphi + \text{sen}\omega t \cdot \text{sen}\varphi) = \sqrt{A^2 + B^2} \cdot \cos(\omega t - \varphi)$$

siendo:

$$\varphi = \text{arctg} \frac{B}{A}$$

Aplicando esta formula al caso que nos ocupa, la corriente $i_2(t)$ resulta:

$$\varphi = \text{arctg} \frac{B}{A} = \text{arctg} \frac{18,75}{25} = 36,87°$$

$$\sqrt{A^2 + B^2} = \sqrt{25^2 + 18,75^2} = 31,25$$

Y finalmente, sustituyendo se llega a:

$$i_2(t) = \left(31,25 \cdot e^{-300t} \cdot \cos(400t - 38,6°)\right) \, A$$

pero en esta expresión hay un grave error de unidades (no es homogénea): 400t es un ángulo en radianes y 36,87° en grados. Para ser correcta, esta expresión se debe dar en grados o en radianes. Por ejemplo, en grados será:

$$\boxed{i_2(t) = \left(31,25 \cdot e^{-300t} \cdot \cos(22,93 \cdot 10^3 t - 38,6°)\right) \, A}$$

Problema 120

En el circuito del esquema que se representa en la figura 120.1, inicialmente relajado, se conecta el conmutador K en la posición 1, en el instante t = 0. Al cabo de dos segundos, se pasa el conmutador a la posición 2.

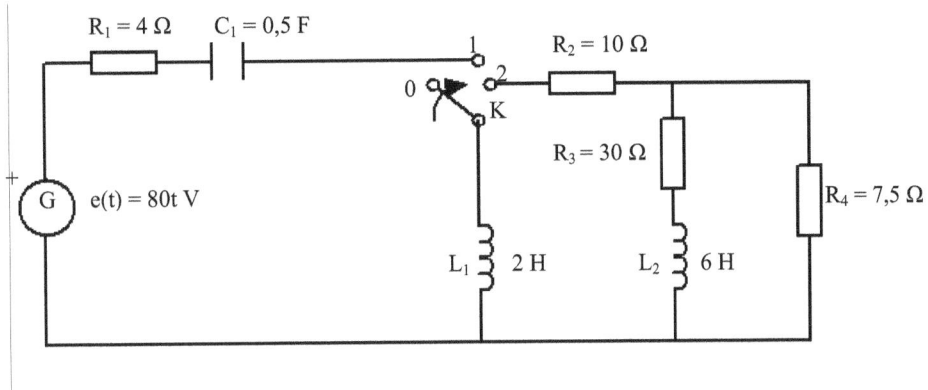

Figura 120.1

Determinar:

a) En las dos posiciones del conmutador, las expresiones temporales de todas las corrientes que se establecen en el circuito

Resolución:

El circuito que se ha de resolver en la primera posición del conmutador, entre los instantes t = 0 y t = 2s, es el que se indica en la figura 120.2, y que responde a la ecuación temporal:

$$e = R_1 \cdot i_1 + L_1 \cdot \frac{di_1}{dt} + \frac{1}{C_1} \cdot \int_0^t i_1 \cdot dt$$

con $i_1(0) = 0$

y, en forma exponencial es:

$$E(p) = I_1(p) \cdot \left(R_1 + L_1 p + \frac{1}{C_1 p} \right) = I_1(p) \cdot \left(L_1 C_1 p^2 + R_1 C_1 p + 1 \right) \cdot \frac{1}{C_1 p}$$

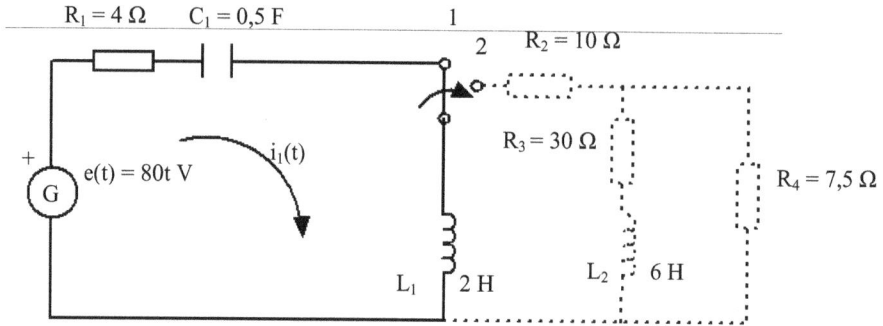

Figura 120.2

Sustituyendo los valores conocidos:

$$E(p) = \frac{80}{p^2}$$

Al ser e(t) = 80t y los valores numéricos de:

$$R_1 = 4 \qquad L_1 = 4 \qquad C_1 = 0,5$$

se obtiene:

$$I_1(p) = \frac{40}{p \cdot \left(p^2 + 2p + 1\right)}$$

Para descomponer esta expresión en fracciones simples, se buscan las raíces del denominador:

$$D(p) = p \cdot \left(p^2 + 2p + 1\right)$$

que son:

$$p = 0 \qquad p_1 = -1 \qquad p_2 = -1$$

Como tenemos una raíz doble, la descomposición en fracciones simples se ha de hacer de la siguiente forma:

$$I_1(p) = \frac{40}{p \cdot (p+1)^2} = 40 \cdot \left(\frac{A}{p} + \frac{B}{(p+1)^2} + \frac{C}{(p+1)} \right)$$

Multiplicando las expresiones de dentro del paréntesis por D(p) e identificando numeradores, se obtiene:

$$A \cdot \left(p^2 + 2p + 1\right) + Bp + Cp(p+1) = 1$$

Agrupando los coeficientes de las distintas potencias de p, se obtiene:

$$(A + C) \cdot p^2 + (2A + B + C) \cdot p + A = 1$$

y para que se cumpla esta igualdad, tenemos que tener:

$$A = 1 \qquad B = -1 \qquad C = -1$$

y entonces las expresión operacional de la corriente es:

$$I_1(p) = 40 \cdot \left(\frac{1}{p} - \frac{1}{(p+1)^2} - \frac{1}{(p+1)} \right)$$

La antitransformada es la expresión temporal de la corriente:

$$i_1(t) = L^{-1}[I_1(p)] = 40 \cdot \left(1 - t \cdot e^{-t} - e^{-t}\right)$$

$$\boxed{i_1(t) = 40 \cdot \left(1 - e^{-t} \cdot (t+1)\right) \text{ A}} \qquad \text{válido entre } t = 0 \text{ y } t = 2s$$

$$i_1(2) = 40 \cdot \left(1 - e^{-2} \cdot (2+1)\right) = 23{,}76 \text{ A}$$

Esta corriente se deberá considerar la corriente inicial $i(0^+)$ al plantear la ecuación para resolver la segunda parte del problema.

Al pasar el conmutador a la posición 2, consideramos este instante de $t = 2s$ como nuevo origen de tiempo t'.

El circuito temporal está representado en la figura 120.3 y en forma operacional en la 120.4, donde la corriente inicial de la bobina 1 ya está sustituida por la fuente equivalente dibujada en trazo fino, de valor:

$$L_1 \cdot i_1(2) = L_1 \cdot i(0^+) = 2 \cdot 23{,}76 = 47{,}52$$

en el sentido en que estaba circulando esta corriente por la L_1.

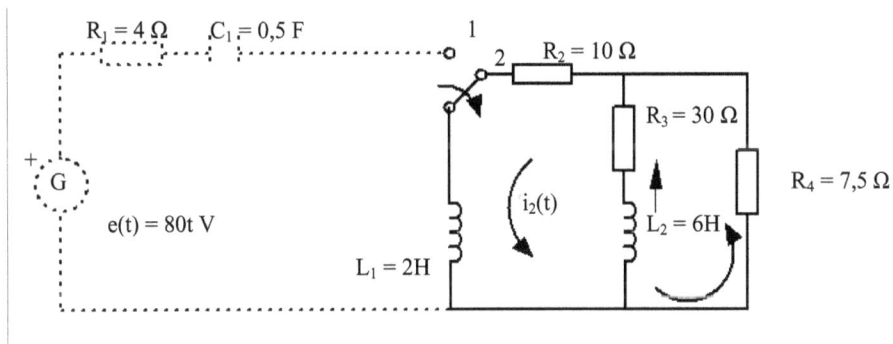

Figura 120.3

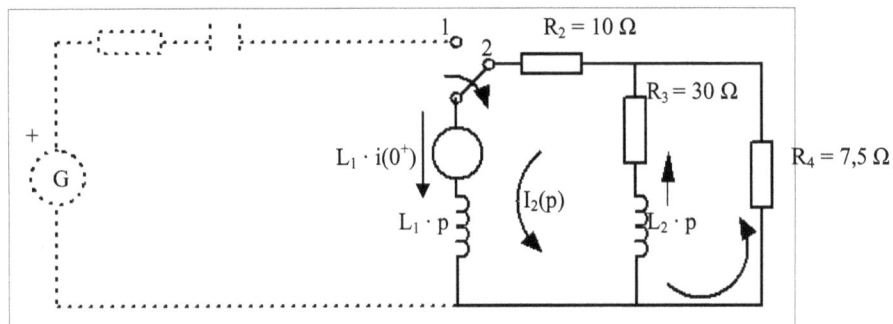

Figura 120.4

La impedancia operacional del circuito en este caso vale:

$$Z_T(p) = L_1(p) + R_2 + \frac{(R_3 + L_2 \cdot p) \cdot R_4}{R_3 + L_2 \cdot p + R_4}$$

Sustituyendo valores numéricos y operando, se llega a:

$$Z_T(p) = 2 \cdot \frac{p^2 + 15p + 50}{p + 6,25}$$

Y con esto:

$$I_2(p) = \frac{L_1 \cdot i(0^+)}{2 \cdot \dfrac{p^2 + 15p + 50}{p + 6,25}} = \frac{47,25 \cdot (p + 6,25)}{2 \cdot (p^2 + 15p + 50)} = \frac{23,76p + 148,5}{p^2 + 15p + 50}$$

Determinaremos las raíces del denominador, que en este caso valen:

$$p_1 = -5 \qquad p_2 = -10$$

Con esto, la descomposición en fracciones simples de la $I_2(p)$ es:

$$I_2(p) = \frac{23,76p + 148,5}{(P + 5) \cdot (p + 10)} = \frac{A}{(P + 5)} + \frac{B}{(p + 10)}$$

Y por Heaviside es:

$$D(p) = p^2 + 15p + 50 \qquad\qquad D'(p) = 2p + 15$$

$$A = \frac{N(-5)}{D'(-5)} = \frac{23,76 \cdot (-5) + 148,5}{2 \cdot (-5) + 15} = 5,94$$

$$B = \frac{N(-10)}{D'(-10)} = \frac{23,76 \cdot (-10) + 148,5}{2 \cdot (-10) + 15} = 17,82$$

Por lo tanto:

$$I_2(p) = \frac{5,94}{(p + 5)} + \frac{17,82}{(p + 10)} = \frac{5,94}{(p + 5)} + \frac{5,94 \cdot 3}{(p + 10)} = 5,94 \cdot \left(\frac{1}{(p + 5)} + \frac{3}{(p + 10)} \right)$$

$$I_2(t') = L^{-1}[I_2(p)] = 5,94 \cdot \left(e^{-5t'} + 3e^{-10t'} \right)$$

Siendo t'=t-2, definitivamente se obtiene:

$$\boxed{i_2(t) = 5,94 \cdot \left(e^{-5(t-2)} + 3e^{-10(t-2)} \right) \text{ A}} \qquad \text{válido solo para } t > 2$$

Para determinar las corrientes $I_{R3}(p)$ e $I_{R4}(p)$, se dividirá la corriente total hallada $I_2(p)$ en partes inversamente proporcionales a las impedancias de estas ramas, es decir:

$$I_{R3}(p) = I_2(p) \cdot \frac{R_4}{R_4 + (R_3 + L_2 \cdot p)}$$

$$I_{R4}(p) = I_2(p) \cdot \frac{(R_3 + L_2 \cdot p)}{R_4 + (R_3 + L_2 \cdot p)}$$

Sustituyendo valores:

$$I_{R3}(p) = \frac{23,76p + 148,5}{(p+5)\cdot(p+10)} \cdot \frac{7,5}{7,5 + (30 + 6p)}$$

$$I_{R4}(p) = \frac{23,76p + 148,5}{(p+5)\cdot(p+10)} \cdot \frac{30 + 6p}{7,5 + (30 + 6p)}$$

Operando se llega a:

$$I_{R3}(p) = \frac{29,7}{(p+5)\cdot(p+10)}$$

$$I_{R4}(p) = \frac{23,76}{(p+10)}$$

Para encontrar la antitransformada, tenemos que descomponer en fracciones simples:

$$I_{R3}(p) = \frac{29,7}{(p+5)\cdot(p+10)} = \frac{A_1}{(p+5)} + \frac{B_1}{(p+10)}$$

Reduciendo a común denominador e identificando coeficientes se llega a:

$$A_1 = 5,94 \qquad\qquad B_1 = -5,94$$

Así pues:

$$I_{R3}(p) = \frac{29,7}{(p+5)\cdot(p+10)} = \frac{5,94}{(p+5)} - \frac{5,94}{(p+10)}$$

$$I_{R4}(p) = \frac{23,76}{(p+10)}$$

y las antitransformadas:

$$i_{R3}(t) = 5,94 \cdot \left(e^{-5t'} - e^{-10t'}\right)$$

$$i_{R4}(t) = 23,76 \cdot e^{-10t'}$$

y como t'=t-2, las expresiones quedan:

$$\boxed{i_{R3}(t') = 5,94 \cdot \left(e^{-5(t-2)} - e^{-10(t-2)}\right) \text{ A}}$$

$$\boxed{i_{R4}(t') = 23,76 \cdot e^{-10(t-2)} \text{ A}}$$

expresiones válidas para t > 2

Problema 121

Hallar la corriente i(t) en el régimen transitorio que se establece al cerrar el interruptor K, sabiendo que el circuito representado en la figura está inicialmente relajado y conociendo los siguientes valores:

$$e(t) = 230 \cdot \mathrm{sen}100t \; V \quad C = 2 \; \mu F \qquad R = 5000 \; \Omega \qquad L = 0.2 \; H$$

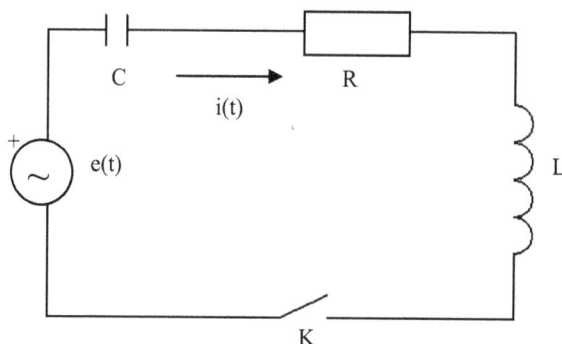

Figura 121.1

Resolución:

Primer método de resolución: Método temporal

La ecuación íntegro-diferencial del circuito es:

$$R \cdot i(t) + L \cdot \frac{di(t)}{dt} + \frac{1}{C} \cdot \int_{-\infty}^{t} i(t)dt = e(t)$$

que, para este caso, es $e(t) = E_0 \cdot \mathrm{sen} \; \omega t$

$$R \cdot i(t) + L \cdot \frac{di(t)}{dt} + \frac{1}{C} \cdot \int_{-\infty}^{0} i(t)dt + \frac{1}{C} \cdot \int_{0}^{t} i(t)dt = E_0 \cdot \mathrm{sen}\omega t$$

y teniendo en cuenta que no hay condiciones iniciales, se cumple que:

$$\frac{1}{C} \cdot \int_{-\infty}^{0} i(t)dt = 0$$

y derivando y dividiendo por L, resulta:

$$\frac{R}{L} \cdot \frac{di(t)}{dt} + \frac{d^2 i(t)}{dt^2} + \frac{1}{LC} \cdot i(t) = \frac{E_0}{L} \cdot \omega \cdot \cos \omega t$$

Como se trata de una ecuación diferencial lineal completa, y tiene coeficientes constantes en la parte homogénea, la solución se hará por el método clásico: resolver primero la ecuación homogénea y luego añadirle una solución particular de la ecuación completa.

Es decir, que la solución a esta ecuación general se compone de un sumatorio formado, por un lado, por la solución de la ecuación homogénea y, por el otro, por una solución particular de la ecuación, que en este caso será la solución en régimen permanente.

Por lo tanto:

$$i_t(t) = i_h(t) + i_p(t)$$

Sustituyendo valores y estableciendo la ecuación característica, que consiste en formar el polinomio en el que $\alpha = \dfrac{di(t)}{dt}$ y $\alpha^2 = \dfrac{di^2(t)}{dt^2}$, tendremos:

$$\alpha^2 + \frac{5000}{0,2} \cdot \alpha + \frac{1}{0,2 \cdot 2 \cdot 10^{-6}} = 0$$

$$\alpha^2 + 2,5 \cdot 10^4 \cdot \alpha + 2,5 \cdot 10^{-6} = 0$$

y, determinando las raíces:

$$\alpha_1 = -100,4$$

$$\alpha_2 = -24900$$

resultando, por lo tanto, como solución de la ecuación homogénea, la combinación lineal de $e^{\alpha_1 t}$ y $e^{\alpha_2 t}$, o sea:

$$i_h(t) = \left[K_1 \cdot e^{-100,4t} + K_2 \cdot e^{-24900t}\right] A$$

La solución particular será, como se ha dicho anteriormente, la del régimen permanente:

$$i_p(t) = I_0 \cdot sen(\omega t + \varphi)$$

siendo:

$$I_0 = \frac{E_0}{Z} = \frac{230}{\sqrt{5000^2 + \left(100 \cdot 0,2 - \dfrac{1}{100 \cdot 2 \cdot 10^{-6}}\right)^2}} = 0,033 \ A$$

$$tg\varphi = \frac{\omega L - \dfrac{1}{\omega C}}{R}$$

$$\varphi = arctg\frac{100 \cdot 0,2 - \dfrac{1}{100 \cdot 2 \cdot 10^{-6}}}{5000} \cong +45°$$

y, sustituyendo:

$$i_p(t) = 0,033 \cdot sen(100t + 45°) \ A$$

$$i_t(t) = i_h(t) + i_p(t) = K_1 \cdot e^{-100,4t} + K_2 \cdot e^{-24900t} + 0,033 \cdot sen(100t + 45°) \tag{1}$$

Para determinar K_1 y K_2 se tienen que aplicar las condiciones iniciales, que son:

$$t = 0 \qquad i(t) = 0$$

y también

$$L \cdot \frac{di(t)}{dt} = 0$$

y al aplicarlas a la ecuación 1 resulta:

$$0 = K_1 + K_2 + 0,033 \cdot \frac{\sqrt{2}}{2} = K_1 + K_2 + 0,023$$

y derivando la expresión (1) y multiplicando por L, la expresión obtenida tiene que ser 0 para t = 0s.

$$0,2 \cdot \left[-100,4 \cdot K_1 \cdot e^{-100,4t} - 24900 \cdot K_2 \cdot e^{-24900t} + 0,033 \cdot 100 \cdot \cos(100t + 45°) \right] = 0$$

y, sustituyendo t = 0, resulta:

$$-100,4 \cdot K_1 - 24900 \cdot K_2 + 3,3 \cdot \frac{\sqrt{2}}{2} = 0$$

que junto con la expresión (2):

$$K_1 + K_2 + 0,023 = 0$$

se constituye un sistema de dos ecuaciones y dos incógnitas donde se puede probar K_1 y K_2:

$$K_1 = -0,0232 \qquad\qquad K_2 = 1,872 \cdot 10^{-4}$$

que sustituidas en la ecuación general, resulta:

$$\boxed{i_t(t) = \left[-0,0232 \cdot e^{-100,4t} + 1,872 \cdot 10^{-4} \cdot e^{-24900t} + 0,033 \cdot 100 \cdot \text{sen}(100t + 45°) \right] \text{ A}}$$

Segundo método de resolución: Método operacional

$$R \cdot I(p) + L \cdot p \cdot I(p) + \frac{1}{Cp} \cdot I(p) = E(p)$$

$$I(p) = \frac{E(p)}{R + L \cdot p + \dfrac{1}{Cp}} = \frac{E(p)}{\dfrac{R \cdot C \cdot p + L \cdot C \cdot p^2 + 1}{C \cdot p}}$$

$$I(p) = \frac{E(p) \cdot C \cdot p}{R \cdot C \cdot p + L \cdot C \cdot p^2 + 1}$$

pero como e(t) = 230· sen 100 t

$$E(p) = 230 \cdot \frac{100}{p^2 + 100^2}$$

y sustituyendo en la ecuación I(p), resulta:

$$I(p) = \frac{230 \cdot \dfrac{100}{p^2 + 100^2} \cdot 2 \cdot 10^{-6} p}{0,4 \cdot 10^{-6} p^2 + 0,01 \cdot p + 1} = \frac{115 \cdot 10^3 p}{\left(p^2 + 100^2\right) + \left(p^2 + 25 \cdot 10^3 p + 25 \cdot 10^3 p\right)}$$

que, descompuesto, sería de la forma:

$$I(p) = \frac{Mp + N}{p^2 + 100^2} + \frac{A}{p - p_1} + \frac{B}{p - p_2}$$

siendo p_1 y p_2 las soluciones de la ecuación:

$$p^2 + 25 \cdot 10^3 p + 25 \cdot 10^5 = 0$$

y que resultan ser: $p_2 = -100,4$ $p_1 = -24900$

Igualando las expresiones se puede determinar A, B, M y N, que resultan ser iguales a:

$$A = -0,0232 \qquad B = 1,872 \cdot 10^{-4}$$

$$M = 0,0231 \qquad N = 2,296$$

y obtenemos, por lo tanto:

$$I(p) = \frac{0,0231p + 2,296}{p^2 + 100^2} + \frac{-0,0232}{p + 100,4} + \frac{1,872 \cdot 10^{-4}}{p + 24900}$$

y si $I_1(p) = \dfrac{p + a}{p^2 + b^2}$ es sólo el primer sumatorio:

$$i(t) = L^{-1}[I_1(p)] = \frac{1}{b} \cdot \sqrt{b^2 + a^2} \cdot sen\left[bt + arctg\frac{b}{a} \right]$$

Sustituyendo valores quedará:

$$I(p) = \frac{0,0231p + 2,296}{p^2 + 100^2} = \frac{0,0231[p + 99,4]}{p^2 + 100^2}$$

$$i_{1º}(t) = 0,0231 \cdot \frac{1}{100} \cdot \sqrt{100^2 + 99,4^2} \cdot sen\left(100t + arctg\frac{100}{99,4} \right) =$$

$$= 0,0231 \cdot 1,4089 \cdot sen(100t + 45º)$$

$$\boxed{i_{1º}(t) = 0,033 \cdot sen(100t + 45º)\ A}$$

Por lo tanto, la transformada inversa será:

$$\boxed{i(t) = \left[-0,0232 \cdot e^{-100,4t} + 1,872 \cdot 10^{-4} \cdot e^{-24900t} + 0,033 \cdot 100 \cdot sen(100t + 45º) \right]\ A}$$

Problema 122

En el circuito representado en la figura que se indica a continuación, el conmutador pasa de la posición DA a la DB en el instante t = 0 y en el instante t = 2s pasa de DB a DC. Esta conmutación se realiza de forma instantánea, es decir, no hay discontinuidad de corriente en la bobina L_2.

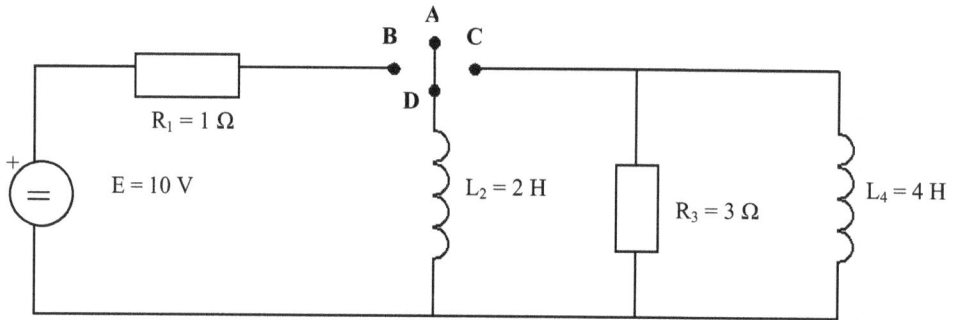

Figura 122.1

En estas condiciones se pide:

a) Calcular y representar gráficamente la marcha de la corriente y la caída de tensión que aparece en la resistencia R_1, indicando los valores numéricos de los puntos más característicos

b) Igualmente en la bobina L_2 entre los instantes t = 0 y t = 2⁻

c) Valores de la corrientes en cada uno de los elementos del circuito a la intensidad $t = 2^+$

d) Valor final de la corriente en la resistencia R_3 en el instante t = ∞

e) Constante de tiempo del circuito para la marcha de corriente en la resistencia R_3

f) Expresión temporal de la corriente R_3 entre los instantes $t = 2^+$ y t = ∞

g) Expresión temporal de la corriente y de la tensión en las bobinas L_2 y L_4

h) Valores de las corrientes en L_2 y L_4 para t = ∞

Resolución:

Primer método de resolución: Método operacional

a) Para la posición DB del conmutador, el circuito a resolver será:

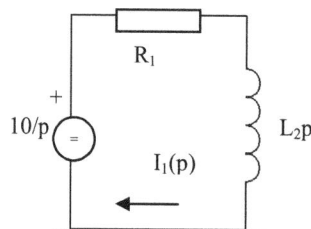

Figura 122.2

$$E(p) = R_1 \cdot I_1(p) + L_2 \cdot p \cdot I_1(p)$$

$$\frac{10}{p} = [R_1 + L_2 \cdot p] \cdot I_1(p)$$

$$I_1(p) = \frac{\dfrac{10}{p}}{R_1 + L_2 \cdot p} = \frac{10}{p \cdot (1 + 2p)} = \frac{5}{p \cdot \left(p + \dfrac{1}{2}\right)} = \frac{A}{p} + \frac{B}{p + \dfrac{1}{2}}$$

Por Heaviside:

$$D(p) = p^2 + \frac{1}{2}p \qquad\qquad D'(p) = 2p + \frac{1}{2}$$

$$A = \frac{N(0)}{D'(0)} = \frac{5}{\dfrac{1}{2}} = 10$$

$$B = \frac{N\left(-\dfrac{1}{2}\right)}{D'\left(-\dfrac{1}{2}\right)} = \frac{5}{-\dfrac{1}{2}} = -10$$

Con lo cual tendremos para $I_1(p)$ el valor siguiente:

$$I_1(p) = \frac{10}{p} - \frac{10}{p + \dfrac{1}{2}} = 10 \cdot \left[\frac{1}{p} - \frac{1}{p + \dfrac{1}{2}}\right]$$

que corresponde al valor temporal:

$$\boxed{i_1(t) = L^{-1}[I_1(p)] = 10 \cdot \left[1 - e^{-t/2}\right] \text{ A}}$$

$$\boxed{U_{R_1}(t) = i_1(t) \cdot R_1 = 10 \cdot \left[1 - e^{-t/2}\right] \text{ V}}$$

que se pueden representar gráficamente como sigue:

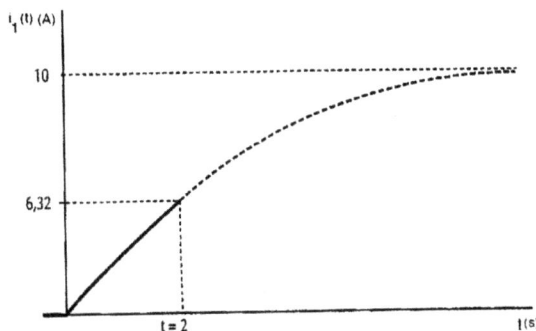

Figura 122.3

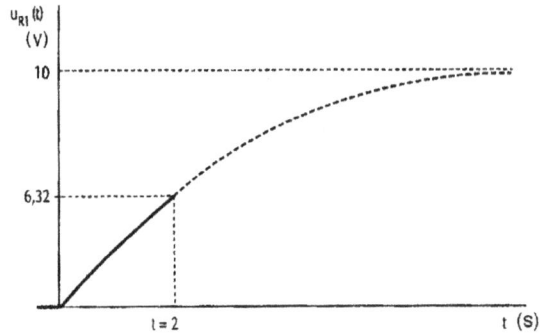

Figura 122.4

b) En la bobina, es obvio que la corriente $i_1(t)$ será la misma que pasa por R_1 y la tensión valdrá:

$$u_{L2}(t) = u - u_{R1}(t) = 10 - 10 + 10e^{-t/2} = 10e^{-t/2} \ V$$

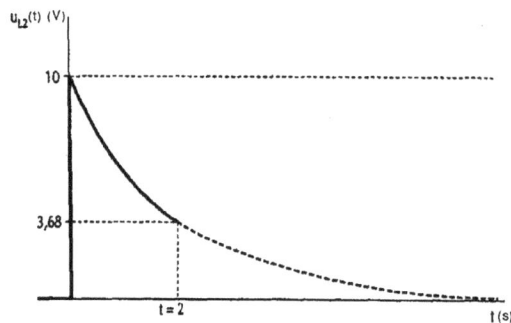

Figura 122.5

c) Después del instante $t=2^+$, al pasar el conmutador a la posición DC, el circuito operacional quedará:

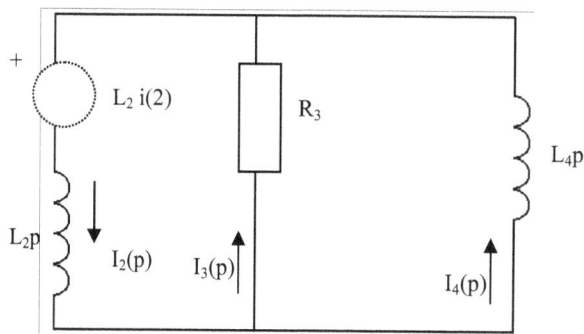

Figura 122.6

$$Z(p) = L_2 \cdot p + \frac{R_3 \cdot L_4 \cdot p}{R_3 + L_4 \cdot p}$$

$$Z(p) = 2p + \frac{12p}{3 + 4p} = \frac{18p + 8p^2}{3 + 4p}$$

$$I_2(p) = \frac{L_2 \cdot i(2)}{Z(p)} = \frac{2 \cdot 6{,}32}{\dfrac{18p + 8p^2}{3 + 4p}} = 12{,}64 \cdot \frac{3 + 4p}{18p + 8p^2}$$

$$I_2(p) = 6{,}32 \cdot \left[\frac{3}{p \cdot (4p + 9)} + \frac{4p}{p \cdot (4p + 9)} \right] = 6{,}32 \cdot \left[\frac{\dfrac{3}{4}}{p \cdot (4p + 9)} + \frac{1}{p + \dfrac{9}{4}} \right]$$

$$I_2(p) = \frac{4{,}74}{p \cdot (p + \dfrac{9}{4})} + \frac{6{,}32}{p + \dfrac{9}{4}}$$

Por Heaviside:

$$D(p) = p^2 + \frac{9}{4} p$$

$$D'(p) = 2p + \frac{9}{4}$$

$$A = \frac{N(0)}{D'(0)} = \frac{4{,}74}{\dfrac{9}{4}} = 2{,}10\hat{6}$$

$$B = \frac{N\left(-\dfrac{9}{4}\right)}{D'\left(-\dfrac{9}{4}\right)} = \frac{4{,}74}{-\dfrac{9}{4}} = -2{,}10\hat{6}$$

con lo que $I_2(p)$ valdrá:

$$I_2(p) = \frac{2{,}106}{p} - \frac{2{,}106}{p + \dfrac{9}{4}} + \frac{6{,}32}{p + \dfrac{9}{4}} = \frac{2{,}11}{p} + \frac{4{,}21}{p + \dfrac{9}{4}} \quad \text{(redondeando)}$$

que, pasado a valores temporales:

$$i_2(t) = L^{-1}[I_2(p)] = \left[2{,}11 + 4{,}21 \cdot e^{-9(t-2)/4} \right] \cdot 1(t-2)$$

(tener en cuenta que se modifica el circuito en t = 2s)

Para calcular las corrientes en cada rama $i_3(t)$ e $i_4(t)$ se deberá calcular primero la tensión aplicada a ambas, que de forma operacional será:

$$U_{34}(p) = I_2(p) \cdot Z_{34}(p) = \frac{L_2 \cdot i(2)}{Z(p)} \cdot Z_{34}(p)$$

siendo $Z_{34}(p)$ la impedancia operacional de las dos ramas en paralelo:

$$U_{34}(p) = \frac{2 \cdot i(2)}{\dfrac{18p + 8p^2}{3 + 4p}} \cdot \frac{3 \cdot 4p}{3 + 4p} = \frac{3 \cdot i(2)}{p + \dfrac{9}{4}}$$

y por lo tanto se obtiene como valor de $I_3(p)$:

$$I_3(p) = \frac{U_{34}(p)}{R_3} = \frac{3 \cdot i(2)}{3 \cdot \left(p + \dfrac{9}{4}\right)} = \frac{6,32}{p + \dfrac{9}{4}}$$

que se transforma en la ecuación temporal siguiente:

$$i_3(t) = L^{-1}[I_3(p)] = \left[6,32 \cdot e^{-9(t-2)/4}\right] \cdot 1(t-2) \ \text{A}$$

De la misma forma:

$$I_4(p) = \frac{U_{34}(p)}{L_4 p} = \frac{3 \cdot i(2)}{4p \cdot \left(p + \dfrac{9}{4}\right)} = \frac{4,74}{p \cdot \left(p + \dfrac{9}{4}\right)} = \frac{2,11}{p} - \frac{2,11}{p + \dfrac{9}{4}}$$

$$i_4(t) = L^{-1}[I_4(p)] = 2,11 \cdot \left[1 - e^{-9(t-2)/4}\right] \cdot 1(t-2) \ \text{A}$$

(tener en cuenta que se modifica el circuito en $t = 2s$)

Y en el instante $t = 2^+$ tendremos:

$$\boxed{i_2(2^+) = 2,11 + 4,21 = 6,32 \ \text{A}}$$

$$\boxed{i_3(2^+) = 6,32 \ \text{A}}$$

$$\boxed{i_4(2^+) = 0 \ \text{A}}$$

d) Según se desprende del valor hallado para $i_3(t)$ cuando $t \to \infty$:

$$\boxed{i_3(\infty) = 0 \ \text{A}}$$

lo cuales intuitivo en tanto que no es posible disipar indefinidamente energía, si no hay ninguna fuente que mantenga el circuito.

e) Cuando tenemos las dos bobinas L_2 y L_4 en paralelo, equivalen a una de valor:

$$Lp = \frac{L_2 \cdot L_4}{L_2 + L_4} = \frac{2 \cdot 4}{2 + 4} = \frac{8}{6} = \frac{4}{3} \ \text{H}$$

y la constante de tiempo es entonces:

$$\boxed{\tau = \frac{Lp}{R_3} = \frac{\dfrac{4}{3}}{3} = \frac{4}{9} \ \text{s}}$$

f) Tal como se ha calculado en el punto c), el valor temporal de la corriente de la resistencia R_3 vale:

$$\boxed{i_3(t) = 6{,}32 \cdot e^{-9(t-2)/4} \; A}$$

y entre 0 y 2ˉ s $i_3(t) = 0$.

que se puede representar según el gráfico siguiente:

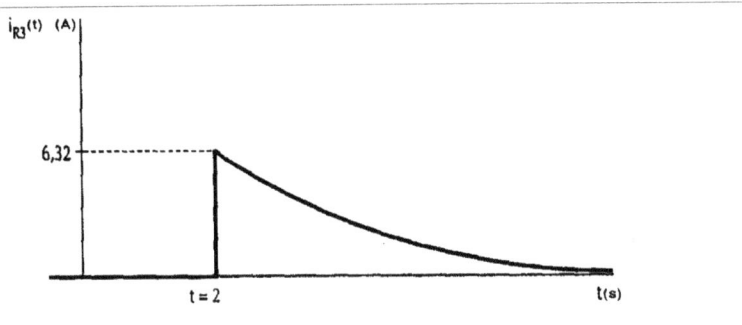

Figura 122.7

g) También en el punto c) se han hallado los valores temporales de $i_2(t)$ e $i_4(t)$, que valen:

entre 0 y 2ˉ $\boxed{i_2(t) = i_1(t) = 10 \cdot \left[1 - e^{-t/2}\right] \; A}$

y para 2⁺ $\boxed{i_2(t) = \left[2{,}11 + 4{,}21 e^{-9(t-2)/4}\right] \cdot 1(t-2) \; A}$

entre 0 y 2ˉ $\boxed{i_4(t) = 0 \; A}$

y para 2⁺ $\boxed{i_4(t) = 2{,}11 \cdot \left[1 - e^{-9(t-2)/4}\right] \cdot 1(t-2) \; A}$

Las tensiones, como la tensión en L_4 es la misma que en R_3:

$$\boxed{u_4(t) = i_3(t) \cdot R_3 = \left[18{,}96 \cdot e^{-9(t-2)/4}\right] \cdot 1(t-2) \; V} \quad \text{a partir de } t = 2^+ \text{ s}$$

Este valor también se podría haber hallado teniendo en cuenta que:

$$u_4(t) = L_4 \cdot \frac{di_4}{dt} = 4 \cdot 2{,}11 \cdot \frac{9}{4} \cdot e^{-9(t-2)/4} \; V$$

porque:

$$\frac{di_4}{dt} = 2{,}11 \cdot \frac{9}{4} \cdot e^{-9(t-2)/4}$$

$$u_2(t) = L_2 \cdot \frac{di_2}{dt} = 2 \cdot 4{,}21 \cdot \left(-\frac{9}{4}\right) \cdot e^{-9(t-2)/4} \; V$$

que se obtiene derivando el valor obtenido de $i_2(t)$:

$$u_2(t) = \left[-18{,}96 \cdot e^{-9(t-2)/4}\right] \cdot 1(t-2) \; V$$

Los gráficos de las corrientes $i_2(t)$ e $i_4(t)$ serán, entonces:

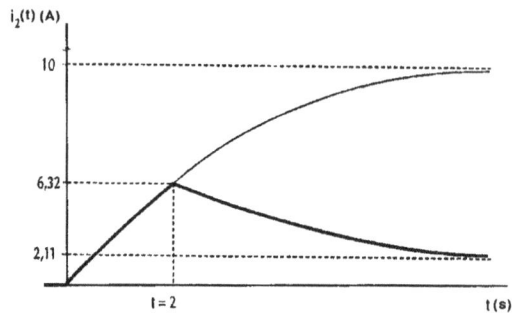

Figura 122.8

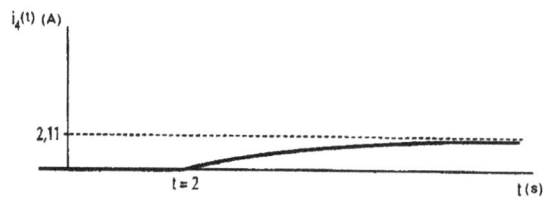

Figura 122.9

Y los gráficos de las caídas de tensión $u_2(t)$, $u_3(t)$, $u_4(t)$:

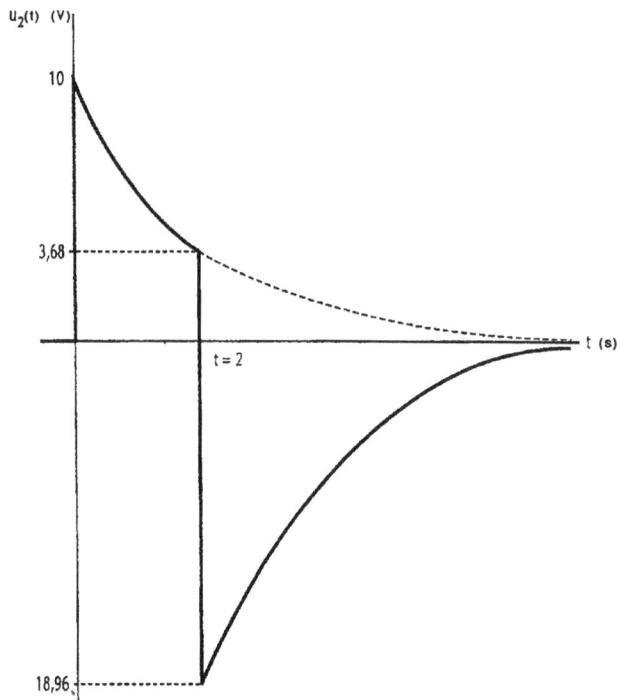

Figura 122.10

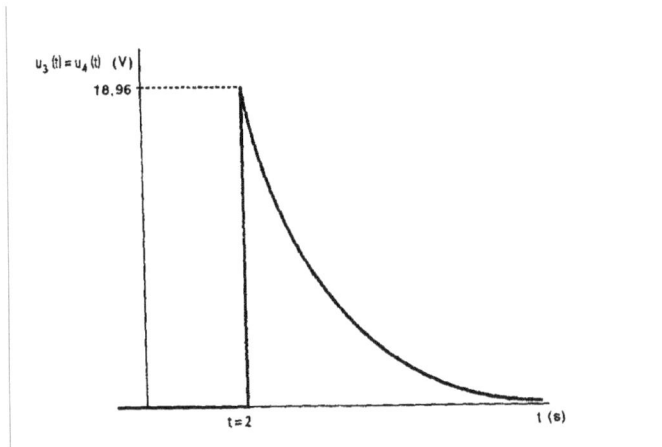

Figura 122.11

O sea que $-u_2(t)=u_3(t)=u_4(t)$ a partir de $t=2^+$ s y, curiosamente, quedará una corriente remanente fija, que circulará por las dos bobinas L_2 y L_4 de valor 2,11 A, mientras que por la resistencia R_3 no circulará ninguna. Al permanecer una corriente fija, no se genera ninguna tensión en las inductancias y es por eso que $-u_2(t)=u_3(t)=u_4(t)=0$. Cuando $t\rightarrow\infty$ circulará corriente por las bobinas L_2 L_4 y no por la resistencia R_3 al ser $u_3(t)=0$ V.

h) Las corrientes en régimen permanente en L_2 y L_4 se obtienen aplicando el teorema del valor final:

$$i_2(\infty): \lim_{p\to0} pI_2(p) = 2,1 \ A$$

$$i_4(\infty): \lim_{p\to0} pI_4(p) = 2,1 \ A$$

o sea que la corriente de 2,1 A continúa circulando indefinidamente.

Segundo método de resolución: Para ecuaciones temporales

a y b) En el instante $t = 0^-$ todas las corrientes son nulas.

Al cerrar el circuito formado por E, R_1 y L_2 en el instante $t = 0$ s, se establece una corriente $i_1(t)$ en los sentido indicados en la figura 50.12.

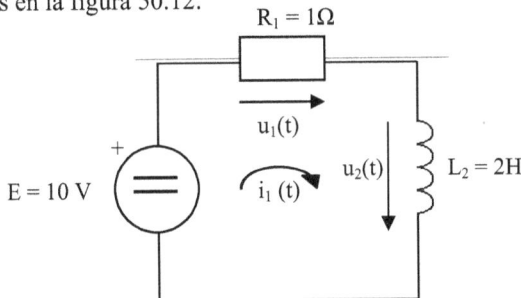

Figura 122.12

Como en la bobina L_2 no puede variar bruscamente el nivel de la corriente, sin aplicar una tensión infinita, en el instante $t = 0^+$, la corriente $i_1(t)$ aún mantendrá el valor de 0 A; en consecuencia, la caída de tensión en R_1 será de 0 V. (Toda la tensión E de la fuente, en este instante queda aplicada a L_2.)

Este circuito, al tener únicamente resistencia y bobina, es un sistema de primer orden, por lo tanto la caída de tensión en sus elementos pasivos y corriente común tendrán forma exponencial con una constante de tiempo de $\tau = \dfrac{L_2}{R_1} = 2$ s .

Si no se modifica el circuito, los valores finales de tensiones y corrientes llegarían a ser:

$$u_2(\infty) = 0 \ \text{V}$$

$$u_1(\infty) = 10 \ \text{V}$$

$$i_1(\infty) = 10 \ \text{A}$$

Conocemos los valores iniciales y finales de estos exponenciales y su constante de tiempo; se pueden escribir sus expresiones matemáticas:

$$i_1(t) = 10 \cdot \left(1 - e^{-t/2}\right) \text{A} \qquad \text{(Figura 13)}$$

$$u_1(t) = 10 \cdot \left(1 - e^{-t/2}\right) \text{V} \qquad \text{(Figura 14)}$$

$$u_2(t) = 10 \cdot e^{-t/2} \text{V} \qquad \text{(Figura 15)}$$

En el instante $t = 2^-$, sus valores son:

$$\boxed{i_1(2^-) = 6,3 \ \text{A}}$$

$$\boxed{u_1(2^-) = 6,3 \ \text{V}}$$

$$\boxed{u_2(2^-) = 3,7 \ \text{V}}$$

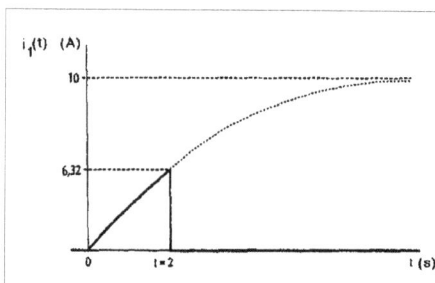

Figura 122.13

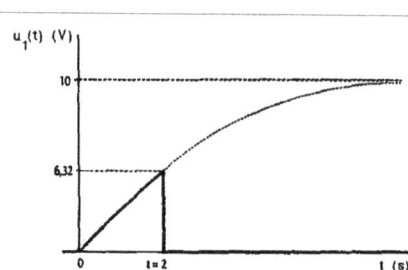

Figura 122.14

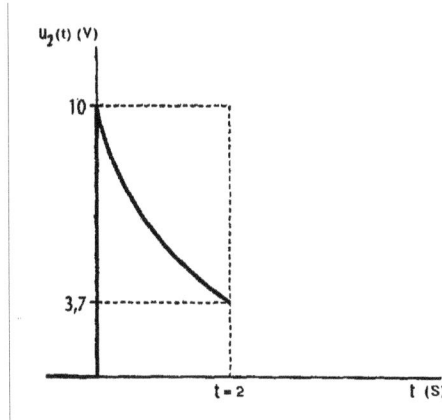

Figura 122.15

c) A partir del instante $t = 2^+$, el circuito a estudiar pasa a ser el de la figura 122.16, con corriente inicial L_2 de 6,3 A.

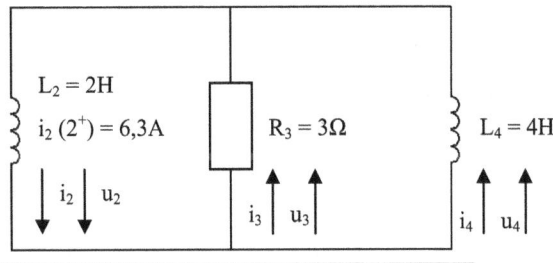

Figura 122.16

En el instante $t = 2^+$, por la bobina L_4 seguirá circulando una corriente 0 y la corriente inicial de L_2 tendrá que circular por R_3 y producirá una caída de tensión $u_3 = 6,3 \cdot 3 = 19$ V. Como los tres elementos pasivos tienen terminales comunes, esta tensión será la misma que en L_4 y también que en L_2, pero cambiada de signo, según los sentidos convencionales adaptados en la figura anterior.

Resumiendo: en el instante $t = 2^+$

$\boxed{i_2 = 6,3 \text{ A}}$ $\boxed{i_3 = 6,3 \text{ A}}$ $\boxed{i_4 = 0 \text{ A}}$

$\boxed{u_2 = -19 \text{ V}}$ $\boxed{u_3 = 19 \text{ V}}$ $\boxed{u_4 = 19 \text{ V}}$

d) En $t = \infty$, la corriente en R_3 será 0 A (no puede disipar siempre energía).

e) La constante de tiempo en un circuito con R y L en serie es de $\tau = L/R$. En el caso que se estudia, la marcha de la corriente por R_3 se puede calcular por el método del generador equivalente de Thevenin. Este generador estará formado por una fuente ideal de tensión, con una Lp en serie, siendo la Lp la composición en paralelo de L_2 y L_4 vistas desde los extremos R_3. En consecuencia, la constante de tiempo para la marcha de la corriente en R_3 será:

$$t = \frac{Lp}{R_3} = \frac{L_2 \cdot L_4}{L_2 + L_4} \cdot \frac{1}{R_3} = \frac{4}{9} \; s$$

f) La corriente por la resistencia R_3 será una exponencial (es un sistema de primer orden, ya que sólo hay resistencias e inductancias) de constante de tiempo 4/9 s, valor inicial 6,3 A y valor final 0, o sea:

$$i_3(t) = 6{,}3 \cdot e^{-9t/4} \; A$$

Si t se empieza a contar a partir de $t = 2^+$, se obtiene la figura 122.17.

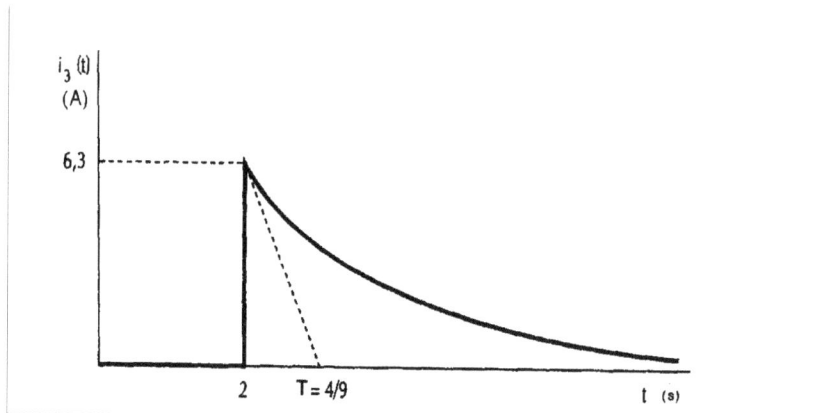

Figura 122.17

g) Tomando como origen de tiempo $t = 2$ s, las caídas de tensión en R_3, en L_1 y en L_2 serán:

$$u_3(t) = R_3 \cdot i_3(t) = 19 \cdot e^{-9t/4} \; V$$

$$u_4(t) = u_3(t) = 19 \cdot e^{-9t/4} \; V$$

$$u_2(t) = -u_3(t) = -19 \cdot e^{-9t/4} \; V$$

Las corrientes en L_4 y en L_2 son:

$$i_4(t) = i_4(2^+) + \frac{1}{L_4} \cdot \int_0^t u_4(t)dt = 0 + \frac{1}{4} \cdot \int_0^t 19 \cdot e^{-9t/4}dt = -2{,}1 \cdot \left[e^{-9t/4} \right]_0^t = 2{,}1 \cdot \left(1 - e^{-9t/4} \right) \; A$$

$$i_2(t) = i_2(2^+) + \frac{1}{L_2} \cdot \int_0^t u_2(t)dt = 6{,}3 - 4{,}2 \cdot \left(1 - e^{-9t/4} \right) = \left[2{,}1 + 4{,}2 \cdot e^{-9t/4} \right] \; A$$

Estas dos expresiones representadas gráficamente sobre unos mismos ejes muestran también, por diferencia, la marcha de corriente por la resistencia R_3 ($i_3(t) = i_2(t) - i_4(t)$), válida solo para $t \geq 2$ s

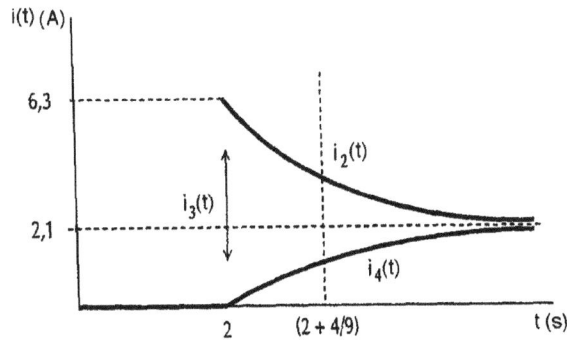

Figura 122.18

h) El punto anterior significa que, en régimen permanente, continúa circulando una corriente de 2,1 A por las bobinas L_2 y L_4, sin producir caídas de tensión.

Por lo tanto, en el circuito de la figura 16, que queda en régimen permanente, los valores serían los siguientes:

$$\boxed{u_2(\infty) = u_3(\infty) = u_4(\infty) = 0 \ \text{V}}$$

$$\boxed{i_2(\infty) = i_4(\infty) = 2{,}1 \ \text{A}}$$

$$\boxed{i_3(\infty) = 0 \ \text{A}}$$

y que viene representado en la figura siguiente:

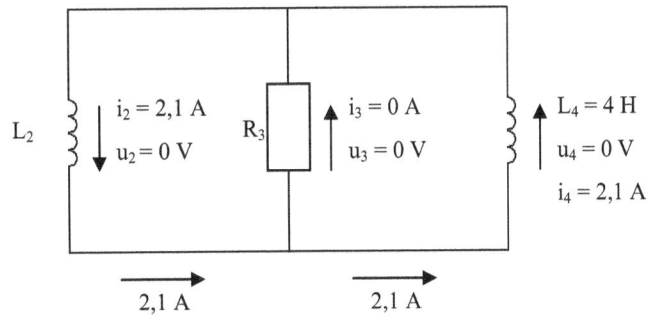

www.ingramcontent.com/pod-product-compliance
Lightning Source LLC
Chambersburg PA
CBHW082137210326
41599CB00031B/6007